Áreas Contaminadas e Saúde

Áreas Contaminadas e Saúde

COORDENADORES

Luís Sérgio Ozório Valentim
Adelaide Cassia Nardocci
Nelson Gouveia

Áreas Contaminadas e Saúde

Produção editorial: Adielson Anselme

Revisão: Tânia Cotrim e Maitê Zickuhr

Diagramação: Adielson Anselme

Capa: Luiz Sergio Ozorio Valentim, foto da capa: "destroços das Indústrias Matarazzo, área contaminada entre as cidades de São Paulo e São Caetano do Sul (2012)"

© 2021 Editora dos Editores

Todos os direitos reservados. Nenhuma parte deste livro poderá ser reproduzida, sejam quais forem os meios empregados, sem a permissão, por escrito, das editoras. Aos infratores aplicam-se as sanções previstas nos artigos 102, 104, 106 e 107 da Lei nº 9.610, de 19 de fevereiro de 1998.

ISBN: 978-65-86098-54-9

Editora dos Editores

São Paulo: Rua Marquês de Itu, 408 – sala 104 – Centro. (11) 2538-3117

Rio de Janeiro: Rua Visconde de Pirajá, 547 – sala 1121 – Ipanema.

www.editoradoseditores.com.br

Impresso no Brasil
Printed in Brazil
1ª impressão – 2022

Este livro foi criteriosamente selecionado e aprovado por um Editor científico da área em que se inclui. A Editora dos Editores assume o compromisso de delegar a decisão da publicação de seus livros a professores e formadores de opinião com notório saber em suas respectivas áreas de atuação profissional e acadêmica, sem a interferência de seus controladores e gestores, cujo objetivo é lhe entregar o melhor conteúdo para sua formação e atualização profissional.
Desejamos-lhe uma boa leitura!

Dados Internacionais de Catalogação na Publicação (CIP)
(Câmara Brasileira do Livro, SP, Brasil)

Valentim, Luís Sérgio Ozório
    Áreas contaminadas e saúde/Luís Sérgio Ozório Valentim, Adelaide Cassia Nardocci, Nelson Gouveia. – São Paulo: Editora dos Editores: Conteúdo Original, 2022.

    Bibliografia.
    ISBN 978-65-86098-54-9

    1. Áreas contaminadas - Aspectos ambientais – Administração 2. Epidemiologia 3. Toxicologia
    Coordenadores: I. Nardocci, Adelaide Cassia. II. Gouveia, Nelson. III. Título.

21-85874   CDD-363.728

Índices para catálogo sistemático:

1. Áreas contaminadas : Recuperação : Problemas sociais 363.728

Aline Graziele Benitez – Bibliotecária – CRB-1/3129

Coordenadores

LUIZ SÉRGIO OZÓRIO VALENTIM

Arquiteto, especialista em Gestão Ambiental e doutor em Planejamento Urbano e Regional pela Universidade de São Paulo. Diretor de Meio Ambiente do Centro de Vigilância Sanitária do Estado de São Paulo.

ADELAIDE CASSIA NARDOCCI

Bacharel em Física pela Universidade Estadual de Londrina, Mestre em Engenharia Nuclear pela COPPE/UFRJ, Doutora em Saúde Pública pela Faculdade de Saúde Pública da Universidade de São Paulo. Coordenadora do NARA, Núcleo de Pesquisa em Avaliação de Riscos Ambientais da USP. Professora do Departamento de Saúde Ambiental da Faculdade de Saúde Pública da Universidade de São Paulo.

NELSON GOUVEIA

Médico pela Universidade Federal de São Paulo, mestre em Epidemiologia e doutor em Saúde Pública pela London School of Hygiene and Tropical Medicine da Universidade de Londres, Reino Unido, Professor Titular do Departamento de Medicina Preventiva da Faculdade de Medicina da Universidade de São Paulo.

Colaboradores

ANDRÉ LUIZ BONACIN SILVA

Bacharel em Geologia pelo Instituto de Geociências da Universidade de São Paulo (IGc-USP), Mestre em Hidrogeologia (Hidrogeoquímica Ambiental) pelo IGc-USP e Doutor em Saúde Ambiental pela Faculdade de Saúde Pública da USP, Mestre (Especialização) em Empreendedorismo e Inovação Tecnológica nas Engenharias (UNESP/UNIVESP/CREA-SP). Consultor nas áreas de Geologia Aplicada, Estudos Ambientais, Planejamento de Recursos Hídricos, Hidrogeologia (Aquíferos/Águas subterrâneas) e Passivos Ambientais (Áreas Contaminadas).

CARLOS MACHADO DE FREITAS

Graduado em História pela Universidade Federal Fluminense, Mestre em Engenharia de Produção pela COPPE/UFRJ, Doutor em Saúde Pública pela ENSP/FIOCRUZ, Pesquisador da Escola Nacional de Saúde Pública Sergio Arouca/Fundação Oswaldo Cruz.

CARMEN ILDES RODRIGUES FRÓES ASMUS

Graduação em Medicina pela Universidade Estadual do Rio de Janeiro (UERJ), Mestre em Endocrinologia pela Universidade Federal do Rio de Janeiro (UFRJ), Doutora em Ciências pela Universidade Federal do Rio de Janeiro. Professora Associada da Faculdade de Medicina / Maternidade Escola da Universidade Federal do Rio de Janeiro (UFRJ).

CRISTIANE MARIA TRANQUILLINI REZENDE

Cirurgiã dentista pela Universidade de Ribeirão Preto (Unaerp), com especializações em Vigilância Sanitária, Vigilância em Saúde Ambiental e em Emergências em Saúde Pública. Assistente Técnica da Coordenadoria de Controle de Doenças da Secretaria de Estado da Saúde de São Paulo.

DANIELA BUOSI ROHLFS

Graduada em Engenharia Florestal pela Universidade de Brasília (UnB), Mestre em Ciências Florestais pela UnB, Doutora em Saúde Coletiva pela Universidade Federal do Rio de Janeiro (UFRJ), é Diretora do Departamento de Saúde Ambiental, do Trabalhador e da Vigilância das Emergências em Saúde Pública (DSASTE), do Ministério da Saúde

FRANCISCO CARLOS DE CAMPOS

Engenheiro Civil e Sanitarista, com especialização em Engenharia Ambiental. Diretor do Grupo Técnico Solo, Áreas Contaminadas, do Centro de Vigilância Sanitária do Estado de São Paulo.

GABRIELA MARQUES DI GIULIO

Graduada em Comunicação Social/Jornalismo pela Universidade Estadual Júlio de Mesquita Filho (Unesp), Mestre em Política Científica e Tecnológica e Doutora em Ambiente e Sociedade pela Universidade Estadual de Campinas (Unicamp). Professora Associada do Departamento de Saúde Ambiental da Faculdade de Saúde Pública da Universidade de São Paulo (USP).

JORGE LUIZ NOBRE GOUVEIA

Químico Industrial pela Universidade Federal da Paraíba, Mestre em Saúde Pública pela Faculdade de Saúde Pública da Universidade de São Paulo, Doutor em Ciências pelo Instituto de Pesquisas Energéticas e Nucleares. Gerente do Departamento de Desenvolvimento Estratégico e Institucional da CETESB – Companhia Ambiental do Estado de São Paulo.

LÚCIA DE OLIVEIRA FERNANDES

Graduada em Engenharia Química pela Universidade Federal do Rio de Janeiro, Mestre em Ciências Sociais pela Universidade de Aveiro, Doutora em Sociologia pela Faculdade de Economia/Centro de Estudos Sociais, Universidade de Coimbra. Pesquisadora do Centro de Estudos Sociais, integrando-se na Oficina de Ecologia e Sociedade.

MARCELO FIRPO PORTO

Engenheiro de produção (UFRJ) e psicólogo (UERJ), com mestrado e doutorado na COPPE/UFRJ e pós-doutorado em Medicina Social na Universidade de Frankfurt. Coordenador do Núcleo Ecologias, Epistemologias e Promoção Emancipatória da Saúde (Neepes/ENSP/Fiocruz) e investigador associado do Centro de Estudos Sociais da Universidade de Coimbra.

MARIA DE FÁTIMA PEDROZO

Farmacêutica-bioquímica pela Faculdade de Ciências Farmacêuticas da Universidade de São Paulo, Mestre em Análises Toxicológicas pela Faculdade de Ciências Farmacêuticas da USP, Doutora em Saúde Pública pela Faculdade de Saúde Pública da USP, Professora concursada de Toxicologia forense da Academia de Polícia do Estado de São Paulo. Consultora na área de avaliação de risco à saúde humana, segurança química.

MICHELE CAVALCANTI TOLEDO

Doutora e Mestra em Saúde Pública, pela Faculdade de Saúde Pública (FSP) da Universidade de São Paulo (USP), e Bacharela em Gestão Ambiental pela Escola de Artes, Ciências e Humanidades (EACH) da USP. É integrante do Núcleo de Pesquisas em Avaliação de Riscos Ambientais (NARA), da FSP-USP.

RAFAEL JUNQUEIRA BURALLI

Fisioterapeuta, mestre e doutor em saúde pública pela Faculdade de Saúde Pública da USP. É consultor técnico da Organização Panamericana de Saúde (OPS) na Coordenação-Geral de Saúde do Trabalhador (CGSAT), do Departamento de Saúde Ambiental, do Trabalhador e da Vigilância das Emergências em Saúde Pública (DSASTE), do Ministério da Saúde.

REGINALDO BERTOLO

Geólogo pela Universidade de São Paulo, mestre e doutor em Hidrogeologia pelo Instituto de Geociências da USP. É pesquisador do CEPAS|USP (Centro de Pesquisas de Águas Subterrâneas) e Professor Associado do Instituto de Geociências da Universidade de São Paulo.

RICARDO HIRATA

Professor Titular do Instituto de Geociências da Universidade de São Paulo, Diretor do Centro de Pesquisas de Águas Subterrâneas e Professor Visitante da Chang'an (China). É geólogo pela UNESP, com mestrado e doutorado pela USP e pós-doutorado pela Universidade de Waterloo (Canadá) e foi consultor da Agência Internacional de Energia Atômica, Unesco, Banco Mundial e OPAS/OMS.

RÚBIA KUNO

Farmacêutica-Bioquímica pela Universidade de São Paulo, mestre em Saúde Pública pela Faculdade de Saúde Pública da USP e doutora em Ciências pela Faculdade de Medicina da USP. Trabalhou por 39 anos na Área de Toxicologia Humana e Saúde Ambiental da CETESB.

VOLNEY DE MAGALHÃES CÂMARA

Médico, Professor Titular do Instituto de Estudos em Saúde Coletiva da Universidade Federal do Rio de Janeiro; Mestre em Medicina Ocupacional pela Universidade de Londres; Doutor em Saúde Pública pela Fundação Oswaldo Cruz e Pós doutorado em Saúde Ambiental pelo ECO/Pan American Health Organization.

WANDA MARIA RISSO GÜNTHER

Engenheira civil pela Escola de Engenharia Mauá (EEM) e cientista social pela Universidade de São Paulo (USP), especialista em Engenharia em Saúde Pública (USP) e em Gestão de Resíduos Sólidos pela Universidad Autónoma de Madri. Doutora em Saúde Pública (USP). Coordenadora do Laboratório de Gestão Ambiental, Inovação e Sustentabilidade (USP). Professora titular do Departamento de Saúde Ambiental da Faculdade de Saúde Pública da Universidade de São Paulo.

Apresentação

As aflições globais pela imposição do homem sobre a natureza hoje permeiam, direta ou indiretamente, todos os campos do conhecimento humano. A preservação da saúde dos povos em ambientes extremamente alterados e degradados pelas atividades antrópicas é desafio histórico que se impõe atualmente em bases mais radicais, pois implica ameaças concretas e de várias ordens à vida no planeta.

À civilização humana se apresentam impasses inéditos relacionados ao modo de garantir e de desfrutar a vida na terra. A aceleração dos processos de produção e de consumo destes últimos dois séculos adquiriu proporções tais que superam em muitos casos a capacidade de suporte dos meios naturais, cenário que implica também exacerbar o diálogo e o conhecimento sob bases éticas e científicas.

A produção e a circulação de mercadorias estruturadas a partir da ciência química são atividades onipresentes na vida contemporânea. Elas propiciaram ganhos materiais incríveis ao longo da história moderna, mas também uma carga significativa de sofrimento humano em razão da toxicidade de diversas substâncias químicas sintetizadas e manipuladas cada vez mais intensamente.

Diversas substâncias tóxicas associadas ao progresso material da humanidade resultaram em passivos ambientais, muitas vezes na forma de áreas contaminadas, onde se apresentam riscos ou situações reais de exposição humana a elementos tóxicos e consequente expectativas de adoecimento das pessoas envolvidas.

Atentos a este contexto, o Centro de Vigilância Sanitária de São Paulo (CVS) e as Faculdades de Saúde Pública (FSP) e de Medicina (FM) da Universidade de São Paulo (USP) promovem desde 2002 um evento anual que aborda as relações entre a contaminação do solo e seus reflexos em termos de riscos à saúde da população. Os seminários até aqui realizados se notabilizaram por divulgar formulações teóricas e experiências práticas que configuram hoje o sustentáculo do poder público, da academia, do meio empresarial e da sociedade em geral para compreender e enfrentar o problema.

O *Seminário Áreas Contaminadas e Saúde* tem sido, portanto, importante foro no cenário paulista e nacional para debate do tema a partir de múltiplos pontos de vista. Suas edições abrigam rico repertório da construção do saber e do agir da sociedade paulista e brasileira em relação a um modelo histórico de desenvolvimento que, cada vez mais, se mostra pouco sustentável, gerador de impactos ambientais e de riscos sanitários de várias ordens.

A experiência acumulada evidencia que as áreas contaminadas não têm somente motivações locais e circunstanciais, mas são parte de uma totalidade sedimentada no modelo de desenvolvimento social e econômico cuja mais profunda gênese remete às origens do projeto moderno, cujo progresso foi fundado na produção incessante de mercadorias, na intensa urbanização e na industrialização alheia às questões sociais e ambientais, amplo contexto que tem suas muitas implicações na qualidade de vida e na saúde da população.

Ao longo das edições do seminário, foram muitos os profissionais que, generosos, colaboraram para o sucesso do evento, compartilhando suas experiências, expondo-as em confronto de ideias, ofertando-as a outros campos de conhecimento e à provação da prática interinstitucional.

Assim, é razoável ordenar e registrar tão rico repertório. É por isto que o CVS, a FSP/USP e a FM/USP se juntam mais uma vez, agora para organizar e publicar esse livro que contempla alguns aspectos relevantes do apresentado e debatido nos seminários Áreas Contaminadas e Saúde.

Para isto, os organizadores contaram com a colaboração de profissionais que participaram do evento em alguma de suas versões e que hoje se destacam no país por conhecer o assunto sob diferentes perspectivas disciplinares e setoriais.

Pois é justamente a interpenetração de disciplinas teóricas e acúmulos institucionais que os organizadores pretendem incentivar como linha condutora do livro, entendendo-a como elemento primordial para tratar de tema tão repleto de complexidades, cujo domínio foge à tradicional compartimentação dos saberes e das práticas.

Deste modo, conhecer as relações entre *Saúde, ambiente e áreas contaminadas* - título do texto inaugural deste livro, requer a apropriação de referências teóricas e de experiências práticas para subsidiar estratégias bem fundamentadas de enfrentamento do problema, assunto no qual se destaca a premência da integração de políticas públicas, dentre outras, de saúde, meio ambiente, saneamento, recursos hídricos e desenvolvimento urbano.

Para tanto, é preciso compreender a configuração e as dinâmicas dos sistemas ecológicos que dão suporte à vida no planeta, carentes hoje de um reequilíbrio de forças que permita maior harmonia entre o todo humano e a natureza em sua completude. É neste mundo dominado ao extremo pelas forças antrópicas que se faz imprescindível uma reforma profunda nas estruturas e processos econômicos e políticos, como bem demonstra o capítulo *Saúde planetária, desenvolvimento e Saúde Coletiva no antropoceno*.

Este contexto tem como uma de suas centralidades aspectos relativos às desigualdades e injustiças num mundo cada vez mais a reboque dos tropeços históricos do progresso, onde imperam contrastes entre riquezas intensas e violentas carências. O capítulo *Áreas contaminadas, ecologia política e movimentos por justiça ambiental*, procura demonstrar que as injustiças ambientais e a contaminação química são elementos de uma mesma realidade, típica de países de desenvolvimento precarizado, cuja superação envolve experiências colaborativas e enfrentamentos coletivos.

De origem e contextos complexos, as áreas contaminadas abrangem embates ancorados em arranjos políticos participativos e em referenciais técnicos robustos, bem fundados na ciência e na sensibilidade das comunidades atingidas. Deriva disto a necessidade da apropriação por parte dos agentes envolvidos na superação desses passivos ambientais de instrumentos, metodologias e de práticas próprias ao campo da saúde e da ciência ambiental. Assim, o capítulo *Toxicologia e áreas contaminadas*, nos apresenta repertórios e recursos próprios a este campo de conhecimento para subsidiar a avaliação das relações entre a exposição humana e as substâncias tóxicas, de modo a retratar cenários de proteção ou de adoecimento de grupos populacionais variados.

Ainda com relação a aspectos metodológicos, o capítulo *Epidemiologia para áreas contaminadas* examina os elementos que fundamentam o conhecimento epidemiológico direcionado para as questões afetas ao meio ambiente e suas relações com a saúde humana. Disciplina da Saúde Coletiva, a epidemiologia tem por alicerce o raciocínio causal e o propósito de amparar iniciativas de promoção e proteção da saúde da população. Conhecer o perfil de saúde dos grupos populacionais envolvidos com uma área contaminada supõe a possibilidade de realizar inquéritos e/ou estudos com recortes específicos para cada um dos cenários dados, implicando abordagens epidemiológicas específicas.

Ações práticas de atenção à saúde que visem eliminar, reduzir ou mitigar os riscos decorrentes da exposição humana aos agentes químicos presentes em áreas contaminadas são discutidas no capítulo *Atenção à saúde de populações expostas a substâncias químicas.* Nesse texto os autores apresentam alguns cenários de exposição de populações a contaminantes ambientais, sob a ótica do impacto à saúde observado, e as ações de atenção integral e vigilância que devem ser adotadas pelo Sistema Único de Saúde (SUS) com o objetivo de prevenir doenças e agravos, e promover a saúde de populações expostas.

Avaliação de riscos de substâncias químicas em áreas contaminadas, é o título do capítulo que apresenta e discute o acervo acumulado por esse campo do conhecimento para subsidiar as políticas públicas de proteção das populações efetiva ou potencialmente expostas aos produtos tóxicos. Um dos conceitos fundamentais da matéria trata dos valores toleráveis de risco à saúde humana, cujos critérios de referência abarcam decisões políticas vinculadas ao contexto no qual se manifesta a contaminação, envolvendo variáveis econômicas, técnicas e legais.

Nos estudos e intervenções em áreas contaminadas, para além da identificação de fontes de informação e avaliação da qualidade dessas informações, é fundamental que sejam contempladas estratégias de comunicação de risco embasadas nas percepções e conhecimentos que os indivíduos têm sobre os riscos que os atingem e os locais onde vivem. É sobre isso que trata o capítulo *Comunicação de risco: uma reflexão a partir de experiências brasileiras envolvendo áreas contaminadas*. A partir da análise de experiências pregressas, mostra-se que há algumas etapas comuns e relevantes que devem ser incluídas no processo de comunicação de risco, de modo a estabelecer um diálogo entre os diferentes grupos sociais envolvidos, resgatar a relação de confiança entre esses atores e promover uma maior participação do público afetado nas decisões que os impactam diretamente.

A avaliação e o gerenciamento das áreas contaminadas podem envolver circunstâncias de perigo iminente, compreendendo riscos de explosões, incêndios ou mesmo exposições agudas de pessoas às substâncias tóxicas. O tema requer medidas de prevenção, preparação e resposta, demandando muitas vezes ações emergenciais por parte dos órgãos, dentre outros, de defesa civil e de controle ambiental, as quais incluem o isolamento da área, a remoção de pessoas, a assistência médica de eventuais vítimas. É o que nos apresenta o texto *Emergências químicas e passivos ambientais*, que situa o problema em um quadro contemporâneo de extrações, circulações, estocagens, sínteses e processamentos de substâncias diversas, dentre elas as que implicam ameaças mais severas à vida humana, como os combustíveis, os agrotóxicos e os químicos em geral.

Importante também lembrar que as áreas contaminadas expressam um amplo conjunto de impactos ambientais no território e de possibilidades de rotas de exposição humana. Uma das formas de contaminação mais significativa em termos de risco à saúde da população é a das águas subterrâneas, mananciais de grande importância para abastecimento de água no meio rural e urbano. No capítulo *A gestão do recurso hídrico subterrâneo em região de intensa atividade urbano-industrial – O caso de Jurubatuba (SP)*, é apresentado um evento emblemático de contaminação em território densamente urbanizado, de escala metropolitana, onde a intensa e descuidada industrialização de raízes históricas gerou impactos significativos no aquífero, contaminado por solventes organoclorados e outras substâncias tóxicas. O texto relata a experiência de gestão ambiental e sanitária na região contaminada, na qual foram delimitadas pelo Poder Público áreas de restrição e de controle do uso de águas subterrâneas.

Por fim, o capítulo *O caso de Santa Gertrudes: gestão multi-atores, recuperação de áreas contaminadas e valorização de resíduos industriais*, descreve uma situação também emblemática de contaminação do solo decorrente de atividades minerárias de polo industrial, situado no interior do estado de São Paulo, voltado à produção de peças cerâmicas. O gerenciamento desse passivo ambiental de largo espectro envolveu um amplo conjunto de agentes interessados, implicando métodos bem articulados de negociação entre atores para proteção da saúde da população local e dos trabalhadores, recuperação ambiental e destinação de resíduos.

Esperamos que as abordagens apresentadas neste livro sejam inspiradoras para que os leitores continuem a buscar conhecimentos cada vez mais sólidos, de modo a bem enfrentar, com as armas da ciência, os imensos desafios ambientais e sanitários que a aventura humana até aqui nos legou.

Prefácio

No dia 02 de janeiro de 2001, atendendo a convite do então Ministro da Saúde, José Serra, fui nomeado Coordenador Geral da Coordenação Geral de Vigilância Ambiental em Saúde – CGVAM, vinculada ao Centro Nacional de Epidemiologia - CENEPI, da Fundação Nacional de Saúde – FUNASA.

Contando com amplo suporte do Ex-Presidente da FUNASA, Mauro Ricardo Costa e do ex-Diretor do CENEPI, Jarbas Barbosa, adotei como referência o Plano de Ação de Saúde e Ambiente elaborado pelo Ministério da Saúde - MS, submetido à Conferencia Pan Americana de Saúde e Ambiente no Desenvolvimento Sustentável – COPASAD, organizada pela Organização Pan Americana de Saúde – OPAS, realizada em 1995, em Washington, enquanto resposta do setor saúde aos compromissos e agendas da Rio-92.

A isso associam-se os conhecimentos por mim adquiridos entre 1993 e 1998, quando cursei o Mestrado em Saúde Pública e o Doutorado em Epidemiologia Ambiental, na Tulane University, Nova Orleans, USA.

Desta forma, foi elaborado e implementado um projeto de planejamento estratégico, visando a estruturação da CGVAM, contando com recursos do Projeto de Aprimoramento da Vigilância em Saúde no Brasil – VIGISUS, decorrente de acordo de cooperação entre o Governo Federal e o Banco Mundial.

Considerando as expertises e estruturas já existentes no MS, na FUNASA, na ANVISA e na FIOCRUZ, optou-se por dotar a CGVAM de competências técnicas-gerenciais em áreas de conhecimento e atuação que não haviam ainda sido desenvolvidas no âmbito do SUS. Assim, a Instrução Normativa FUNASA 01/2002, contemplou um conjunto de áreas que seriam objeto de desenvolvimento da vigilância ambiental em saúde, em especial: água para consumo humano, ar; solo, contaminantes ambientais, desastres naturais, e acidentes com produtos perigosos.

Quando não nula, era escassa a informação técnica-gerencial sobre a atuação da saúde nos campos de ação acima descritos. Entretanto, com a divulgação das novas competências em vigilância em saúde ambiental, as demandas surgiam exponencialmente.

À época, a União, por meio do MS, tornou-se ré em uma Ação Civil Pública relacionada à contaminação ambiental e humana por produtos organoclorados na localidade denominada "Cidade dos Meninos", situada no município de Duque de Caxias, Rio de Janeiro. No local foi instalado o Instituto Nacional de Malariologia, uma fábrica de produção e processamento de produtos organoclorados para serem utilizados em campanhas de controle de vetores transmissores de doenças. Com a desativação da fábrica, os resíduos dos produtos passaram a ser utilizados e comercializados pela população local, resultando em uma expressiva exposição humana àqueles produtos químicos. Pela gravidade das implicações e responsabilidades do MS, este assunto era gerenciado diretamente pelo Gabinete do Ministro, contando com assessoria técnica da CGVAM. Após amplo rastreamento das técnicas empregadas nos países industrializados, optou-se por aplicar a metodologia de avaliação de risco à saúde em áreas contaminadas desenvolvida pela agência norte americana Agency for Toxic Substances and Disease Registry (ATSDR).

Ainda em 2002, é direcionado à CGVAM um processo sobre o caso que vinha tramitando há anos por entre as áreas técnicas do MS e nos órgãos a ele vinculados, sem a devida resolutividade. Neste caso, a CGVAM prestou assessoria técnica ao MPF para subsidiá-los quanto as determinações e recomendações nos autos.

Os anos seguintes, entre 2002 e 2006, diversas outras áreas contaminadas foram sendo notificadas à CGVAM: a massiva contaminação ambiental e exposição humana a chumbo na cidade de Santo Amaro da Purificação; a retomada das implicações do acidente radioativo-nuclear ocorrido na cidade de Goiânia em 1987; a explosão por gazes inflamáveis em um condomínio no município de Mauá, na grande São Paulo, entre outras tantas.

Digno de nota, por solicitação do Ministério Público Federal (MPF), a CGVAM aplicou a metodologia de avaliação de risco à saúde na grave contaminação ambiental e exposição humana causada pela BASF-SHELL, no município de Paulínia, estado de São Paulo. O relatório de avaliação de risco elaborado pela CGVAM ofereceu as bases para aplicação do maior valor de multa por contaminação ambiental e danos à saúde já aplicado no país.

O acúmulo de conhecimento e a estruturação de competências no âmbito do SUS propiciou o rápido crescimento da vigilância em saúde relacionada a solos contaminados – VIGISOLO, com uma gama de mais de 30 tipos de substâncias químicas e produtos distintos, que no caso do Estado de São Paulo, estão cadastrados em mais de 1900 áreas potencialmente contaminadas, resultando numa população exposta estimada de aproximadamente 5 milhões de pessoas.

A trajetória, resultados alcançados e novos desafios da CGVAM levaram a rearranjos técnico-institucionais que apontaram a necessidade de agrupar a vigilância de populações expostas a químicos em uma única estrutura, agora denominada de Vigilância em Saúde Ambiental de Populações Expostas a Químicos (VIGIPEQ), uma vez que a exposição populacional às sustâncias químicas não ocorre apenas pela matriz ambiental solo, visando aprimoramentos com a abordagem de mapa de riscos para endereçar a vulnerabilidade e a susceptibilidade das populações expostas, tornando assim o Sistema Nacional de Vigilância em Saúde mais sensível e capaz de evidenciar aquilo que ainda não se vê, embora exista.

O Estado de São Paulo, por meio do Centro de Vigilância Sanitária – CVS, da Secretaria de Estado de Saúde SES-SP, exerceu um extraordinário papel de construção e consolidação da vigilância em saúde de populações expostas a áreas contaminadas ao longo desses vinte anos.

Visando o intercambio, a atualização e a disseminação de conhecimento técnico-científico para além das atividades rotineiras, o CVS, em associação com a Faculdade de Saúde Pública e a Faculdade de Medicina, ambas da USP, organizaram seminários anuais sobre Áreas Contaminadas e Saúde, desde o início dos anos 2000, em alguns dos quais tive a honra de estar presente.

Portanto, o presente livro, enquanto expressão do conhecimento e sabedoria acumulados ao longo dos seminários, é uma valiosa e pioneira contribuição dos autores à saúde coletiva e à saúde pública. Os parabenizo por este relevante feito.

Guilherme Franco Netto

Sumário

Capítulo 1   **Saúde, Ambiente e Áreas Contaminadas, 1**
Adelaide Cassia Nardocci
Nelson Gouveia
Luís Sérgio Ozório Valentim

Capítulo 2   **Saúde Planetária, Desenvolvimento e Saúde Coletiva no Antropoceno, 13**
Carlos Machado de Freitas

Capítulo 3   **Áreas Contaminadas, Ecologia Política e Movimentos por Justiça Ambiental, 35**
Marcelo Firpo Porto
Lúcia de Oliveira Fernandes

Capítulo 4   **Toxicologia e Áreas Contaminadas, 53**
Rúbia Kuno
Maria de Fátima Pedrozo

Capítulo 5   **Epidemiologia para Áreas Contaminadas, 67**
Nelson Gouveia
Rafael Junqueira Buralli

Capítulo 6	**Atenção à Saúde de Populações Expostas a Substâncias Químicas, 83**
	Daniela Buosi Rohlfs
	Carmen Ildes Rodrigues Fróes Asmus
	Volney de Magalhães Câmara
Capítulo 7	**Avaliação de Riscos de Substâncias Químicas em Áreas Contaminadas, 99**
	Adelaide Cassia Nardocci
	Michele Cavalcanti Toledo
Capítulo 8	**Comunicação de Risco: Uma Reflexão a Partir de Experiências Brasileiras Envolvendo Áreas Contaminadas, 117**
	Gabriela Marques Di Giulio
Capítulo 9	**Emergências Químicas e Passivos Ambientais, 131**
	Adelaide Cassia Nardocci
	Luís Sérgio Ozório Valentim
	Jorge Luiz Nobre Gouveia
	Cristiane Maria Tranquillini Rezende
	Francisco Carlos de Campos
Capítulo 10	**A Gestão do Recurso Hídrico Subterrâneo em Região de Intensa Atividade Urbano-Industrial – O caso de Jurubatuba (SP), 149**
	Ricardo Hirata
	Reginaldo Bertolo
Capítulo 11	**O Caso de Santa Gertrudes: Gestão Multi-Atores, Recuperação de Áreas Contaminadas e Valorização de Resíduos Industriais, 159**
	André Luiz Bonacin Silva
	Wanda Maria Risso Günther

Saúde, Ambiente e Áreas Contaminadas

Adelaide Cassia Nardocci • Nelson Gouveia • Luís Sérgio Ozório Valentim

SAÚDE E MEIO AMBIENTE

Nossa saúde está intimamente relacionada com as condições do meio ambiente, embora a compreensão da importância das condições ambientais para a saúde da população tenha variado ao longo da história humana, sendo clara em alguns momentos, enquanto em outros, foi totalmente desconsiderada.

Na Antiguidade, o papel do meio ambiente na gênese, determinação e evolução das doenças era destacado, dando-se ênfase ao clima, água, solo, e ao local onde estavam situadas as cidades, como elementos importantes para a ocorrência das doenças (Hipócrates, 1988). Com a descoberta dos microrganismos patogênicos, como a bactéria causadora da tuberculose ao final do século XIX, a ênfase no processo saúde-doença passou a ser nesses agentes infecciosos, e por muito tempo o ambiente físico e mesmo o social ficou relegado a um segundo plano. Entretanto, mesmo quando era reconhecido, o meio ambiente era considerado apenas como um 'elemento' a ser passivamente aceito e sobre o qual não se exercia nenhum domínio (Gouveia, 1999).

Com o crescimento populacional, industrialização, urbanização, desenvolvimento econômico e tecnológico, processos que vieram se acelerando ao longo do século passado, todo o planeta, e o Brasil em particular, passou por grandes transformações ambientais e modificações nos padrões de saúde e adoecimento das populações. Esses processos têm levado a alterações no estilo de vida e nos modos de produção e consumo da população. Em decorrência disto, passou a haver um aumento progressivo,

2 | Saúde, Ambiente e Áreas Contaminadas

tanto em quantidade como em diversidade, de produtos e contaminantes químicos eliminados no meio ambiente (OPAS, 2018).

Ou seja, a industrialização, as necessidades de transporte e de produção de energia, a geração cada vez maior de resíduos sólidos, a ocupação exagerada do solo, a falta de saneamento, entre diversos outros fatores, passaram a exercer pressão crescente nos compartimentos ambientais da água, do ar e do solo.

Com todas essas mudanças, o mundo foi gradativamente despertando para a questão ambiental e para os impactos que o ambiente degradado poderia trazer à saúde. Um dos marcos da retomada do meio ambiente como importante não apenas para a saúde, mas para a nossa própria sobrevivência no planeta, ocorreu há cerca de 50 anos, na Conferência de Estocolmo, em 1972, a primeira grande reunião de chefes de estado organizada pela Organização das Nações Unidas (ONU) para tratar das questões relacionadas à degradação do meio ambiente. Depois outras conferências ocorreram, com destaque para a Eco-92 ou Cúpula da Terra, e mais recentemente, a Rio+20, ambas realizadas no Rio de Janeiro. Desde então, vem sendo desenvolvidos, principalmente no mundo industrializado, programas de combate à poluição, estabelecendo-se padrões de qualidade para o ar, a água, o solo, além do controle das emissões industriais.

A importância do meio ambiente para a saúde vem sendo reconhecida também pela Organização Mundial da Saúde (OMS), que tem examinado em seu projeto da Carga Global de Doenças, a contribuição da exposição aos fatores de risco ambientais para a saúde da população. Em seu último informe, a OMS estimou que das 133 principais doenças que acometem a população mundial, em 101 delas há contribuição de fatores de risco ambientais. Com isso, estima-se que 12,6 milhões de mortes prematuras por ano em todo o mundo, 23% (IC95%: 13-34%) do total, foram atribuíveis ao meio ambiente ou poderiam ser prevenidas por meio da redução de riscos ambientais para a saúde. Considerando-se as mortes e as incapacidades que o adoecimento pode causar, a fração da carga global de doenças devido ao meio ambiente é de 22% (IC 95%: 13–32%). Em crianças menores de cinco anos estima-se que até 26% (IC95%: 16-38%) de todas as mortes poderiam ser evitadas se os riscos ambientais fossem removidos (Prüss-Ustün et al., 2016).

Para enfrentar o desafio de reduzir a carga de doenças atribuível aos determinantes ambientais, é preciso desenvolver ações em diversos níveis. Ações mais globais em setores como energia, transporte, agricultura e indústria, articuladas com o setor da saúde, são fundamentais para atuar nos determinantes estruturais das causas ambientais do adoecimento. Por outro lado, a ação local pode ser essencial na identificação de problemas, definição do uso e gestão de recursos. Assim, as cidades vêm sendo cada vez mais reconhecidas como importantes determinantes sociais da saúde, podendo exercer tanto efeitos negativos como positivos na saúde física e mental de seus habitantes (Kleinert; Horton, 2016).

Nessa perspectiva, chefes de Estados reunidos na Assembleia Geral da ONU em setembro de 2015 acordaram uma agenda de desenvolvimento composta por 17 Objetivos de Desenvolvimento Sustentável (ODS), que devem ser implementados por todos os países do mundo durante os próximos 15 anos, também chamada de Agenda 2030. Entre as metas, há aquelas diretamente relacionadas à saúde, assim como as relacionadas ao ambiente e outros setores que também influenciam os determinantes da saúde. Deste modo, as metas norteiam políticas públicas abrangentes e procuram alinhar as questões de desenvolvimento humano com a saúde e qualidade de vida das populações (WHO 2015).

Os ODS visam contribuir para reduzir a carga global de doenças atribuível a fatores ambientais, em grande parte decorrentes do processo de urbanização acelerada e sem precedentes em nossa história, muitas vezes ocorrendo com pouco ou nenhum mecanismo regulatório, e que com seus desdobramentos físicos, sociais e econômicos, está tendo um impacto importante na saúde da população.

ESPAÇO URBANO E ÁREAS CONTAMINADAS

Esse contexto de crescimento e urbanização desordenados também foi vivenciado no Brasil, em especial a partir dos anos de 1970. Há cerca de 20 anos, as áreas contaminadas emergiram de forma mais enfática no cenário ambiental e sanitário brasileiro, com significativa repercussão pública e incertezas quanto às maneiras de compreendê-las e enfrentá-las. Para além do meramente factual, as contaminações descortinavam um contexto histórico de interações desequilibradas entre sociedade e natureza e expressavam com incômoda nitidez as mazelas do progresso econômico.

Ao se deparar com os primeiros passivos ambientais relativos às alterações, sobretudo, na qualidade do solo e da água subterrânea, a sociedade os compreendeu, a princípio, como fatos isolados, expressão de práticas delituosas descoladas de significados mais amplos.

Nos primeiros anos de 2000, quando a Companhia Ambiental Paulista, a Cetesb, passou a divulgar o cadastro estadual de Áreas Contaminadas, era difícil perceber que tais passivos não tinham motivações tão só locais ou circunstanciais, mas eram parte de uma totalidade sedimentada no modelo de desenvolvimento social e econômico cuja gênese se distanciava, espacial e temporalmente, dos casos que então afloravam.

Ao correr dos anos, com a evolução quantitativa do cadastro ambiental, que, desde 2002 até 2019 passou de 255 para 6.285 registros de áreas contaminadas no estado de São Paulo, se tornou evidente que tais fenômenos revelam mais que transgressões de uma ordenação legal firmemente consolidada, mas põem à vista questões representativas e simbólicas de uma condição que se pressupõe inerente a um contexto sustentado no modo histórico de produção e reprodução do capital de origem fabril.

E como já tanto se debateu – a propósito, nunca o suficiente –, a cidade e a indústria aceleraram processos socioeconômicos de enriquecimento e de espoliação. De tanto se repetirem – tímida ou incisivamente – e se sobreporem no tecido urbano, os impactos ambientais são, invariavelmente, tidos como fenômenos próprios ao processo civilizatório, aos caprichos da urbanização, às graças da industrialização, naturais decorrências do progresso humano.

Se lá, nos países centrais, a revolução industrial deu as caras ainda nos estertores do século 18 e acelerou sobremaneira no período seguinte, em São Paulo seus humores foram pressentidos na virada do século 19 para o 20, quando a capital da então província deu um salto populacional de 65 para 240 mil pessoas. Daí em diante foram muitas décadas – praticamente por todo o século 20 – de atividades produtivas libertas de quaisquer amarras mais incisivas pelo poder público ou cobranças categóricas por parte da sociedade.

À sombra dos discursos progressistas e à margem das regulamentações urbanistas ou sanitárias, as atividades potencialmente poluidoras se espraiaram nas cidades de maior fervor econômico, gerando locais onde a concentração de matérias – em geral compostos químicos tóxicos – resultaram em degradação ambiental e riscos à saúde humana.

Logo, fica evidente que a maneira como as cidades se estruturam, constroem seus passivos ambientais e seus cenários de risco nada têm de peculiar às circunstâncias da urbanização contemporânea, mas é própria da condição moderna, dista no tempo e se explica na gênese e no transcurso do capitalismo urbano e industrial.

O desenvolvimento da química orgânica foi o esteio da indústria de transformação e deu origem à uma das características marcantes da modernidade que é a vigorosa transformação de produtos e do trabalho assalariado em mercadorias (Giddens, 1991: 16). Processo cumulativo que Marx, com notória viveza, classificou como uma "monstruosa coleção de mercadorias" (Marx, 2006:13). No correr da Era Moderna muito se louvou a química, esteio da produção incessante da mercadoria. Importante lembrar que uma das características que distingue as formas sociais da modernidade daquelas que lhe são anteriores é a vigorosa transformação de produtos e trabalho assalariado em mercadoria (Giddens, 1991:16). Processo cumulativo que Marx, com notória viveza, classificou como uma "monstruosa coleção de mercadorias" (Marx, 2006:13).

Deste contexto surge uma nova sociedade, da oferta ilimitada de mercadorias, do desenvolvimento científico e tecnológico sem amarras. Mas a mercadoria que se lança no vórtice do consumo desregrado, das trocas insaciáveis, não é filha legítima da natureza, pois intermediada pelo engenho humano da síntese química.

Liberta dos encantos ancestrais da alquimia, a regra humana passa a ser alterar sem limites as propriedades das substâncias naturais, compondo-as, rearranjando-as por meio de novas e criativas sínteses moleculares, em ordenações coerentes com a avidez por um mundo mais rico, livre das penúrias do passado. A sociedade contemporânea deve muito às sínteses moleculares e a confiança na química foi por muito tempo extensão direta da confiança no progresso econômico.

Mas a química, nos seus incessantes arranjos e rearranjos moleculares, transita na dualidade do proveito e do dano, sendo partícipe de um pródigo modelo econômico urbano e fabril, bem como das mazelas que lhe acompanham. A história bem mostra que na prodigalidade da química prevalece uma ânsia zelosa pelo desenvolvimento de mais e mais substâncias e mercadorias e certo descaso por suas consequências sociais e ambientais.

Com as habilidades científicas da síntese química, a natureza se tornou efetivamente objeto, iniciando um período histórico em que as forças da natureza passaram a se sujeitar mais vigorosamente aos ditames humanos. Sob o lastro da ciência moderna, a química ofertou solução ou facilidades para muitas das necessidades humanas modernas – fibras sintéticas, plásticos, fertilizantes, combustíveis, lubrificantes, tintas, fármacos, explosivos, entre outros –, oferecendo atualmente, aos consumidores e ao ambiente, milhões, ou bilhões, de toneladas anuais de toda sorte de substâncias, muitas delas – das mais de 70 mil comercialmente ativas – extremamente nocivas ao homem e ao ambiente.

Se a mercadoria sob a égide da Revolução Industrial tem por alicerce a química moderna, sua produção e troca voraz exige o espaço da cidade. O despontar das cidades sob o amparo da manufatura e da química é momento de forças e ideologias que se confrontam: umas, de apelo ufanista, de louvor às delícias da modernidade; outras, de caráter crítico, voltadas às chagas sociais advindas dos novos tempos, aos desvarios da modernidade.

Ainda que os cegos louvores ao progresso tenham prevalecido por muito tempo, é rica a literatura a respeito dos processos acelerados da urbanização e da concentração de populações, das distribuições desiguais de proveitos e rejeitos da imensa maquinaria de produção capitalista, dos fenômenos incessantes de emergência de novos setores industriais dinâmicos e a obsolescência ligeira de outros, assim como das hegemonias econômicas de tendências espoliativas. É o novo mundo, segundo Weber, dos "especialistas sem espírito" (Weber, 2006:10), e conforme Eça de Queiroz, "vorazes e sombrios tubarões do mar humano" (Queiroz, 2006:80).

A cidade é, por excelência, o espaço do processo capitalista de produção e acumulação de mercadorias. A emergência do capitalismo industrial impôs agudas transformações na qualidade do espaço urbano, no qual as conformações da paisagem às lógicas sociais tendem a acumular impactos ambientais.

Muitas das cidades dos países de economia periférica se conformaram forçosamente, tardiamente e aos trancos à urbanização derivada da produção manufatureira agressiva dos primeiros tempos da Revolução Industrial. Nas primeiras décadas do século 20, muito ecoou na capital paulista a cultura da chaminé e da produção manufatureira sem as restrições de ordenações legais mais incisivas sob o ponto de vista sanitário ou ambiental.

Ainda que tenham se perdido no tempo, muito dos passivos ambientais decorrentes da contaminação do solo se deve aos primórdios da industrialização, especialmente, nas várzeas paulistanas, onde o parque fabril de feições fordistas se assentava em busca de espaços amplos e planos (compatíveis com as extensas linhas de produção), de corpos d'água generosos (para se livrar dos efluentes tóxicos) e próximos das vias férreas (para acessar a matéria prima e escoar o muito produzido).

O singular modo de erigir espaços urbanos de feições industriais em contextos subdesenvolvidos implica partilhar processos de degradação ambiental, incluindo as áreas contaminadas, com dinâmicas de conurbação, espraiamento de manchas urbanas periféricas, concentração e desconcentração industrial, dualidades socioeconômicas, vulnerabilidades sociais, entre outras.

Se o urbano, sob a égide da modernidade, pode ser também entendido, de modo geral, como espaço onde se dão processos contínuos de espoliação e de exposição, onde as relações entre o social e a natureza são por demais desequilibradas, a transposição de tal modelo para países periféricos tende a tornar mais agudos esses desarranjos.

Em nosso meio, o fenômeno da metrópole ilustra bem os infortúnios dos processos "incivilizados" de urbanização. Para algumas das grandes cidades brasileiras, caem bem a expressão "metrópoles do subdesenvolvimento industrializado" (Kowarick, 2009:76). Mas, complexas que são, as metrópoles não primam pela homogeneidade, ainda mais aquelas que foram geradas em meio a violentos movimentos de expansão territorial e de exclusão social. A disputa desigual pela apropriação do espaço urbano resulta em localizações privilegiadas ou renegadas, em paisagens preservadas ou degradas, em áreas salubres ou contaminadas.

Se a cidade é acúmulo de intervenções humanas em espaços relativamente limitados, o arranjo territorial da metrópole implica impactos ambientais localizados e superpostos e, consequentemente, em riscos diferenciados à saúde da população. O modo como a metrópole se estrutura determina graus diferenciados de riscos à saúde coletiva advindos de fatores ambientais.

Por consequência, entender o processo de estruturação do espaço urbano é passo elementar para a adequada leitura das lógicas que regem a construção de distintos cenários de riscos à saúde da população. É especialmente no território urbano onde mais se geram e acumulam localizações nas quais se apresenta uma conjunção de fatores que potencializam condições adversas de saúde.

As metrópoles expressam bem as tensões entre o local e o global, territórios desiguais e em constante transformação onde convivem e se confundem o arcaico e o moderno, o elementar e o estrutural, o particular e o universal, o proveito e o dano. É, pois, no rico território da metrópole que as expressões da saúde e da doença adquirem contornos complexos e de difícil compreensão.

Se a doença pode ser entendida como perturbação do equilíbrio da totalidade do ser com seu meio, os múltiplos espaços que compõem o urbano possibilitam incessantes condições para afirmar ou negar a saúde. Tais perspectivas conformam cenários mais ou menos favoráveis à plena expressão da saúde.

Seguindo esse argumento, cenário de risco pode ser entendido como um conjunto de fatores determinantes da saúde considerados a partir de suas interações e localizações. Em nossas dinâmicas cidades, a construção do espaço implica uma incessante superação e novos enfrentamentos de riscos configurados em cenários, que ora se retraem, ora se expandem, ora se ocultam, ora se revelam no ritmo ditado pelos movimentos da sociedade.

Mas, se a saúde se sustenta na "boa medida", no equilíbrio do ser com o ambiente, no regramento platônico do "não muito nem do muito pouco", como conciliar a saúde no mundo instável da cidade erigida sob a égide da produção incessante da mercadoria? Para Harvey, "A paisagem criada pelo capitalismo também é vista como lugar de contradição e de tensão, e não como expressão de equilíbrio harmonioso" (Harvey, 2005: 55).

Daí porque no espaço tão perturbado da vida moderna, a saúde em conceito ampliado, transformada em qualidade de vida, se configura como uma das premissas básicas do desenvolvimento e do bem-estar. Contudo, ainda que afirmada no percurso civilizatório, a saúde é negada, dia a dia, no terreno urbano da espoliação e da exposição social a toda sorte de rejeitos do processo civilizatório moderno.

Compreender e superar modelos urbanos erigidos sob os desígnios dominantes do progresso econômico, da manufatura e do consumo desbragado, da produção incessante e distraída de passivos ambientais, da contaminação recorrente do solo, exige, de começo, esforço interpretativo suportado por arsenal teórico e metodológico interdisciplinar, do qual se sobressaem os campos da saúde pública, meio ambiente e desenvolvimento urbano.

Apesar de campos de conhecimento consolidados e com vasto referencial teórico, as áreas de planejamento urbano, meio ambiente e saúde pública carecem de um conjunto maior de pesquisas que estabeleçam relações e interações mais efetivas entre elas. As abordagens teóricas a respeito das transformações espaciais urbanas, particularmente daquelas relativas à escala metropolitana, ainda não contemplam, de forma consistente, as variáveis ambientais e de saúde coletiva.

Enfim, políticas públicas integradas e bem fundamentadas para enfrentar o problema das áreas contaminadas demandam, de antemão, compreender a situação presente a partir de um contexto histórico que remete ao modelo de sociedade que há muito tem por primazia a transformação desenfreada de natureza em mercadoria, relegando vidas humanas ao negócio de fazer e circular produtos.

Para quem se dá a árdua missão de pensar e praticar Saúde Pública, é bom que tenha como ponto de partida que as áreas contaminadas são acúmulo histórico de processos sociais extremamente agressivos sobre o espaço, cujas consequências se manifestam como risco à saúde coletiva. Confrontá-las, portanto, reclama conhecimentos alargados, muito método e conjunção generosa de esforços.

CAMINHOS FUTUROS

O processo de urbanização das metrópoles brasileiras, centrado na exploração da força de trabalho, empurrou a massa de trabalhadores sistematicamente para a ocupação de áreas de baixo custo, periféricas, irregulares, degradadas ou contaminadas, enquanto os melhores e mais valorizados espaços urbanos permaneceram livres para a especulação imobiliária. Tais fenômenos aprofundaram as desigualdades sociais na metrópole paulista, ampliadas por crises econômicas severas ocorridas nas décadas de 1980 e 1990, com, entre outros, o agravamento do desemprego (Carlos, 2009; Maricato, 2015). Assim, mais do que cenários urbanos de riscos desiguais, as áreas contaminadas estão diretamente relacionadas com severas e históricas situações de injustiça socioambiental. Enfrentar essas questões requer muito mais que recursos científicos e tecnológicos para tratar o solo e remover contaminantes, pois demanda uma profunda mudança nos modos de vida e nas políticas públicas intersetoriais.

Nas últimas décadas, particularmente nos países do hemisfério norte, manifestou-se uma grande expectativa de que as soluções passariam pelo conceito de desenvolvimento sustentável e de sua inserção nas mais variadas esferas da vida pública: economia e desenvolvimento econômico, educação, saúde, transporte, planejamento territorial, entre outros.

No planejamento territorial, a inclusão da perspectiva do desenvolvimento sustentável faria com que ele fosse direcionado para as necessidades das comunidades e de sua população. Desta forma, a infraestrutura econômica e a alteração do uso do solo seriam apoiadas por decisões sociais e norteados por objetivos de justiça ambiental, social e econômica (Slocombre, 1993). Segundo Marshall & Wood (1992), o planejamento territorial com vistas ao desenvolvimento sustentável poderia evitar ou reduzir riscos e impactos negativos, assim como melhorar a qualidade ambiental e de vida nas áreas urbanas.

À luz das discussões sobre desenvolvimento sustentável, países da Europa e América do Norte criaram programas de recuperação de áreas contaminadas para responder aos requisitos do desenvolvimento sustentável e, com isso, levar à melhoria da qualidade de vida em áreas urbanas. Um desses programas, que ganhou grande notoriedade e apoio político, foi a requalificação de *brownfields* em especial os localizados em áreas urbanas. É importante destacar que o termo *brownfields* não é sinônimo de área contaminada, pois como destaca Sanches (2004), a percepção, ou a possibilidade de que um terreno esteja contaminado já é suficiente para assim caracterizá-lo, diferente de uma área contaminada, na qual a presença da contaminação por substâncias químicas foi confirmada.

Assim, diferentes instâncias de governo deram início a um conjunto de políticas inovadoras com a intensão de reduzir os custos e os riscos associados à requalificação dessas áreas contaminadas, tornando-as atrativas e factíveis.

Na Europa, tais políticas motivaram um movimento pela transformação desses espaços em áreas verdes, tendo assim um papel central no desenho de comunidades sustentáveis. Na América do Norte e Canadá, por outro lado, as políticas se concentraram mais na concessão de benefícios econômicos, por meio de parcerias público-privadas, e na alteração do uso do solo, dotando as áreas de novas funções industriais, comerciais e mesmo residenciais (De Sousa, 2003). No entanto, segundo De Sousa (2003), comunidades e organizações ambientais também pressionaram para que esses espaços fossem convertidos em áreas verdes por entenderem que, dessa forma, potencializam-se benefícios de caráter coletivo.

8 | Saúde, Ambiente e Áreas Contaminadas

A cidade de Toronto, no Canadá, foi uma das que mais investiu na conversão de áreas contaminadas em áreas verdes. Em 1998, a cidade passou por uma ampla estruturação administrativa, integrando 7 municípios de seu entorno na chamada "City of Toronto". Desde a década de 1950, após a passagem do furacão Hazel, o município adquiriu territórios com risco de inundação e os transformou em espaços verdes de modo a proteger a população, ampliar a oferta de áreas de recreação e preservar recursos naturais. No entanto, esses espaços eram distantes da região central, mais antiga e mais populosa, da cidade (De Sousa, 2003).

Segundo De Sousa (2005), de 1998 a 2005, 12 áreas contaminadas foram convertidas em parques na cidade de Toronto, gerando 614 ha de novas áreas verdes, com tamanhos variando de 0.5-471 ha. e a reintrodução de plantas nativas, flores silvestres, arbustos, e plantas herbáceas para melhorar o ambiente ecológico. Segundo o autor, os fatores que mais facilitaram a conversão das áreas contaminadas foram a colaboração e o envolvimento da comunidade, a liderança política e o financiamento público ou privado.

Na Europa, da mesma forma, os processos de intensa industrialização ao longo, em especial, do século XX, produziram milhares de áreas contaminadas, com complexidade e potencial de requalificação muito distintos. A Comunidade Europeia (CE) criou uma rede de especialistas multidisciplinares, chamada *Concerted Action on Brownfield and Economic Regeneration Network* (CABERNET) com o objetivo de facilitar a requalificação dos locais contaminadas nos países europeus.

Embora se entendesse que a requalificação dos *brownfields* oferecia uma oportunidade para o desenvolvimento urbano sustentável, havia ainda muitas questões para serem respondidas, entre elas: quais os requisitos para os projetos de requalificação serem sustentáveis?; que parâmetros caracterizariam um processo sustentável?; como monitorar a conformidade dos projetos de requalificação dos *brownfields com os* requisitos de sustentabilidade, de forma a gerar apoio a futuros financiamentos e a tomada de decisões?

Para responder essas questões a CE desenvolveu várias iniciativas e projetos, com destaque para o projeto RESCUE – *Regeneration of European Sites and Environment*, entre 2002 e 2005. Analisando alguns projetos em curso, a equipe elaborou um conjunto de indicadores e propôs um método para avaliar a sustentabilidade dos processos de requalificação, no qual a sustentabilidade foi considerada ter quatro dimensões: ambiental, econômica, social e institucional (Ferber et al, 2006).

Além dessas dimensões, avaliou-se que a sustentabilidade deveria também incorporar três outros aspectos: ser dinâmica e ter uma abordagem temporal e espacial. A perspectiva temporal requer o balanço entre os efeitos de curto e longo prazos em todas as dimensões, o que significa considerar as necessidades de futuras gerações. A escala espacial envolve a extensão local, regional, nacional ou mesmo global do projeto em todas as suas dimensões, e ainda, quanto aos aspectos políticos e administrativos. Por fim, a sustentabilidade deve ser vista como um processo dinâmico, sujeito a mudanças contínuas, intrínsecas à história da humanidade. Um estágio final, com mesmo nível de sustentabilidade em todas as dimensões nunca será alcançado (Martins Franz et al, 2006).

No entanto, estudos realizados nos últimos anos mostram que ainda há um longo caminho a percorrer. Os desafios para a requalificação sustentável ainda persistem e os projetos desenvolvidos muitas vezes não se adequaram às necessidades da comunidade, não a incluindo a contento nos processos de tomada de decisões (Pérez e Eugenio, 2018). Persiste também nos projetos de desenvolvimento urbano a falta de prioridade na recuperação das áreas, assim como uma carência de sintonia entre os governos locais e estaduais. Além disto, também a falta de interesse dos responsáveis e dos governos locais compromete a recuperação das áreas (Pérez e Eugenio, 2018).

Outra questão relevante é que a transformação de *brownfields* em áreas verdes não é viável sem financiamento público, seja diretamente ou por meio de incentivos fiscais, legais ou regulatórios. As áreas urbanas potencialmente mais valorizadas são geralmente apropriados pelo setor privado, pois, para este, a expectativa de lucro em tais áreas é maior que o risco, direcionando para elas investimentos sem levar em conta os interesses e a participação da comunidade. Por outro lado, os locais marginalmente viáveis ou não viáveis, que apresentam elevados níveis de contaminação ou se localizam em áreas com baixo potencial de desenvolvimento econômico, necessitam de substancial financiamento público. Na maioria das vezes, esses locais são transformados em áreas verdes se localizadas no tecido urbano, ou em áreas de reflorestamento se em áreas rurais. No entanto, o investimento público na requalificação destas áreas é complexo em cenários de escassez de recursos e de difícil alinhamento com os interesses da coletividade (Pérez e Eugenio, 2018).

De acordo com Perez e Eugenio (2018), na Europa, em 2016, foram estimadas 2.8 milhões de áreas onde existiram atividades poluidoras pretéritas e 650 mil áreas contaminadas tinham sido identificadas. O levantamento também apontou que 5 mil áreas estavam em fase de remediação e 65,5 mil já remediadas. Os mesmos autores indicam que, em média, 42% dos recursos investidos na remediação foram provenientes de orçamentos públicos.

No Brasil, a remediação e a revitalização das áreas contaminadas e de *brownfields* avançaram pouco nas últimas décadas, até mesmo a identificação e o cadastro ainda são incipientes. Segundo levantamento de Tavares et al (2016) o Brasil tinha [em 2016] 6288 áreas contaminadas cadastradas, 5351 delas no estado de São Paulo, 578 em Minas Gerais e 271 no Rio de Janeiro. Assim, 98% das áreas contaminadas do país estavam localizadas em estados da região sudeste, os únicos que dispunham de bancos de dados com informações organizadas sobre esses passivos. Todos os demais estados informaram não possuir informações sistematizadas e as 88 áreas restantes foram identificadas pelos autores em trabalhos técnicos e científicos. Os autores também destacam que o levantamento evidenciou um cenário de acentuada fragilidade estrutural dos órgãos ambientais nos estados, mesmo entre aqueles com territórios com largo histórico de poluição por atividades industriais, como por exemplo a Bahia, Ceará e Pernambuco (Tavares et al, 2016).

Apesar disto, o Brasil conta com um arcabouço jurídico ambiental bastante robusto para lidar com o assunto. Ele contempla, dentre outros, os instrumentos constantes da Política Nacional de Meio Ambiente (Lei Federal 6938/1981) para a proteção e recuperação da qualidade ambiental; o princípio poluidor-pagador, introduzido na ordem jurídica pela Constituição Federal de 1988; e o recurso de ação civil pública para responsabilização por danos morais e patrimoniais por meio de termo de ajustamento de conduta, reforçado pela Lei de Crimes Ambientais (Lei Federal 9605/1998), que estabeleceu a responsabilização civil e criminal de pessoas físicas e jurídicas. No entanto, esses mecanismos jurídicos têm se mostrado ainda insuficientes para enfrentar os problemas de contaminação, em especial em áreas críticas, cuja condição implica, muitas vezes, em um longo e complexo processo de judicialização, que se arrasta por décadas sem solução efetiva, mesmo nos casos em que há população em situação de risco, exposta as substâncias químicas perigosas.

O estado de São Paulo foi o primeiro a iniciar as atividades de gerenciamento de áreas contaminadas, em 1993. Desde então, ocorreram significativos avanços, mas ainda são muitos os desafios, em

10 | Saúde, Ambiente e Áreas Contaminadas

especial no que diz respeito à remediação das áreas consideradas críticas ou órfãs, nas quais não é possível identificar um responsável. São Paulo foi pioneiro no país e publicou uma lei específica sobre procedimentos para proteger a qualidade do solo e gerenciar áreas contaminadas, criando também um Fundo Estadual para Prevenção e Remediação de Áreas Contaminadas – FEPRAC (Lei nº 13.577 em 2009) regulamentada pelo Decreto nº 59.263/2013.

Até dezembro de 2019, o estado contabilizava 6.285 áreas contaminadas, 71% com origem em postos de combustíveis, situados na maioria, em áreas urbanas ou nas margens das rodovias, outras 19% são originárias de atividades industriais, 5% do comércio e 5% resultantes da disposição inadequada de resíduos, acidentes, atividades agrícolas de fontes não identificadas (CETESB, 2020). Parte expressiva delas, 73%, estavam em processo de monitoramento para encerramento, de remediação ou haviam sido reabilitadas para uso declarado (CETESB, 2020).

A remediação das áreas contaminadas tem sido realizada preponderantemente pelo setor privado. Na zona Leste da cidade de São Paulo, por exemplo, as áreas de antigas fábricas foram demolidas para dar lugar a projetos residenciais; na zona sul, elas têm sido ocupadas por áreas comerciais e na zona oeste também por conjuntos empresariais e de escritórios (Vasques, 2009). Alguns poucos projetos de requalificação foram conduzidos pelo setor público, exclusivamente ou em parceria com a iniciativa privada.

O primeiro grande projeto de remediação de uma área contaminada e sua requalificação para uso recreativo foi o parque Villa Lobos, inaugurado em 1994 na zona Oeste da cidade, que ocupa uma área de 73 hectares, local que antes abrigava resíduos da construção civil, de dragagem do rio Pinheiros e de produtos do CEAGESP. A região é uma das mais valorizadas da cidade de São Paulo e a inauguração do parque estimulou a construção em seu entorno de áreas residenciais de alto padrão, shoppings e áreas comerciais, denotando mais uma intervenção pública de caráter urbanístico associado aos interesses do setor imobiliário do que uma proposta mais ampla para requalificação e melhoria das condições ambientais e sanitárias do tecido urbano da cidade e da metrópole.

A Praça Victor Civita, também na zona Oeste de São Paulo, onde funcionou um incinerador de resíduos domiciliares e hospitalares, foi implantada em parceria com uma empresa privada. O lote antes contaminado foi reabilitado e requalificado para uso público, passando a abrigar atividades culturais, esportivas e de educação ambiental. Como a descontaminação foi parcial, adequando-se ao uso pretendido, foram instalados equipamentos para evitar o contato direto dos usuários com o solo. Segundo Silva (2016), apesar da praça estar associada ao tema da sustentabilidade, sua concepção não privilegiou a interação com outras áreas próximas e com as características naturais do terreno.

Outro projeto, inaugurado na mesma região em 2010 é o Parque Orlando Villas Bôas, que ocupa 5,5 ha de um lote onde antes operou uma estação de tratamento de esgoto da SABESP. Em 2015 o local foi fechado, a pedido do Ministério Público, em virtude das queixas de usuários que se sentiram mal após jogarem futebol no local (Silva, 2016).

Estes exemplos denotam que as iniciativas para requalificação e reinserção das áreas contaminadas na malha urbana se limitaram a iniciativas isoladas, não se caracterizando como uma política integrada de cunho ambiental, sanitário e urbanístico para atender aos interesses da coletividade. Segundo Silva (2016), essas iniciativas realizadas em São Paulo, evidenciam um modo de abordagem já superado e limitado de requalificação das áreas contaminadas. Além disso, dezenas de outros espaços com potencial de reinserção no tecido urbano, em especial em locais carentes de áreas verdes e de equipamentos públicos de boa qualidade, permanecem intocados, fora da pauta de prioridades e do debate do poder público e da sociedade em geral.

Segundo Ferreira et al (2020), o gerenciamento de áreas contaminadas no Brasil e no estado de São Paulo é focado apenas na adoção dos valores orientadores gerais, sem levar em conta a heterogeneidade do uso do solo e as desigualdades sociais. Segundo os autores, é preciso considerar avanços já consolidados nos países mais desenvolvidos, como a incorporação do risco ecológico e a avaliação dos efeitos e da biodisponibilidade de múltiplos contaminantes. Além disso, os autores destacam a importância da participação social na gestão e decisão dos recursos do FEBRAC.

Desta forma, é fundamental que a recuperação e a requalificação sustentável das áreas contaminadas sejam discutidas e colocadas como prioridade nas políticas urbanas. É necessário, ainda, a discussão sobre o ritmo dos processos jurídicos voltados à defesa dos interesses coletivos e das populações expostas, de forma a conferir-lhes agilidade e a assegurar a completa reparação do dano causado à saúde das pessoas e ao patrimônio dos expostos. Além do mais, os custos envolvidos com as despesas de saúde não podem recair integralmente sobre o Sistema Único de Saúde (SUS), em especial quando o problema se configura a partir de atividades e interesses privados.

Referências Bibliográficas

Carlos A.F.A. (2009). A metrópole de São Paulo no contexto da urbanização contemporânea. Estudos Avançados, 23 (66)

CETESB, Relação de áreas contaminadas, Dezembro de 2019. Disponível on line em https://cetesb.sp.gov.br/areas--contaminadas/relacao-de-areas-contaminadas/, acessado em 3 agosto de 2020.

De Sousa, C A. Turning brownfields into green space in the City of Toronto. Landscape and Urban Planning 62 (2003) 181–198

De Sousa, C. (2005). Policy Performance and Brownfield Redevelopment in Milwaukee, Wisconsin. The Professional Geographer, 57(2), 312–327

De Sousa, C., & Ghoshal, S. (2012). Redevelopment of brownfield sites. Metropolitan Sustainability, 99–117. doi:10.1533/9780857096463.2.99

Ferber, U, Grimski D, Millan K, Nathanail, P. Sustainable Brownfield Regeneration: CABERNET Network Report. University of Nottingham, 2006.

Ferreira, RM, Lofrano, FC, Morita, DM. Remediação de áreas contaminadas: uma avaliação crítica da legislação brasileira Remediation of contaminated sites: a critical analysis of Brazilian legislation. Eng Sanit Ambient | v.25 n.1 | jan/fev 2020 | 115-125. DOI: 10.1590/S1413-41522020168968

Giddens, A. As consequências da modernidade. São Paulo: Editora UNESP, 1991.

Gouveia N. Saúde e Meio Ambiente nas Cidades: Os Desafios da Saúde Ambiental. Saúde e Sociedade, 8(1):49-61, 1999

Havey, D.. A produção capitalista do espaço. São Paulo, Annablume, 2005.

Hipócrates. Aires, aguas y lugares. In: Buck C, Llopis A, Najera E, Terris M, editores. El desafio de la Epidemiologia: problemas y lecturas selecionadas. Washington, Organizacion Panamericana de la Salud,1988. p 18-19.

Kleinert, S.; Horton, R. Urban design: an important future force for health and wellbeing. The Lancet, [S. l.], v. 388, n. 10062, p. 2848–2850, 2016.

Kowarick, L. Viver em risco. São Paulo: Editora 34, 2009.

Maricato E. (2015). Para entender a crise urbana. Ed. Express Popular. 2015.

Marshall, J. N., & Wood, P. A. (1992). The Role of Services in Urban and Regional Development: Recent Debates and New Directions. Environment and Planning A: Economy and Space, 24(9), 1255–1270. https://doi.org/10.1068/a241255

Martin Franz, Gernot Pahlen, Paul Nathanail, Nicole Okuniek &Aleksandra Koj (2006) Sustainable development and brownfield regeneration. What defines the quality of derelict land recycling? Environmental Sciences, 3:2, 135-151, DOI:10.1080/15693430600800873

Marx, K. A mercadoria. São Paulo: Ática, 2006.

OPAS. O impacto de substâncias químicas sobre a saúde pública: Fatores conhecidos e desconhecidos. Brasília, DF: Organização Pan-Americana da Saúde; 2018.

Pérez AP ;Eugenio NR. Status of local soil contamination in Europe: Revision of the indicator "Progress in the management Contaminated Sites in Europe, EUR 29124 EN, Publications Office of the European Union, Luxembourg, 2018, ISBN 978-92-79-80072-6, doi:10.2760/093804, JRC107508

Prüss-Ustün A, Wolf J, Corvalán C, Bos R, Neira M. Preventing disease through healthy environments: A global assessment of the burden of disease from environmental risks. World Health Organization 2016

Queiroz, E. A cidade e as serras. Porto Alegre: L&PM, 2006.

Sánchez, L.E. Revitalização de áreas contaminadas. In: Moeri, E.; Coelho, R.; Marker, A. (orgs.), Remediação e Revitalização de Áreas Contaminadas: Aspectos Técnicos, Legais e Financeiros. São Paulo: Signus Editora, p. 79-90, 2004.

Silva, T. B. Áreas de abandono: análise com base nos fundamentos do desenho ambiental sobre projetos que visam a recuperação de territórios degradados. Revista LABVERDE n°11 – Artigo 04 Março de 2016.

Slocombe, D. S. (1993). Environmental Planning, Ecosystem Science, and Ecosystem Approaches for Integrating Environment and Development, Environmental Management Vol. 17, No. 3: 289-303

US EPA, 1997. Brownfields Definition. US EPA Brownfields Homepage, http://www.epa.gov/swerosps/bf/glossary.htm.

Vasques AR. Geotecnologias nos estudos sobre brownfields: identificação de brownfields em imagens de alta resolução espacial e análise da dinâmica de refuncionalização de antigas áreas fabris em São Paulo. {tese de Doutorado]. FFLCH/USP:São Paulo, 2009. DOI:10.11606/T.8.2009.tde-09022010-132054.

Weber, M. A gênese do capitalismo moderno. São Paulo: Ática, 2006.

WHO. Health in 2015: from MDGs, Millennium Development Goals to SDGs, Sustainable Development Goals. World Health Organization 2015

Saúde Planetária, Desenvolvimento e Saúde Coletiva no Antropoceno*

Carlos Machado de Freitas

INTRODUÇÃO

Em julho de 2015, a conceituada revista científica Lancet e a Fundação Rockefeller lançaram o documento *"Safeguarding human health in the Anthropocene epoch: report of The Rockefeller Foundation–Lancet Commission on planetary health"* (Whitmee e col., 2015). Um dos aspectos importantes deste relatório foi apontar para o fato de não podermos considerar a saúde coletiva das populações humanas dissociada da saúde planetária. O documento tem como papel importante alimentar um debate ainda pouco aprofundado no campo da Saúde Coletiva e que envolve dois aspectos. O primeiro é o reconhecimento de vivermos um período da história em que pela primeira vez os humanos se tornam uma força capaz de alterar as estruturas ecológicas do planeta: o Antropoceno. O segundo é o paradoxo entre os ganhos refletidos nos indicadores tradicionais de saúde (redução da mortalidade infantil e aumento da expectativa de vida, dois indicadores clássicos de saúde) e os danos ecológicos (alguns visíveis e grande parte ainda invisível) que afetam a saúde planetária.

---

*Grande parte deste capítulo foi baseado nos argumentos já presentes no livro de minha autoria Freitas CM. Um equilíbrio delicado – Crise ambiental e saúde no planeta. Rio de Janeiro: Garamond, 2011.

Se consideramos que os humanos dependem dos sistemas ecológicos como sistemas de suporte à vida, encontra-se em jogo nosso futuro no planeta. Assim, o paradoxo entre ganhos nos indicadores tradicionais de saúde e danos ecológicos é não só um problema científico, mas também um imenso desafio social, político e econômico, que obriga pesquisadores, estudantes e diversos profissionais no campo da Saúde Coletiva a considerar os temas relacionados ao nosso modelo de desenvolvimento e que está na base do Antropoceno.

Hoje, somos mais de 7,5 bilhões de habitantes, com previsão de chegarmos próximos dos 10 bilhões em 2050 (MEA, 2005). Se nossas demandas atuais por recursos naturais, bens e produtos já ultrapassam em cerca de 40% o que o planeta pode prover a partir dos serviços dos ecossistemas (água, clima, solos e biodiversidade, só para citar alguns), podemos considerar que temos uma dívida ecológica que afeta as gerações presentes e compromete a vida e a saúde das gerações futuras (MEA, 2005; Whitmee e col., 2015).

Ao mesmo tempo, não só somos mais, mas também demandamos muito mais recursos do que qualquer outro período da história da humanidade. Em 1802 alcançamos o primeiro bilhão de habitantes. Só para citar um exemplo, nesta época nosso consumo per capita de energia era em torno de 0,27 de toneladas equivalentes de petróleo (TEP). Em 2000 erámos 6 bilhões e nosso consumo per capita passou para 1,7 TEP. Isto significa que não só passamos a ser uma população 6 vezes maior, mas que individualmente consumimos 6,3 vezes mais do que 200 anos antes (McNeill, 2000).

Além disto, se o modelo de desenvolvimento adotado principalmente a partir da Revolução Industrial gerou uma dívida ecológica, não podemos esquecer que uma dívida social foi produzida conjuntamente. Este modelo de desenvolvimento, com suas estruturas econômicas e políticas está assentado em desigualdades e injustiças globais que resultam em cargas adicionais sobre a saúde das populações mais pobres e danos e degradações nos territórios em que elas vivem e trabalham, com algumas regiões transformadas, nas chamadas "zonas de sacrifício" (Freitas e col., 2004). No âmbito das discussões sobre racismo e justiça ambiental, iniciadas na década de 80 nos EUA, as zonas de sacrifício eram as áreas escolhidas para a localização de empreendimentos ou deposição de resíduos tóxicos com maior potencial de danos, sendo predominantemente habitadas por negros. No Brasil, o tema das áreas contaminadas é um dos que melhor expressa este tema das zonas de sacrifícios, envolvendo os temas relacionados aos determinantes sociais da saúde e iniquidades sociais, afetando populações mais pobres e/ou predominantemente negras e pardas.

Proteger a saúde humana em uma perspectiva planetária, regional, nacional ou mesmo local requer o estabelecimento de um equilíbrio entre a saúde do planeta e a saúde coletiva, a dívida ecológica e a dívida social. Por um lado, não há dúvidas de que é necessário reduzir a demanda em relação aos recursos do planeta, produzindo-se bens, produtos e serviços ecologicamente adequados e que considerem os critérios de inclusão social. De outro, é necessário também uma reforma profunda nas estruturas e processos econômicos e políticos. Tanto para maior equidade na distribuição e acesso aos recursos e serviços dos ecossistemas, além dos bens e serviços produzidos pela sociedade, como para maior participação e justiça nos processos de tomadas de decisões sobre os rumos do desenvolvimento de nossa sociedade.

Nesta perspectiva, este capítulo está organizado em três partes, de modo a oferecer elementos para este debate. Na primeira, apontamos para a primeira grande mudança ambiental com o surgimento de um modo de produção baseado na agricultura, com implicações sociais e ambientais. Na segunda,

Saúde Planetária, Desenvolvimento e Saúde Coletiva no Antropoceno | 15

centramos na apresentação de algumas das mudanças ambientais que, a partir da Revolução Industrial e do uso de combustíveis fósseis, propiciaram que os humanos interferissem na atmosfera, nas águas e nos solos em escala jamais vista, caracterizando um período de mudanças profundas no planeta – o Antropoceno. Por fim, na terceira parte, retomamos a questão das desigualdades sociais como estruturantes deste modelo de desenvolvimento que caracteriza o Antropoceno, apontando para os temas da sustentabilidade ambiental e justiça social como bases para a saúde do planeta e da coletividade humana.

A AGRICULTURA COMO BASE DA PRIMEIRA GRANDE MUDANÇA SOCIOAMBIENTAL

O início da agricultura significou uma primeira grande mudança na relação dos humanos com o meio ambiente e nas relações sociais, nos modos de produzir, trabalhar, viver e se alimentar, como bem demonstram Pointing (2005) e McMichael (1993 e 2001), autores que constituem a base dos argumentos desse capítulo. Pela primeira vez criamos e reordenamos o ambiente em torno, propiciando o fornecimento regular de alimentos, mas também novos riscos para a saúde.

A expansão da agricultura e a derrubada de vegetações e florestas alterou os ciclos de vetores e hospedeiros de doenças, contribuindo para a expansão de doenças como a malária e a febre amarela. A domesticação de animais, se por um lado representou a ampliação de nosso domínio sobre a natureza e animais, favoreceu também ampliação da exposição e contato dos humanos a uma variedade de doenças que hoje compartilhamos com os animais.

O agrupamento de populações em povoados e aldeias significou também maior geração e concentração de resíduos, atraindo agentes causadores de doenças, como ratos e baratas. O lançamento de fezes e dejetos em cursos de água potencializou a circulação de parasitas intestinais e transmissão de doenças como cólera, diarreias e febre tifoide. Estas alterações dos ecossistemas e concentração de população com ausência de saneamento e de hábitos de higiene criaram um ambiente propício para muitas das doenças que ainda atingem milhões de pessoas em todo mundo. Até este momento, os impactos ambientais e na saúde humana ainda eram restritos ao nível local, pela menor circulação de pessoas, animais, produtos e agentes patogênicos.

Porém, a agricultura permitiu a transição para formas de organização da vida social mais complexas, como Cidades-Estados, Impérios e Civilizações. Estas formas de organização social tinham como base não só uma maior divisão do trabalho e hierarquização social, mas também a conexão de aldeias e diversos outros territórios com um centro do poder. Com isto é ampliado a escala dos impactos ambientais e na saúde através do aumento da circulação de pessoas, animais, produtos e agentes patogênicos, que passam para um contexto regional e continental.

Diversas populações se tornaram vulneráveis a pragas e epidemias que passam a ter escala continental, não sendo por acaso que duas grandes epidemias, a Praga de Justiniano, no século VI d.C, e a Peste Negra, no século XIV d.C, não só resultaram em mortalidade que atingiu entre 25% à 40% da população das cidades atingidas, mas ocorreram exatamente entre o início e o fim da Idade Média, a partir da conexão de populações em uma rede de cidades e vias de comunicações (estradas e navegações) em períodos de imensas transformações sociais, econômicas e ambientais.

Entre o século XV e o século XVIII intensificam-se e ampliam-se as relações entre populações de diferentes lugares, bem como dos impactos ambientais e na saúde, sem necessariamente modificar a base do modelo de desenvolvimento econômico (modo de produção agrícola baseada na anexação de terras e o trabalho servil ou escravo) e no padrão de doenças (predominantemente parasitárias e infecciosas resultantes das transformações ambientais e precárias condições de vida em aldeias e cidades). A expansão colonial europeia, iniciada no século XV, propiciou que estas relações ganhassem uma dimensão intercontinental por meio da anexação de terras e povos em todos os continentes do planeta, preparando-se as bases sociais e econômicas para o mundo globalizado como conhecemos na atualidade. Esta ampliação foi acompanhada da intensa exploração de recursos naturais, possibilitando tanto o fornecimento de metais preciosos (ouro e prata) e madeiras, como também de monoculturas para exportação, resultando em grandes mudanças nos ambientes que passam a integrar este novo mundo.

Não só o mundo se expande e ganha escala intercontinental em termos de interdependência de terras e povos, degradação ambiental e doenças, mas também cresce a população do planeta, passando de 350 milhões no final do século XIV para 900 milhões no final do século XVIII. Neste contexto são também gerados os acúmulos de riquezas e conhecimentos fundamentais para uma segunda grande mudança: a industrialização a partir da Revolução Industrial.

OS COMBUSTÍVEIS FÓSSEIS E A INDUSTRIALIZAÇÃO COMO BASE DA SEGUNDA GRANDE MUDANÇA SOCIOAMBIENTAL

A exploração dos combustíveis fósseis permitiu constituir as bases do mundo em que vivemos, com o uso de fontes inanimadas de energia para alimentar máquinas e equipamentos que propiciaram aumentar a produção de bens em larga escala, ao mesmo tempo que o crescimento das populações ganhava gradualmente feições urbanas. A partir de 1820 não só atingimos o primeiro bilhão de habitantes no planeta como passamos a reduzir o intervalo de tempo para acrescentar um novo bilhão. O binômio industrialização-urbanização é a marca desta segunda grande mudança (Pointing, 2005).

Até o final do século XVIII, a principal fonte de energia para transformação dos recursos naturais em bens (principalmente na agricultura), era o trabalho humano, com um alto custo em mortes prematuras, doenças, lesões e sofrimento. Desde a Revolução Industrial, a combinação entre máquinas para a produção e o largo uso de fontes não-renováveis de energia permitiu não só intenso crescimento da produção e da população, mas também das cidades. Este período de grandes mudanças econômicas, sociais, políticas e culturais possibilitou a passagem para uma escala global, conectando as diferentes partes do planeta e suas populações não só nos processos de produção, transporte, comercialização e consumo de bens, mas também nos de degradação ambiental e seus impactos sobre a saúde. Em apenas dois séculos transformam-se também o padrão de doenças relacionadas às alterações ambientais, deixando de predominar as parasitárias e infecciosas a partir de hospedeiros, vetores, bactérias e vírus dispersos na natureza, para surgirem, predominarem e combinarem-se doenças relacionadas aos produtos e agentes elaborados pelos humanos, de origem química, radioativa, radiológica e mesmo biológica (Pointing, 2005; McMichael, 1993 e 2001)

Nas primeiras fases do processo de industrialização, até fins do século XIX, teve-se uma produção maior de produtos têxteis, ferro e aço, estradas de ferro e produtos químicos, sendo o carvão a base energética. Na segunda fase, entre o final do século XIX e as primeiras décadas do século XX, cresceu a produção de produtos químicos derivados de materiais orgânicos, engenharia elétrica e de carros. Depois da II Guerra Mundial o petróleo converteu-se na base energética, havendo um grande incremento nas indústrias petroquímicas e químicas, com aumento na produção de plásticos, medicamentos, agrotóxicos, carros e aviões, bem como o crescimento de novas indústrias como a dos eletrônicos, comunicações e computadores, de modo que grande parte do crescimento da produção industrial no século XX ocorreu a partir daí. A lógica da produção industrial se amplia de tal modo que passa a ocupar quase todas as esferas da produção e diferentes setores, indo da extração de recursos naturais (madeira, minérios e petróleo, por exemplo) à produção de alimentos (agricultura e pecuária, pesca e aquicultura, por exemplo), demandando cada vez mais energia e recursos naturais e gerando quantidades crescentes de rejeitos e resíduos orgânicos e inorgânicos (principalmente químicos), que passam a se concentrar no ar, nos solos, nas águas e nos alimentos (McNeill, 2000; Pointing, 2005) .

Ao longo do século XX a capacidade de produção industrial aumentou 40 vezes e a economia cresceu 14 vezes, demandando 16 vezes mais energia e emitindo 17 vezes mais dióxido de carbono (CO_2), contribuindo para o aquecimento global e as mudanças climáticas (ver Tabela 2.1). Ao mesmo tempo que se diminuiu as áreas de florestas, aumentou as áreas irrigadas e cresceu o uso do nitrogênio como fertilizante para solos cada vez mais empobrecidos, com impactos não só nos ecossistemas terrestres, mas também com a acidificação das águas e redução da camada de ozônio (McNeill, 2000).

Se no século XX a mortalidade infantil foi reduzida e a expectativa de vida dobrou, representando um grande ganho para a humanidade, por outro lado, neste modelo de desenvolvimento, cerca de 60% dos serviços dos ecossistemas (águas frescas, captura de peixes, purificação da água e do ar, regulação do clima regional ou local, entre outros) foram degradados ou utilizados de modo insustentável, com custos difíceis de estimar, mas sem dúvida, crescentes. Este processo de degradação e uso insustentável dos recursos naturais no Antropoceno vem potencializando a ocorrência de mudanças ambientais profundas e/ou abruptas, algumas irreversíveis. Uma das consequências é o comprometimento da saúde do planeta, ocasionando importantes impactos para a vida e a saúde dos humanos decorrentes de epidemias globais por doenças

Tabela 2.1. Mudanças que transformaram o mundo entre 1890 (=1) e 1990	
Produção industrial	40
Pesca marinha	35
Emissões de dióxido de carbono	17
Uso de energia	16
Economia mundial	14
População urbana mundial	13
Disponibilidade de nitrogênio reativo	9
Produção de carvão	7
Poluição do ar	5
Áreas irrigadas	5
População humana mundial	4
Espécies de mamíferos e pássaros	0.99
Áreas de florestas	0.8
População de baleias azuis	0.0025

Fontes: McNeill, 2000; Millennium Ecosystem Assessment (http:// www.millenniumassessment.org)

infectocontagiosas, aumento das doenças crônicas e violências, quebras de safras comprometendo o fornecimento de alimentos e crises hídricas restringindo o acesso à água, crises humanitárias e sociais incluindo o desemprego, mudanças climáticas, entre outros (MEA, 2005; Whitmee S e col, 2015).

No texto hipocrático *Ares, Águas e Lugares*, que data do século V a.C, encontra-se a primeira sistematização da relação entre saúde e condições ambientais (Cairus e Ribeiro, 2005). Para ilustrar a escala do processo de degradação das condições ambientais no Antropoceno e tendo como referência o texto hipocrático tomamos como exemplos os impactos sobre a atmosfera, as águas e o solo, abordando alguns dos seus aspectos que ocorrem no nível global.

Mudamos a atmosfera que nos envolve

A produção de energia pelo uso em larga escala de combustíveis fósseis a partir da Revolução Industrial fornece um exemplo bastante claro deste processo (ver Tabela 2.2). Primeiro, a produção de carvão aumentou 100 vezes entre 1800 e 1900, e mais de 5 vezes entre 1900 e 1990. Neste último período a produção de petróleo e gás aumentou 150 vezes, especialmente a partir de 1950.

Como resultado deste processo, o consumo de energia na produção, transporte e armazenamento de produtos cresceu exponencialmente, o que fez McNeill (2000) afirmar que no século XX consumimos mais energia do que em todos os séculos anteriores, desde o surgimento das sociedades assentadas e da agricultura. Este crescimento no consumo de energia se deu de modo bastante desigual, já que em 1990 um americano médio chegava a utilizar até 100 vezes mais energia do que uma pessoa em Bangladesh.

A Revolução Industrial inaugurou um padrão de utilização de combustíveis e de poluição que afeta não só o ar que os seres vivos respiram na escala espacial local (troposfera), mas também na global, atingindo outras camadas da atmosfera, como a estratosfera. Também se ampliou a dimensão temporal, com poluentes que podem permanecer na atmosfera por décadas, séculos ou mesmo milhares de anos, conforme pode se ver na Tabela 2.3.

Poluentes provenientes dos combustíveis fósseis que na escala local afetam a qualidade do ar urbano, no âmbito regional aumentam os riscos das chuvas ácidas e, na dimensão global, potencializam as ameaças da ampliação do buraco na camada de ozônio, das mudanças climáticas e do aquecimento global do planeta. Os impactos das atividades humanas não mais se restringem ao nível local, pois são capazes de alterar a composição da atmosfera e interferir nos ciclos de regulação do clima, gerando alterações que afetam a camada de proteção dos raios ultravioletas (UV-B) e o clima do planeta terra. Outras atividades contribuem com o lançamento de diversos produtos químicos que impactam negativamente o meio ambiente e afetam a saúde, tais como metais pesados, compostos orgânicos voláteis (COVs) e poluentes orgânicos persistentes (POPs).

Tabela 2.2. Produção mundial de combustíveis entre 1800 e 1990			
	Produção (em milhões de toneladas métricas)		
Tipo de combustível	1800	1900	1990
Biomassa	1.000	1.400	1.800
Carvão	10	1.000	5.000
Petróleo	0	20	3.000

Fonte: MacNeill, 2000

Saúde Planetária, Desenvolvimento e Saúde Coletiva no Antropoceno | 19

Tabela 2.3. Alguns poluentes, sua permanência temporal e extensão espacial

Escala espacial do problema	Escala temporal do problema				
	Horas/Dias	Dias/Semanas	Semanas/Meses	Meses/Anos	Anos/Séculos
Local	SO_2 – dióxido de enxofre NO_2 – dióxido de nitrogênio NO_x – óxido de nitrogênio NH_3 - amônia PM_{10} – material particulado de diâmetro inferior a 10 micrómetros (μm)				
Local e regional		SO_4^{2-} - sulfatos NO_3^- - nitratos NH_4^+ - amônia $PM_{2,5}$ - material particulado de diâmetro inferior a 2,5 micrómetros (μm)			
Regional e hemisférico			O_3 - ozônio na troposfera		
Hemisférico				CO – monóxido de carbono	
Global					CO_2 – dióxido de carbono CH_4 - metano N_2O - óxido nitroso SF_6 – hexafluoreto de enxofre $HFCs$ – hidrofluorcarbonetos $CFCs$ – clorofluorcarbonos CF_4 - perfluorometano

Fonte: GEO, 2007

Entre os metais, os humanos necessitam de pequenas quantidades de alguns como cobre (Cu), manganês (Mn), e zinco (Zn), mas em grandes quantidades podem ser tóxicos aos organismos. Outros metais pesados como o mercúrio (Hg), o chumbo (Pb), níquel (Ni) e cádmio (Cd) não são essenciais para os humanos e outros seres vivos, de modo que sua presença no ambiente pode provocar serios danos à saúde. A Tabela 2.4 demonstra como desde a segunda metade do século XIX até o início da última década do século XX houve um grande crescimento das emissões desses metais na atmosfera. As emissões de níquel seguiram o rápido crescimento da indústria de armas e das baterias recarregáveis, e as emissões de chumbo a utilização em larga escala dos automóveis.

Entre os COVs são exemplos o metano (CH_4), o benzeno (C_6H_6), o xileno (envolve um conjunto de compostos como o orto-xileno, o meta-xileno e o para-xileno), o propano (C_3H_8) e o butano (C_4H_{10}). Além de na presença do sol estes COVs sofrerem reações fotoquímicas e originarem o ozônio atmosférico, podem causar diversos danos a saúde, desde irritações na membrana mucosa e conjuntivite à problemas na pele e nos canais respiratórios superiores. Entre os POPs há alguns agrotóxicos como o DDT, dioxinas e furanos, que são compostos químicos altamente tóxicos e que persistem no ambiente, resistindo à degradação e com capacidade de bio-acumular em organismos vivos, afetando os sistemas reprodutivo, imunológico e endócrino, além de causar câncer.

Como se pode observar, há diferentes forças motrizes associadas às mais diversas atividades econômicas e processos, da extração de minérios à produção industrial, do consumo e uso de veículos aos resíduos, gerando poluentes que interferem de diferentes modos no ar que respiramos e na atmosfera que nos envolve (ver Tabela 2.5). Estes poluentes impactam o meio ambiente e ameaçam a segurança alimentar, gerando também diferentes efeitos sobre as populações humanas e suas condições de vida, sistematizados na Tabela 2.6.

Tabela 2.4. Emissões globais de metais na atmosfera entre 1850 e 1990			
Tipos de metais	Alguns potenciais impactos sobre a saúde humana	Média anual de toneladas lançadas na atmosfera por período	Crescimento no período em número de vezes
		1850-1900	1981-1990	
Cádmio	Efeitos sobre o sistema respiratório, renal, gastrointestinal e reprodutivo, além de câncer de pulmão	380	5.900	15
Cobre	Irritação no nariz, boca e olhos, além de causar dor de cabeça, tontura, náusea e diarreia	1.800	47.000	26
Chumbo	Efeitos sobre o sistema nervoso; fraqueza nos dedos, punhos e tornozelos; aumento da pressão sanguínea; anemia; danos ao sistema neurológico, reprodutivo e renal; efeito carcinogênico	22.000	340.000	15
Níquel	Efeitos sobre o sistema respiratório e alergias; efeito carcinogênico	240	33.000	137

Fontes: McNeill, 2000; Scorecard.org; atsdr.cdc.gov

Tabela 2.5. Forças motrizes importantes para os problemas de poluição atmosférica globais e locais

Força Motriz	Poluição atmosférica no nível local	Diminuição da camada de ozônio	Mudanças climáticas
População	O crescimento da população e sua concentração nas áreas urbanas tem significado mais pessoas demandando veículos automotores, ficando expostas e afetadas pelos poluentes atmosféricos	Emissões totais e por pessoa reduziram bastante após o Protocolo de Montreal	O crescimento na demanda de energia por pessoa, produtos, e transporte que demandam combustíveis fósseis vem resultando no aumento das emissões
Produção Agrícola	O crescimento da produção tem resultado no aumento das emissões de agrotóxicos	O brometo de metila (CH_3Br) utilizado como inseticida, fungicida, acaricida, rodenticida e herbicida na agricultura, contribui significativamente em termos de permanência das substâncias destruidoras da camada de ozônio e com potencial de destruição 60 vezes maior que os CFCs	O crescimento da produção e as mudanças no uso do solo resultam no aumento das emissões de óxido nitroso (N_2O) através do desmatamento e queimadas, e metano (CH_4) (potencial 20 vezes maior do que o CO_2) em cultivos de arroz inundado, decomposição de resíduos orgânicos e emissões de gases no processo digestivo de herbívoros
Desflorestamento e queimadas	O crescimento das queimadas e das populações vivendo e trabalhando próximo à estas áreas têm significado mais pessoas expostas e afetadas pelos poluentes oriundos das queimadas, como monóxido de carbono, material particulado e óxido de nitrogênio	Fonte negligenciável	O continuo desmatamento e destruição da vegetação natural e queimadas, resultando na emissão de grandes quantidades de dióxido de carbono (CO_2) e causando danos a biodiversidade, exposição do solo à ação das intempéries e intensificando processos erosivos e afetando os recursos hídricos.
Produção industrial	Fonte importante de emissões, que vem decrescendo em algumas regiões, como E.U.A., Europa e Japão, e aumentando em outras, como na Ásia e América Latina	Uma de grandes quantidades de substâncias destruidoras da camada de ozônio diminuiu bastante após o Protocolo de Montreal	Fonte importante de emissões, que vem decrescendo em algumas regiões, como Europa, e aumentando em outras, como na Ásia, em especial na China
Produção de energia elétrica	Fonte importante de emissões e que vem crescendo em alguns países (China, por exemplo) e diminuindo em outros (Europa, por exemplo)	Fonte negligenciável	Fonte importante de emissões e que vem sendo uma força motriz crescente, principalmente quando consideramos as termoelétricas
Transporte	Fonte importante que vem aumentando as emissões com o crescimento do número de veículos que utilizam combustíveis fósseis	Fonte relevante, mas que vem diminuindo as emissões	Fonte importante que vem aumentando as emissões com o crescimento do número de veículos que utilizam combustíveis fósseis

Fonte: GEO, 2007

22 | Saúde Planetária, Desenvolvimento e Saúde Coletiva no Antropoceno

Tabela 2.6 – Interrelação entre mudanças na situação ambiental a partir de poluentes atmosféricos e seus impactos sobre as populações humanas, os ecossistemas e a segurança alimentar

Situação ambiental	Impactos sobre as populações humanas	Impactos ambientais	Impactos na segurança alimentar
Poluição atmosférica			
Crescimento das emissões de poluentes atmosféricos e piora da qualidade do ar no nível local e regional	Doenças cardíacas Doenças respiratórias agudas Asma infantil Óbitos prematuros Câncer Anos de vida perdidos com doenças e internações Restrição nos dias de atividade e perdas na geração de renda afetando principalmente os mais pobres Custos dos tratamentos com doenças provocadas pela poluição	Perda de biodiversidade Acidificação, com declínio de florestas e ecossistemas "naturais" Eutroficação resultando na deterioração da qualidade das águas	Perda na produção de grãos Acidificação resultando no declínio da produtividade dos ecossistemas Eutroficação resultando na queda da quantidade de pescado disponível Contaminação da cadeia alimentar pelos poluentes, principalmente no nível local a partir do uso intensivo de agrotóxicos
Camada de Ozônio Estratosférica			
Crescimento das emissões de poluentes que contribuem para a redução da camada de ozônio e aumento das radiações ultravioletas (UV-B)	Câncer de pele Diminuição da resistência imunológica Cataratas Redução do tempo de permanência e exposição aos raios solares	Redução da camada estratosférica de ozônio nos pólos Aquecimento global (como resultado do longo tempo de permanência dos poluentes na estratosfera)	
Mudanças Climáticas			
Crescimento das emissões de poluentes que contribuem para as mudanças climáticas	Óbitos, doenças e ferimentos como resultado de eventos climáticos extremos Doenças cardiorrespiratórias resultantes de alterações na qualidade do ar Doenças de veiculação hídrica, como diarréias e cólera Doenças relacionadas à vetores como dengue, malária e febre amarela Vulnerabilidade humana às doenças e exposição à eventos de temperatura extrema (frio e calor) e desastres naturais (secas e enchentes), afetando principalmente os mais pobres Efeitos mentais, nutricionais e infecciosos na saúde, dentre outros, resultantes da ruptura socioeconômica e demográfica	Eventos de temperatura extrema (frio e calor) Elevação da temperatura global Elevação do nível do mar Alterações no sistema de chuvas Descongelamento das camadas polares Acidificação dos oceanos	Mudanças nos sistemas agrícolas, resultando em fome e desnutrição provocada pela perda na produção de grãos e alimentos em geral, afetando principalmente os mais pobres

Adaptação: GEO, 2007; OPAS/OMS, 2008

Da emissão de poluentes que atingem as camadas mais baixas da atmosfera, com materiais particulados e outros poluentes, até as mais altas, com a diminuição da camada de ozônio, pela primeira vez na história nós, humanos, nos tornamos capazes de até mesmo alterar os ciclos do clima, com impactos na atmosfera que se ampliam no espaço (do local ao global, da troposfera à estratosfera) e no tempo (de horas aos séculos).

Mudamos o ciclo e a qualidade das águas

Em 1700, as portas da Revolução Industrial, habitavam o planeta aproximadamente 700 milhões de pessoas, consumindo algo em torno de 110 milhões de litros de água por ano. Na Tabela 2.7, podemos constatar que em 2000, 300 anos depois, o consumo total de água cresceu 47 vezes, passando para mais de 5 bilhões de litros. Estes crescimentos foram também acompanhados de mudanças no uso das águas, pois se em 1700 a maior parte do consumo (90%) era na agricultura e somente uma pequena parte (2%) na indústria, este quadro muda em 2000, com o percentual de uso na agricultura tendo sido reduzido significativamente, passando para 66% e as atividades industriais passando a demandar 25% do recurso hídrico (McNeill, 2000; Tundisi e Tundisi, 2005).

Cada vez mais cresceu o consumo de águas extraídas dos rios, lagos, nascentes e poços. Por ouro lado, passou-se a poluir intensamente os corpos d'água pelo lançamento de um maior volume de resíduos, incluindo os sintéticos, como plásticos e produtos químicos. Se até o século XVIII a poluição das águas era uma questão local, afetando a vizinhança imediata de certas cidades ou atividades produtivas, no século XIX se torna regional e, no século XX, global. Nos oceanos, são lançadas cerca de 8 milhões de toneladas de plásticos por ano, de modo que se em 2014 a proporção de toneladas de plásticos para toneladas de peixes era de um para cinco. Mantidas as tendências atuais, essa proporção será de um para três em 2025, e de um ou mais em 2050 (EMF, 2016).

Como se sabe, as águas, assim como o ar, não respeitam as fronteiras administrativas e políticas estabelecidas pelos humanos. Por exemplo, na Europa, o rio Reno nasce nos Alpes Suíços e atravessa a Alemanha, França e os Países Baixos. No Brasil a bacia do rio Amazonas envolve países como Venezuela, Peru, Colômbia e Bolívia; e as águas subterrâneas do Aquífero Guarani envolvem o Paraguai, Uruguai e Argentina. Um caso recente bem ilustrativo dessa condição foi o desastre provocado pela empresa Samarco, em Minas Gerais. O evento teve início no município de Mariana, atingindo primeiro os rios

Tabela 2.7. Uso Global da Água estimado entre 1700 e 2000					
Ano	Consumo total em milhões de litros	Consumo por pessoa em milhares de litros	Percentual de uso		
			Irrigação	Indústria	Municipal
1700	110	160	90	2	8
1800	243	270	90	3	7
1900	580	370	90	6	4
2000	5190	870	66	25	9

Fonte: McNeill, 2000

Gualaxo do Norte e Carmo, depois o rio Doce, impactando com rejeitos de mineração e metais pesados as águas e a vida da população ao longo de 34 municípios em MG e 3 no ES, até chegar à foz do rio Doce e, finalmente, o oceano. O mesmo ocorre quando ocorrem vazamentos de petróleo ou produtos químicos em navios, que cruzando mares e oceanos tem grande potencial de poluir diferentes países. Em todos estes casos, a degradação ambiental ou poluição gerada em um determinado território acaba resultando em impactos que vão além de suas fronteiras.

Ao longo de todo o século XX, e particularmente nos últimos 50 anos, alteramos os ciclos e qualidade das águas de modo jamais visto. Desde o passado distante, na segunda grande transição socioambiental, a construção de represas em todas as civilizações esteve relacionada à necessidade de ampliar a produção agrícola com auxílio da irrigação. No século XIX, os conhecimentos e tecnologias disponíveis a partir da engenharia civil e hidráulica, por exemplo, possibilitaram a construção de grandes estruturas de represamento, utilizadas principalmente para irrigação. Porém, na passagem para o século XX estas obras iniciaram também a ser construídas com o propósito de gerar energia, de modo que, após 1960, ao menos uma represa acima de 15 metros era construída por dia no mundo. Isto resulta numa interferência de 60% no fluxo dos sistemas de grandes rios no mundo. A produção de energia, a partir da construção de grandes reservatórios de águas, – comparado com 50 anos atrás, hoje tais obras podem armazenar quatro vezes mais água e gerar duas vezes mais energia hidrelétrica – implica em aumento de duas a três vezes no tempo de residência da água dos rios (o tempo médio que as águas demoram para alcançar os oceanos). Uma estimativa da *Avaliação Ecossistêmica do Milênio* em 2005 (MEA, 2005) apontava que a água armazenada em grandes represas era de três a seis vezes a quantidade que flui naturalmente nos rios naturais (excluindo os lagos naturais). Além das alterações dos ciclos naturais da água, estimava-se que mais de 30 milhões de pessoas foram deslocadas de seus lugares no mundo em função da construção de represas.

Além da retenção de água em grandes reservatórios, o volume de água retirada de rios e lagos dobrou desde 1960, a maior parte, cerca de 70% como já observamos, para a agricultura. Com isto, a demanda global por água doce é de 5% a 25% maior que a capacidade de suprimento dos mananciais. Além disto, cerca de 40% dos habitantes do planeta vivem em áreas com problemas agudos no acesso à água de qualidade, e em 2025 poderão ser quase 70%. Nas áreas com problemas de acesso à água, estimam-se milhões de mortes anualmente por problemas de desnutrição e doenças de veiculação hídrica.

As alterações dos ciclos das águas nos níveis locais causadas pela crescente demanda ocorrem em conjunto com as alterações na sua qualidade (contaminantes químicos e saneamento ambiental inadequado, para citar alguns exemplos). Como se pode ver na Tabela 2.8, essas alterações não ocorrem isoladas das alterações ambientais globais, conectando mudanças climáticas em escala global com alterações no ciclo e na qualidade das águas para consumo humano nos níveis local e regional (MEA, 2005).

As águas doces nos rios e lagos e no subsolo, disponíveis ao acesso humano, correspondem à 0,3% do total desse líquido presente no planeta. Seu consumo crescente e sua contínua poluição vem tornando este precioso recurso num bem de difícil acesso para os humanos, pelo menos do modo como conhecíamos até recentemente. As questões relacionadas ao acesso (quantidade de água disponível) e à qualidade não só resultam no incremento de agravos e de doenças relacionadas

Tabela 2.8. Interrelação entre mudanças na situação ambiental das águas e seus impactos sobre os ecossistemas, as populações humanas e a segurança alimentar

Situação ambiental	Impactos nos ecossistemas	Impactos sobre as populações humanas	Impactos na segurança alimentar
Mudanças climáticas resultantes de distúrbios no regime do ciclo das águas em escala global			
Aumento na temperatura dos oceanos	Alteração na cadeia alimentar dos oceanos Perdas nos recifes de corais Aumento do nível do mar Aumento no número e intensidade de tempestades e furacões	Perdas no acesso e produção de pescado Perdas econômicas e doenças resultantes do aumento e intensidade de desastres provocados por tempestades e furacões	Alteração na distribuição das espécies de peixes com impactos na pesca Alteração na produção de aquacultura Danos para a produção de grãos decorrentes de tempestades e furacões
Alteração no regime de precipitação (neve, chuva e chuva de granizo)	Enchentes e inundações Secas	Doenças relacionadas a contaminação das águas Desnutrição por perdas na produção de alimentos	Perdas na produção de alimentos por excesso de chuvas e nevascas, como por secas
Alterações na qualidade da água para consumo humano no nível local			
Excesso de nutrientes Contaminação microbilológica Contaminação por poluentes orgânico persistentes (POPs) e metais pesados Lixo	Eutroficação, com proliferação excessiva de algas que entram em decomposição, aumentando o número de microorganismos e de demanda bioquímica de oxigênio nas águas Danos aos ecossistemas aquáticos e a vida nos mesmos	Aumento de doenças relacionadas a contaminação das águas (diarréias, neurológicas e crônicas, como câncer)	Queda na quantidade de peixes e mariscos disponíveis Alteração na qualidade da água para consumo humano Queda na quantidade de água para consumo humano disponível Contaminação de peixes e mariscos

Adaptação: GEO, 2007

à água globalmente, como também num elevado risco para milhões de pessoas no mundo (Tundisi e Tundisi, 2005; MEA, 2005).

Devido ao saneamento ambiental inadequado, anualmente são registrados 4 bilhões de casos de diarréia no mundo, resultando na morte de quase 2,2 milhões de crianças com menos de 5 anos de idade. Entre as doenças transmitidas por vetores, a malária atinge entre 300 e 500 milhões de pessoas e a dengue entre 50 e 100 milhões. No que diz respeito às doenças transmitidas pelo contato com a água contaminada por hospedeiros, estima-se cerca de 200 milhões de casos de esquistossomose. Dos males relacionados com a falta de higiene e com o acesso restrito à água de boa qualidade, calcula-se 150 milhões de pessoas expostas à diversas doenças, cerca de 6 milhões delas perdem a visão por do tracoma (Prüss-Üstün e Corvalán, 2006).

Águas degradadas e com ciclos alterados não só fomentam doenças, mas também potencializam outras ameaças à vida humana, como nos eventos extremos (escassez hídrica ou excesso resultando em inundações). A água é um bem comum e como tal deve ser preservada para que seja fonte de vida e saúde.

Tabela 2.9. Atividades humanas e seus impactos nos ecossistemas terrestres e nos serviços para os humanos		
Mudanças no uso do solo	**Impacto nos ecossistemas terrestres**	**Impactos nas populações humanas**
Expansão urbana	• Ruptura dos ciclos hidrológicos e biológicos • Perda de *habitat* para várias espécies e redução da biodiversidade • Concentração de poluentes, resíduos sólidos, orgânicos e tóxicos • Ilhas de calor	• Aumento das doenças respiratórias relacionadas à poluição atmosférica • Aumento das doenças diarréicas relacionadas ao fornecimento de água com baixa qualidade e ao saneamento inadequado • Aumento de doenças relacionadas ao estresse • Aumento das doenças cardiovasculres • Aumento da violência • Aumento dos acidentes de trânsito • Aumento dos riscos de enchentes e deslizamentos nas áreas mais pobres e de ocupação irregular do solo • Diminuição do senso de comunidade e sensação de isolamento
Expansão e intensificação das atividades agrícolas	• Perda de *habitat* para várias espécies e redução da biodiversidade • Retenção de solos e águas • Distúrbios nos ciclos ecológicos das águas, do solo, do clima e das espécies • Aumento da erosão do solo, perda de nutrientes no solo, salinização, desertificação e descarga de excesso de nutrientes nas águas alterando sua qualidade e disponibilidade • Contaminação do solo e das águas subterrâneas por agrotóxicos, diminuindo a produtividade do solo e a disponibilidade de água ameaçando a segurança alimentar e hídrica	• Ampliação de doenças relacionadas à mudanças no uso do solo e na vegetação, alterando os ciclos dos vetores de doenças, tais como doença de chagas, leishmaniose, malária e febre amarela • Ampliação de intoxicações crônicas (exposição ao longo dos anos) e agudas (exposição à grandes quantidades em período muito curto de tempo) aos agrotóxicos • Acumulação de poluentes persistentes nos tecidos humanos com potencial consequências genéticas e reprodutivas • Contaminação da cadeia alimentar afetando, além dos trabalhadores, os consumidores de alimentos com agrotóxicos • Diminuição da produtividade dos trabalhadores por doenças infecciosas e parasitárias, bem como por intoxicações crônicas e agudas • Ameaças a segurança alimentar com o aumento da erosão do solo, perda de nutrientes no solo, salinização, desertificação e contaminação do solo

Fonte: GEO, 2007

Mudamos o solo que pisamos

Assim como as atividades humanas impactam nossa atmosfera e águas, também afetam os ecossistemas terrestres. Eles são impactados, em especial, por duas grandes forças motrizes e pressões ambientais: a urbanização e a agricultura, apresentadas de modo sintético na Tabela 2.9.

A combinação entre máquinas e equipamentos e o uso em larga escala de fontes não renováveis de energia permitiu não só aumentar a produção e a população, mas também intensificar o processo de urbanização, gênese das grandes metrópoles atuais (ver Tabela 2.1). Desde os primórdios da Revolução Industrial, a urbanização tornou-se tendência crescente, com grandes fluxos migratórios para as cidades, refletindo tanto a expulsão do homem do campo, com a ampliação das monoculturas, como a busca de melhores condições de vida e trabalho. As cidades foram vitais para a industrialização e o crescimento econômico, pois concentram grande contingente de mão de obra barata, economia de escala e melhor compartilhamento no uso de recursos, infraestrutura e oportunidades de produção e comercialização (Freitas e Ximenes, 2015).

Em tal processo, dois fenômenos estão conectados: o primeiro é o crescimento da população mundial, que alcançou um bilhão em 1820, 2 em 1925, 3 em 1960, 4 em 1975, 5 em 1990, 6 em 2000 e 7 em 2011; o segundo é o crescimento da população urbana mundial, que passou de pouco mais de 10% dos 1,6 bilhões de pessoas que viviam em 1900 para mais de 50% dos 7,5 bilhões que hoje habitam o planeta. O número de cidades em que a população excede mais de um milhão passou de 17 em 1900, para 388 em 2000. Até 2050, a China terá 221 cidades com mais de um milhão de pessoas. Cada vez mais pessoas vivem nas cidades, que ocupam hoje cerca de 2% da superfície do planeta, correspondente a apenas 3,6 milhões de quilômetros quadrados. No Brasil, mais de 84% da população vive em áreas urbanas, que corresponde a menos de 1% do território nacional (Freitas e Ximenes, 2015).

No início do século XXI, cerca de um bilhão de pessoas vivia nas cidades em condições similares as das favelas, em áreas densamente povoadas e sem serviços básicos, como acesso a água potável e esgotamento sanitário. Estima-se que a cada ano 25 milhões de pessoas migrem para as cidades em busca de condições de vida melhores e passem a morar em favelas ou assentamentos precários, de modo que, mantidas as tendências atuais, até a primeira metade do século XXI, um em cada três habitantes das cidades viverá nessas condições, configurando um grande contingente social e ambientalmente vulnerável (Freitas e Ximenes, 2015).

Em 2007, registrou-se, pela primeira vez na história, 50% da população mundial em cidades. A projeção para 2030 é de que esse percentual aumente para 60%, e, em 2050, para 85% (aproximadamente 7,7 bilhões, mais do que o dobro dos 3,2 bilhões em 2007). Estima-se que 80% do crescimento urbano ocorrerá principalmente nos países em desenvolvimento, principalmente nas cidades de pequeno e médio porte, com enorme pressão sobre as já limitadas infraestruturas (educação, habitação, transporte, água potável, rede e tratamento de esgotos, coleta e disposição de resíduos, entre outros), mas envolvendo também megacidades com mais de 10 milhões de habitantes.

Se, por um lado, ao longo da história as cidades foram lugares voltados à proteção, compartilhamento e acesso aos serviços, como educação e habitação, transportes, água potável e alimentos, por outro, pela dinâmica do modelo atual de desenvolvimento, tornam-se lugares bastante vulneráveis para muitos grupos sociais, principalmente pelo fato das cidades, tal como as conhecemos nos países em desenvolvimento, possuírem um alto custo social (desigualdades, pobreza, vidas precárias, entre outros aspectos) e ambiental (degradação do meio) que afeta as condições de vida e saúde dos mais pobres.

Ainda que as cidades ocupem apenas 2% da superfície do planeta e pouco mais da metade da população mundial, consomem 75% da energia e dos recursos naturais do planeta, gerando até 80% das emissões de CO_2 e degradando os recursos naturais (desmatamento e destruição de ecossistemas de rios, costas e encostas). A pegada ecológica das cidades aumenta se consideramos que o processo de urbanização altera vários processos ecológicos (mudança dos ciclos das águas superficiais e subterrâneas, perdas na biodiversidade, em especial das floresta, impermeabilização dos solos, alterações climáticas no nível local, entre outros), resultando em degradação ambiental e impactos diretos e indiretos sobre a saúde. Atualmente, as cidades são como vastos processadores da natureza, tendo como insumos grandes quantidades de energia, matérias primas e alimentos. Nesse processo são gerados imensos volumes de resíduos e ocasionando poluições (ou impactos ambientais) de várias ordens (Freitas e Ximenes, 2015).

Um estudo realizado na Europa, em 29 cidades Bálticas, demonstrou que o consumo de alimentos, madeira, papel e fibras exigia uma área 200 vezes maior (considerando a área necessária para a plantação de alimentos, fornecimento de madeiras e matérias primas) do que o território somado dessas cidades. Só para assimilar os poluentes nelas gerados, como nitrogênio, fósforo e CO2, seria necessário uma superfície correspondente a a 400 ou 1000 vezes o território destas cidades. O estudo sequer considerou o uso de matérias primas e produtos fundamentais para a vida urbana atual, como carros, computadores, aparelhos eletrônicos, tintas, e os inúmeros produtos sintéticos derivados da tecnologia química. Também não considerou os adicionais, relacionados à degradação sistemática de vastas áreas, como os desmatamentos e queimadas que se relacionam com a ampliação do agronegócio e o aumento do uso de agrotóxicos, assim como o fornecimento de lenha para as siderúrgicas que se relacionam com a expansão das áreas de mineração. Computadas estas outras demandas de matérias primas e produtos, assim como danos e degradações, seria muito maior a área necessária para sustentar essas cidades (Bellen, 2005; Decker e col., 2000).

Os desmatamentos e as queimadas adotadas para ampliar as áreas agrícolas e de pecuária, além de provocar por si só impactos ambientais, intensificaram a exploração e degradação do solo com a mecanização e a aplicação intensiva de agrotóxicos (pesticidas e fertilizantes). Tais práticas incrementaram as colheitas, mas também ampliaram os impactos sobre o meio ambiente (incluindo contaminações ambientais do solo e das água, erosão e redução da fertilidade do solo, perda de biodiversidade e doenças, entre outros). (Pointing, 2005; McNeill, 2000)

O uso extensivo de agrotóxicos em larga escala e a consequente poluição ambiental são acompanhados de impactos diretos e indiretos sobre a saúde. Dentre os impactos diretos, destacam-se os milhões de casos de intoxicações que ocorrem por ano no mundo. Quanto aos impactos indiretos e extensivos, a contaminação do solo por agrotóxicos resulta em contaminação das águas superficiais e subterrâneas, que por sua vez produz doenças crônicas e degenerativas que atingem os humanos e outras espécies.

O petróleo, ao converter-se na base energética do mundo moderno e do binômio industrialização-cidades, possibilitou o crescimento exponencial da indústria química, resultando em inúmeros casos de contaminação de solos e das águas a partir das atividades de produção e armazenamento em áreas urbanas, principalmente nos países em desenvolvimento. Cerca de 50 mil compostos químicos são utilizados comercialmente em larga escala no mundo e a cada ano centenas e milhares de novos compostos entram no mercado. Nos próximos 20 anos, estima-se que a produção mundial de compostos químicos crescerá cerca de 85%, o que significa que em todas as fases relacionadas aos resíduos tóxicos – produção, armazenamento, transporte, comercialização e destinação final – ocorrerá um significativo aumento de poluentes. Só na Europa, presume-se haver mais de 2 milhões de áreas contaminadas com resíduos tóxicos.

A combinação de danos extensivos no uso de agrotóxicos e danos intensivos localizados em áreas de produção e armazenamento de produtos químicos fica evidente nos casos de contaminação do solo, águas e trabalhadores pelas empresas Shell e Basf no município de Paulínia, no estado de São Paulo. Essas fábricas produziam *Drins* (Aldrin, Dieldrin e Endrin), poluentes orgânicos persistentes (POPs) que possuem longa permanência no meio ambiente, contaminando solos e águas e aumentando o risco de casos de câncer e outras doenças (Gerdenits e col., 2009). Ainda em São Paulo, a mesma Shell que produzia agrotóxicos no município de Paulínia contaminou o meio ambiente com borras tóxicas na Vila Carioca, no município de São Paulo. Estas borras, compostas por, dentre outras substâncias tóxicas, metais pesados e benzeno, eram oriundas da lavagem de tanques contendo combustíveis derivados do petróleo e foram enterradas ao lado dos tanques, contaminando solo e lençol freático (Araújo e Gunter, 2009; Valentim, 2007).

Emblematicamente, ambos os casos envolvendo a Shell conectam a agricultura (base de nossa primeira grande mudança) com os combustíveis fósseis (base da segunda grande mudança) produzindo danos extensivos (com o uso de agrotóxicos) e intensivos (com a produção de agrotóxicos e armazenamento de combustíveis derivados do petróleo). Ao mesmo tempo, eles estão ligados ao modelo de desenvolvimento, urbanização e industrialização de várias cidades espalhadas pelo mundo, deixando, como observa Valentim (2007), uma triste herança, com impactos na saúde coletiva e na qualidade do ambiente urbano, que por sua extensão e complexidade demandam políticas e ações amplas e integradas.

Os solos estão na base dos serviços que os ecossistemas oferecem para a vida em geral no planeta. Destacam-se os serviços de suporte (formação dos solos e ciclos de nutrientes), que constituem a base para os serviços de provisão, como os alimentos, a água potável, os combustíveis, as fibras, os compostos bioquímicos e os recursos genéticos. Assim, a degradação e contaminação dos mesmos acaba por comprometer recursos que são fundamentais para a vida e a saúde dos humanos, como alimentos e água potável.

DESIGUALDADES SOCIOAMBIENTAIS

Os processos que resultam em saúde ou doença nas diversas formas de vida no planeta, incluindo os humanos, estão relacionados, direta ou indiretamente, aos modelos de desenvolvimento pelos quais as diferentes sociedades se organizaram para se apropriar e explorar os recursos da natureza e a distribuição dos bens e benefícios, envolvendo tanto dimensões sociais como ambientais. Como vimos anteriormente, grandes mudanças sociais permitiram a passagem de caçadores e coletores nômades para a agricultura e a vida assentada; quase 10 mil anos depois, para a sociedade industrial e dependente dos combustíveis fósseis. Estas grandes mudanças foram acompanhadas de diferentes transições nas formas de organização da sociedade, na escala dos impactos ambientais e na saúde dos humanos, seja na escala local, seja na global.

A segunda grande mudança criou as condições sociais, políticas e econômicas para o desenvolvimento de processos intensivos de produção baseados nos combustíveis fósseis, no consumo e na degradação ambiental em escala global. Pois, se no passado os impactos se restringiam ao nível local, ou, se tanto, ao regional, na atualidade eles são globais. O que há de comum entre a primeira e a segunda grande mudança é que seus modos de produção e de organização da sociedade sempre foram baseados em desigualdades, afetando de modo intenso a maioria da população e resguardando a minoria dotada de poder político e econômico. Esse modelo, impactou de modo mais severo, ou em primeiro lugar, a vida e a saúde dos escravos, dos servos, dos imigrantes, dos trabalhadores, dos pobres e dos miseráveis. O "Antropoceno", que compreende as ações humanas como forças análogas aos movimentos geológicos de transformação do planeta terra, é um período histórico que reproduz e perpétua as desigualdades presentes em maior ou menor intensidade nos diferentes modelos de desenvolvimento das sociedades.

Em relação às desigualdades, a população mais pobre do mundo é a que mais vem sofrendo os impactos dos danos ambientais, principalmente em grande parte da África, Ásia e América Latina. Se a pobreza e a fome não forem contidas, tornam-se insustentáveis quaisquer iniciativas para melhorar as condições de saúde e a proteção ambiental, de modo que os humanos possam usufruir dos benefícios oferecidos pelos ecossistemas.

No que se refere às desigualdades socioeconômicas, quase metade da população do mundo, cerca de 3,6 bilhões de pessoas, vive abaixo da linha da pobreza, com menos de 2 dólares por dia. Entre os mais pobres, 29 mil crianças morrem diariamente (cerca de 20 crianças por minuto, ou uma criança a cada 3 segundos), pois a pobreza extrema é acompanhada pela ausência de recursos fundamentais, como água, alimentos e medicamentos. Mais de dois terços dos pobres do mundo vivem em áreas rurais, dependendo da agricultura como fonte primária de renda.

Paradoxalmente, em um mundo hoje mais rico do que nunca, a distribuição dos recursos é ainda muito desigual, tanto entre os países, como no interior destes, entre grupos sociais e indivíduos. As mudanças climáticas tendem a intensificar tal situação. Seus impactos serão mais intensos nas populações que vivem em países pobres – como os da América Latina, Ásia e África –, mas também devem atingir populações vulneráveis dos países ricos, como ocorreu com a população negra no caso do Furacão Katrina, que em 2005 afetou a região de Nova Orleans, no sul dos EUA. Naquele desastre, ser negro representou uma taxa de mortalidade entre 1.7 a 4.0 maior do que para os brancos residentes na mesma área afetada (Whitmee e col., 2015). A tuberculose é também exemplo de como essas desigualdades atingem crianças e adultos em dois dos países mais ricos do planeta: os EUA e a Inglaterra. Em Nova York, uma das cidades americanas que concentra maior riqueza no mundo, a incidência de tuberculose entre as crianças nas áreas que combinavam maior pobreza e concentração populacional era 6 vezes maior do que a média da população da cidade. Padrão similar foi detectado em Londres, com taxas mais elevadas de tuberculose entre os desempregados que viviam em bairros pobres.

Ainda que a desigualdade tenha raízes históricas, nunca se concentrou tanta riqueza e poder de decisão em tão poucas mãos como na atualidade. As duas pessoas mais ricas do mundo, por exemplo, acumulam riqueza que que ultrapassa a soma do PIB dos 45 países mais pobres. O 1% dos mais ricos do mundo controlam 40% da riqueza líquida do planeta. Por outro lado, os 50% mais pobres do planeta, possuem apenas 1% de toda riqueza líquida do planeta. Esta desigualdade mundial se reflete no interior dos países. No Brasil, os 10% mais ricos concentram 44% dos rendimentos do trabalho (o que exclui as aplicações no mercado financeiro), enquanto os 10% dos mais pobres se contentam com apenas 1% dos rendimentos, uma diferença de 44 vezes.

Esta distribuição desigual da riqueza econômica contribui para que atualmente cerca de 800 milhões de pessoas se encontrem em situação de fome no mundo. Se previsões passadas apontavam uma queda acentuada da população com fome no mundo, em 2009 foram acrescentados cerca de 100 milhões (pouco mais da metade da população brasileira) de pessoas à esse grupo social. Neste caso específico, o crescimento das pessoas com fome no mundo não resultou da queda na oferta geral de alimentos, já que em 2008 a produção de cereais alcançou recorde. Tal situação é resultado da queda dos rendimentos e do aumento do desemprego causados pela crise econômica mundial em 2008, que se sobrepôs à crise dos combustíveis e dos alimentos, entre 2006 e 2008, elevando seus preços em muitos países. Para os mais pobres, que gastam 60% ou mais de sua renda com alimentos, o aumento dos preços representou uma pesada sobrecarga. Assim, apesar dos esforços para o combate à fome no mundo, há hoje mais pessoas, em números absolutos, nessa condição do que em qualquer outra época da história humana. Em termos globais, a maioria das pessoas com fome se concentra nos países pobres e em desenvolvimento, principalmente na África, Ásia e Oceania. Porém, a situação não se restringe aos países mais pobres, pois nos desenvolvidos há cerca de 15 milhões em situação de fome, com significativo incremento entre 2008 e 2009.

Embora o Antropoceno coloque em risco a saúde de todo o planeta, ele tende a preservar grupos populacionais minoritários, mas que concentram poder e recursos econômicos, com maior capacidade de se protegerem dos efeitos adversos de tal modelo, ainda que prejudique e cause danos à vida e à saúde de bilhões de pessoas espalhadas pelo planeta. Os bilhões de pobres, desempregados e miseráveis, de um modo geral, vivem e trabalham nos ambientes mais impactados ou em processo intenso de degradação, bem como possuem piores condições de vida e de saúde. Nestes contextos, a carga ambiental das doenças e dos óbitos chega a mais que dobrar quando comparamos os países desenvolvidos com os países em desenvolvimento.

Não há como enfrentar os desafios que o Antropoceno coloca para a saúde do planeta e dos humanos sem transformar radicalmente e modo simultâneo as imensas desigualdades estruturais deste período. Por outro lado, não é possível combater a questão das desigualdades sem que sejam considerados os impactos ambientais e sobre a saúde.

Um modo bastante limitado de enfrentar o tema das desigualdades é propor que os 80% da população mundial que vivem nos países mais pobres e consomem cerca de 20% dos bens produzidos globalmente, passe a ter o mesmo nível de consumo dos 20% da população mundial que possuem maior renda e vivem nos países mais ricos, consumindo cerca de 80% dos bens produzidos. Ainda que fosse possível eliminar as desigualdades e as formas de acumulação e concentração de riquezas, esbarra-se no fato de que já ultrapassamos os limites que permitem manter a saúde do planeta. Degradamos 60% dos serviços dos ecossistemas (MEA, 2005) e estamos utilizando recursos 25% além da capacidade de suporte da natureza (WWF, 2006). As alterações dos ciclos do clima, do nitrogênio e das águas, combinadas com a poluição atmosférica, dos solos e das águas, além da perda da biodiversidade, com a extinção de espécies terrestres e marinhas, são apenas alguns sinais das profundas desordens que causamos ao mundo nos últimos 200 anos, em especial a partir do anos 1960 (MEA, 2005).

As questões relacionadas as desigualdades sociais e a saúde do planeta terão de ser enfrentadas conjuntamente, de modo criativo e transformador, para que a melhora das condições de vida seja combinada com mais qualidade de vida e saúde.

CONSIDERAÇÕES FINAIS

O Antropoceno é um período da história do planeta no qual pela primeira vez os humanos se tornam uma força capaz de alterar as estruturas e funções da natureza, comprometendo os sistemas de suporte à vida. Esta fase, iniciada pela Revolução Industrial e acentuada nos últimos 50 anos, ainda perpetua desigualdades e injustiças estruturais e um alto custo de vidas e saúde humana. Nesta perspectiva, temas como os relacionados às áreas contaminadas e seus riscos para a saúde e o meio ambiente não podem ser abordados como efeitos colaterais dissociados deste amplo processo, que envolve nosso modelo de desenvolvimento e, que transforma determinados lugares em verdadeiras zonas de sacrifício, com suas populações sujeitas a riscos pela exposição a solos e águas contaminadas.

Proteger a saúde humana em uma perspectiva planetária ou mesmo local requer o estabelecimento de um equilíbrio entre ambiente e saúde, entre dívida ecológica e dívida social. Por um lado, é necessário reduzir a demanda e a degradação dos recursos naturais do planeta, produzindo-se bens, produtos e serviços ecologicamente adequados e que considerem os critérios de inclusão social. De outro, é preciso uma reforma profunda nas estruturas e processos econômicos e políticos para garantir uma distribuição mais equitativa de acesso aos bens e recursos, bem como dos poderes para tomadas de decisões que influam no desenvolvimento de modo ecologicamente sustentável de nossa sociedade, com justiça social e para a promoção da saúde. Áreas contaminadas, ao colocarem em risco a saúde e o meio ambiente das gerações presentes e futuras, são expressões de uma dívida ecológica oriunda de passivos ambientais produzidos no passado, potencializando a ampliação de dívidas sociais. E, como bem expressa o trabalho de Habermann e Gouveia (2014) sobre áreas contaminadas em São Paulo, não podemos esquecer do "efeito bumerangue", que torna aqueles que mais se beneficiam com os produtos e serviços geradores de riscos também vulneráveis aos riscos específicos (como os relacionados às áreas contaminadas) ou mais gerais e globais (como as mudanças climáticas) produzidos no Antropoceno.

As mudanças necessárias para atingir outro modelo de desenvolvimento exigem enfrentar dois grandes desafios. O primeiro é quantitativo, pois considerando as projeções globais dos bilhões de habitantes para 8,3 em 2030; 8,8 em 2040, e 9,6 em 2050, supõe-se uma tendência de aumento nas demandas atuais por recursos naturais, bens e serviços, assim como um incremento na geração de resíduos. Tal cenário supera as capacidades dos ecossistemas do planeta e deixam um passivo ambiental para as gerações futuras. O segundo é de distribuição, uma vez que o acesso desigual aos bens, produtos e serviços resulta em impactos desiguais, afetando de modo mais amplo e intenso as condições de vida dos mais pobres e vulneráveis. Estes desafios exigem não só equilibrar a delicada balança entre ambiente e saúde, mas também entre a dívida ecológica e a dívida social.

Se o relatório da revista Lancet e da Fundação Rockefeller (Safeguarding human health in the Anthropocene epoch: report of The Rockefeller Foundation–Lancet Commission on planetary health) destaca muito bem a dívida ecológica, carece de ousadia em proposições mais afirmativas para superar a dívida social. E, aqui, recorremos ao argumento de Naomi Klein (2014), para quem as mudanças climáticas – um dos grandes processos de alterações ecológicas planetárias – são uma oportunidade única de pensarmos se é mesmo possível resgatar estas duas dívidas no capitalismo. Para a autora, o mercado se alimenta e retroalimenta da constante externalização dos custos sociais e ecológicos como forma de garantir seus lucros, utilizando constantemente estratégias que envolvem procrastinações e, como demonstrando no escândalo da Volkswagen, até mesmo mentiras. Assim, não podemos separar as ousadias necessárias nos modos de imaginar, pesquisar e tomar decisões sobre os temas ecológicos e de saúde – saúde planetária e saúde coletiva – sem fazer uso da mesma ousadia para, simultaneamente, imaginar outro modelo de desenvolvimento econômico e de estruturas sociais e políticas, assentados nos princípios de promoção da saúde, na sustentabilidade ecológica e na justiça social.

Referências Bibliográficas

Araujo JM; Gunther WMR. 2009. Riscos à saúde em áreas contaminadas: contribuições da teoria social. Saude e Sociedade, vol.18, n.2; pp.312-324.

Bellen, H.M. 2005. Indicadores de Sustentabilidade – Uma Análise Comparativa. Rio de Janeiro: Editora FGV.

Cairus HF e Ribeiro Jr WA. 2005. Textos hipocráticos – o doente, o médico e a doença. Rio de Janeiro: Editora FIOCRUZ.

Decker, E.H.; Elliott, S.; Smith, F.A.; Blake, D.R. & Rowland, F.S. 2000. Energy and Material Flow Through the Urban Ecosystem. Ann. Rev. Energy Environment, 25: 685-740.

Ellen Marcarthur Foundation (EMF). 2016. A Nova Economia do Plástico: Repensando o Futuro do Plástico. Chicago: Ellen Marcarthur Foundation. In: https://www.ellenmacarthurfoundation.org/assets/downloads/NPEC-portuguese_1.pdf

Freitas CM, Barcellos C; Porto MFS. 2004. Justiça Ambiental e Saúde Coletiva. In: Henri Acselrad. (Org.). Conflitos Ambientais no Brasil. Rio de Janeiro: Relume Dumará. pp. 245-294.

Freitas CM e Porto MFS. Saúde, ambiente e sustentabilidade. Editora FIOCRUZ: Rio de Janeiro, 2006.

Freitas CM. Um equilíbrio delicado - Crise ambiental e saúde no planeta. Rio de Janeiro: Garamond, 2011.

Freitas CM; Ximenes EF . Cidades e Desastres Naturais - da Vulnerabilidade à Resiliência. In: Fátima Furtado, Luiz Priori, Ednéa Alcântara. (Org.). Mudanças climáticas e resiliência de cidades. 1ed.Recife: LEPUR-MDU-UFPE, Pickimagem, 2015, pp. 237-253.

Gerdenits D; Silva RC; Ferreira RP; Godoy RL. Áreas Contaminadas e a Gestão do Passivo Ambiental: Estudo de Caso Shell Paulínia. Interfacehs - – Revista de Gestão Integrada em Saúde do Trabalho e Meio Ambiente, 2009; vol. 4, n. 2; pp. 1-22.

Habermann M e Gouveia N. Requalificação urbana em áreas contaminadas na cidade de São Paulo. Estudos Avançados, vol. 28, n. 82: 129-137; 2014

Klein N. This change everything – Capitalism vs the Clime. New York: Simon & Schuster; 2014.

McMichael AJ. Human frontiers, environments and disease – past patterns, uncertains futures. Cambridge: Cambridge University Press, 2001.

McMichael AJ. Planetary Overload: Global Environmental Change and the Health of the Human Species. Cambridge: Cambridge University Press, 1993.

McNeill JR. Something New under the Sun: an environmental history of the twentieth-century world. Nova York: W. W. Norton & Company Inc., 2000.

Millennium Ecosystem Assessment (MEA). Ecosystem and Human Well-Being. 2005; http://www.millenniumassessment.org/

Ponting C. Uma história verde do mundo. Rio de Janeiro: Civilização Brasileira, 2005.

Porto MFS. Uma ecologia política dos riscos – princípios para integrarmos o local e o global na promoção da saúde e da justiça ambiental. Editora FIOCRUZ: Rio de Janeiro, 2007.

Prüss-Üstün A and Corvalán C. Preventing disease through healthy environments - towards an estimate of the environmental burden of disease. World Health Organization: Geneva, 2006.

Rios EP. Água – vida e energia. Atual Editora: São Paulo, 2004.

Soskolne CL e Bertollini R. Global Ecological Integrity and 'Sustainable Development': Cornerstones of Public Health. International Workshop at the World Health Organization - European Centre for Environment and Health - Rome Division - Rome, Italy; 1998

Tundisi, J.G. e Tundisi, T.M., 2005. A Água. São Paulo: Publifolha.

Valentim LS. O. Requalificação Urbana, Contaminação do Solo e Riscos à Saúde. São Paulo: Annablume; Fapesp, 2007.

Whitmee S e col. Safeguarding Human Health in The Anthropocene Epoch: Report of The Rockefeller Foundation– Lancet Commission on planetary health. The Lancet, 386: 1973–2028; 2015

World Wildlife Fund (WWF). Relatório Planeta Vivo. Gland: WWF. 2006

Áreas Contaminadas, Ecologia Política e Movimentos por Justiça Ambiental *

Marcelo Firpo Porto • Lúcia de Oliveira Fernandes

INTRODUÇÃO: ÁREAS CONTAMINADAS NA VISÃO DA SAÚDE COLETIVA

Analisar o tema das áreas contaminadas sob a égide da Saúde Coletiva traz consigo o desafio de relacioná-lo com a historicidade dos problemas ambientais e de saúde, com a determinação social da saúde e os direitos fundamentais que se encontram relacionados à noção ampliada de saúde (Nogueira, 2010; Porto; Rocha; Finamore, 2014). Isso significa pensar problemas de saúde em conexão com as desigualdades sociais e ambientais que ainda marcam fortemente as sociedades latino-americanas. Trata-se, portanto, de discutir as dimensões socioambientais e as estratégias de transformação das condições que produzem as áreas contaminadas e os seus impactos, incluindo-se os conflitos ambientais e as resistências oriundas de comunidades atingidas e movimentos sociais, bem como as possibilidades de transformação da realidade.

Na realidade brasileira, áreas contaminadas e suas consequências encontram-se profundamente relacionadas à temática das desigualdades e das injustiças ambientais. Alguns autores e abordagens teóricas buscam analisar e confrontar as desigualdades sociais na geração e distribuição socioespacial

---

*Este texto foi escrito em 2015 e foi revisto em maio de 2019 sem atualização das questões teóricas, empíricas, políticas e institucionais que se desenvolveram no tempo decorrido, principalmente pela incorporação de referenciais pós-coloniais e das epistemologias do Sul. Tal tarefa, contudo, modificaria substancialmente o conteúdo do texto proposto, o qual consideramos continuar a ter validade como um texto geral e introdutório. Para melhor conhecer os referenciais e trabalhos do primeiro autor, visite www.neepes.ensp.fiocruz.br.
Lúcia Fernandes recebeu financiamento da Fundação da Ciência e Tecnologia, Portugal, DL57/2016/CP1341/CT0027.

dos problemas ambientais, em especial através das categorias inter-relacionadas de vulnerabilidade, (in)justiça e racismo ambiental (Acselrad, 2006; Bullard, 2005; Porto, 2012). Nesse sentido, vulnerabilidade e injustiça se articulam: quanto maior a vulnerabilidade dos territórios e populações atingidos por certos empreendimentos econômicos e a ausência de políticas de proteção aos direitos fundamentais – inclusive a saúde –, maior a dificuldade de se tomar decisões democráticas e implementar as ações previstas, e maior a gravidade dos impactos ambientais e de saúde pública que poderão ocorrer nas populações e nos territórios.

O artigo está organizado da seguinte maneira: inicialmente serão apresentadas as origens do movimento por justiça ambiental e sua relação com a contaminação química. Em seguida, será abordada a visão da ecologia política a respeito da contaminação química a partir do conceito de metabolismo social. Outro elemento importante discutido refere-se às dimensões epistemológicas e políticas na compreensão da complexidade dos riscos químicos, suas incertezas, o papel do modelo de ciência considerado e das corporações com interesses econômicos. Por fim, apresentamos uma síntese de casos de conflitos ambientais associados às áreas contaminadas no Brasil, extraídos do "Mapa de Conflitos envolvendo Injustiça Ambiental e Saúde no Brasil" (FIOCRUZ; FASE, 2010).

A ORIGEM DO MOVIMENTO POR JUSTIÇA AMBIENTAL E A CONTAMINAÇÃO QUÍMICA

A justiça ambiental é um conceito, mas também um conjunto de mobilizações de comunidades atingidas, organizações solidárias e outros movimentos sociais que lutam por um tratamento mais justo e maior envolvimento de todas as pessoas e comunidades – muitas vezes excluídas em função da etnia, gênero, nacionalidade e classe social – na estruturação, desenvolvimento, implementação e fiscalização de leis, políticas e decisões que envolvem o ambiente (Martinez-Alier, 2009). Para o sociólogo norte-americano Robert Bullard (2005), as populações mais discriminadas e pobres tendem a ser confinadas nas áreas mais afetadas pela poluição industrial, as chamadas "zonas de sacrifício". Essa carga ambiental mais pesada e violenta é distribuída de forma desigual em termos socioespaciais e constitui a injustiça ou racismo ambiental num dado contexto territorial e populacional. Os investimentos econômicos e as políticas públicas em sociedades desiguais e não democráticas geram injustiças em decorrência de inúmeros setores e atividades, como a agropecuária (agronegócio, florestas), a mineração, a produção de energia (hidrelétrica, termelétrica, nuclear, petróleo e gás), a indústria (química, minero metalúrgica, petróleo e gás), o tratamento de resíduos (aterros sanitários e de resíduos industriais, coincineração), a construção de empreendimentos (imobiliários, turísticos, infra estruturas), dentre outros. Há uma forte conexão entre as lutas por justiça ambiental e as lutas contra as desigualdades, a violação de direitos, os processos decisórios não democráticos, o racismo e a discriminação étnica e de gênero nas diferentes áreas de investimento e políticas públicas. Ou seja, os movimentos por justiça ambiental revelam disputas por concepções de desenvolvimento, progresso e economia, da defesa de modos de vida, culturas e cosmovisões contra hegemônicas, principalmente no Sul Global.

Dialeticamente, portanto, injustiças ambientais podem produzir resistências e movimentos por justiça ambiental que promovem a articulação entre diferentes atores: comunidades atingidas, associações de moradores, trabalhadores, sindicatos, cidadãos e movimentos sociais, ONGs, grupos

Áreas Contaminadas, Ecologia Política e Movimentos por Justiça Ambiental | **37**

acadêmicos e técnicos de diversas áreas e instituições. Injustiças ambientais, quando propiciam a emergência de resistências, lutas e movimentos coletivos por justiça ambiental, caracterizam os chamados *conflitos ambientais*. Mais do que um questionamento sobre os riscos ambientais e a forma como se dá o acesso e a distribuição dos recursos ou bens comuns da natureza, os conflitos ambientais têm como motivação principal a defesa da vida, da saúde e do meio ambiente de grupos e territórios, assim como a crítica aos sacrifícios gerados em nome do "progresso" econômico. Os conflitos envolvem disputas territoriais e políticas sobre questões relacionadas aos investimentos econômicos e modelos de desenvolvimento, tais como: o acesso e uso de bem comuns da natureza – como a terra e a água –; a defesa de modos de vida, incluindo culturas e práticas econômicas não capitalistas presentes principalmente no Sul Global, especialmente importantes para populações indígenas, quilombolas e camponesas; a luta contra os impactos ambientais e na saúde decorrentes de empreendimentos econômicos, públicos e privados, e da própria concepção e atuação do Estado. Os impactos à saúde podem envolver distintos aspectos relacionados às condições de vida e de trabalho, como o saneamento; a poluição do ar, água e solo; os novos riscos presentes no ambiente de trabalho; a contaminação das moradias; o acesso à água; e a mudança de regime dos ecossistemas que afetam a qualidade da pesca, da caça ou do plantio. Há também inúmeras dimensões envolvidas, de natureza mais simbólica ou intangível, já que a indissociabilidade entre vida, meio ambiente, cultura, espiritualidade e sociedade encontra-se presente em inúmeros movimentos por justiça ambiental no Sul Global.

Com esta denominação, o Movimento pela Justiça Ambiental surgiu nos Estados Unidos da América, quando populações e movimentos sociais perceberam que as indústrias perigosas e poluentes, assim como as infraestruturas de tratamento de resíduos, estavam sempre próximas das áreas de residência de populações negras e de baixa renda, nas periferias dos centros urbanos. Um estudo de 1983 demonstrou que a distribuição espacial de 3 dos 4 depósitos de resíduos químicos perigosos existentes em oito estados no sul dos Estados Unidos localizava-se em locais onde viviam comunidades afro-americanas, representando estas apenas 20% da população destes estados (General Accounting Office, 1983).

Em 1978, quando se tornou público o caso de contaminação de uma zona conhecida como Love Canal (Estado de Nova Iorque), foi identificado que a comunidade vivia viviam sobre um canal que ligava no passado um rio a um lago e que foi utilizado como local de despejo de resíduos industriais tóxicos. Para alguns acadêmicos e ativistas do movimento de justiça ambiental, 1978 marca o nascimento desta forma de abordagem de problemas, na qual as comunidades atingidas pela poluição assumem grande protagonismo na denúncia da contaminação vivida e sentida e reivindicação de soluções. Silva (2012) destaca que a forte mobilização social em Love Canal não envolve argumentos que estabeleçam relações mais diretas entre as questões raciais e de classe presentes na injusta distribuição dos benefícios e dos danos ambientais. Por este motivo, autores como Bullard (2005) consideram o ano de 1982 como o do "nascimento do movimento de justiça ambiental", em razão do caso da comunidade negra de Warren County (Carolina do Norte), onde se previa instalar um aterro para substâncias perigosas contaminadas com PCB (Bifenipoliclorado), originando um forte movimento de luta que gerou mais de quinhentas prisões. Portanto, a origem dos movimentos por justiça ambiental está fortemente conectada ao tema das áreas contaminadas.

38 | Áreas Contaminadas, Ecologia Política e Movimentos por Justiça Ambiental

Os movimentos por justiça ambiental e contra o racismo ambiental provocaram a emergência de novos atores coletivos e respostas às ameaças tanto ao ambiente quanto à qualidade de vida das populações atingidas por empreendimentos econômicos ou por políticas públicas, centradas na promoção do crescimento econômico que desconsidera a proteção ambiental, da saúde e os direitos fundamentais. Tais movimentos possibilitam a explicitação dos processos de vulnerabilização que restringem que pessoas e/ou comunidades e seus territórios tenham ciclos dignos de vida (Acselrad, 2006; Porto, 2012). Diversos movimentos por justiça ambiental têm permitido articular questões sociais e ambientais, por exemplo, disputas territoriais com lutas por acesso a saneamento básico, moradia digna e mobilidade.

Os movimentos por justiça ambiental têm sido importantes na concepção e promoção de formas de construção compartilhada de conhecimentos e de práticas coletivas em torno da ideia de uma pesquisa participativa de base comunitária (Wallerstein; Duran, 2006), ciência sensível (Porto, 2012), militante (Martinez-Alier *et al.*, 2014), ou ainda de ecologia de saberes (Santos, 2007). Todos esses autores sublinham a importância do protagonismo de sujeitos coletivos frequentemente excluídos para as práticas de produção de conhecimentos, aglutinando saberes cognitivos, empíricos e contextuais das pessoas, comunidades e movimentos sociais com os saberes especializados de técnicos e cientistas de várias áreas do conhecimento para diagnosticar e definir os problemas e as estratégias para seu enfrentamento.

Em muitos conflitos ambientais, pesquisadores solidários às populações atingidas se configuram como importantes atores para discutir e persuadir atores institucionais, bem como para influenciar instituições e organismos nacionais e internacionais. Contudo, este trabalho colaborativo não é fácil, já que o modelo da ciência clássica ou normal tende a excluir valores e omitir incertezas em nome de uma pretensa neutralidade e objetividade científica (Funtowicz; Ravetz, 1997). Frequentemente, tal modelo serve mais às corporações que causam a contaminação e utilizam seu poder político e econômico para influenciar o funcionamento das instituições e o trabalho de técnicos e cientistas.

Experiências colaborativas de pesquisa-ação* desenvolvidas na América Latina, com metodologias intensivas de participação e produção compartilhada, demonstram a viabilidade e relevância de formas inovadoras de atuação de pesquisadores e especialistas engajados com os movimentos por justiça ambiental. Nessas experiências destaca-se o uso de metodologias como a cartografia social, *Community Based Participatory Research (CBPR)*, a epidemiologia popular, e a experiência exemplar da clínica ambiental no Equador e outras desenvolvidas no Brasil (Porto; Finamore; Rocha, 2014). Estas metodologias consideram os seres humanos como indissociáveis do que está ao seu redor: da natureza, da comunidade, da cultura e também da sua realidade pessoal de vida (Levins; Lopez, 1999), e partem da premissa de que o tratamento adequado dos problemas de saúde decorrentes da exposição a substâncias tóxicas deve ser coletivo e não individual (Brown; Mikkelsen, 1997).

---

*É uma metodologia de pesquisa em que o conhecimento é situado, co-produzido em conjunto e com o protagonismo de quem vive os problemas nos territórios. Pesquisadores/as declaram seu engajamento solidário com temas, e/ou movimentos e lutas.

CONTAMINAÇÃO AMBIENTAL E METABOLISMO SOCIAL: A VISÃO DA ECOLOGIA POLÍTICA

A ecologia política é um campo interdisciplinar de conhecimento que parte do entendimento de que importantes problemas ambientais da atualidade tem forte influência das relações econômicas e de poder, caracterizando-se assim uma nova visão da economia política frente à questão ecológica. Dessa forma, a atual crise social e ecológica é analisada como decorrente da formação de hierarquias centralizadas de poder no capitalismo globalizado que se sustentam a partir da Divisão Internacional do Trabalho do atual sistema mundo. Dinâmicas nacionais e internacionais de valorização de recursos não-locais como commodities agrícolas e minerais distanciam-se dos territórios onde vivem a maioria das comunidades e cidadãos e dos ecossistemas que sofrem os principais impactos decorrentes desta divisão.

A ecologia política discute como a concentração de poder político e econômico em alguns grupos econômicos internacionais e a criação de desigualdades entre os que se beneficiam e os que são excluídos do desenvolvimento económico são elementos centrais das injustiças ambientais e da emergência dos conflitos ambientais (Martinez-Alier, 2009; Porto; Martinez-Alier, 2007). Na origem dos conflitos estão processos de decisão que excluem os atingidos pelos empreendimentos econômicos e que configuram territórios destinados aos mais privilegiados economicamente. Geram-se processos de desterritorialização das populações mais atingidas, principalmente as comunidades indígenas, quilombolas e camponesas em regiões de expansão da produção de commodities rurais e metálicas que sustentam o agronegócio, mineração e setores de infraestruturas como a produção de energia e a construção de vias de transporte. Em áreas urbanas, populações em situação económica vulnerável acabam vivendo e trabalhando nas chamadas "zonas de sacrifício" (Bullard, 2005), sem acesso aos serviços básicos para sobrevivência, muitas vezes poluídas com a presença de riscos industriais e/ou riscos de exposição a substâncias tóxicas (Martinez-Alier *et al.*, 2014).

O metabolismo social (ou socioecológico, comercial e industrial, segundo alguns autores) é um conceito fundamental da ecologia política. Ele busca analisar as relações entre os sistemas sociais e econômicos e os sistemas naturais, biofísicos ou ecológicos (González de Molina; Toledo, 2011). Como indicam estes autores, o conceito de metabolismo ou intercâmbio orgânico foi fundamental nos trabalhos de Marx no século XIX em sua análise econômica e política do capitalismo.

Em linhas gerais, o conceito de metabolismo social pode ser compreendido a partir de duas dimensões. A primeira refere-se aos três tipos de fluxo de energia e materiais que existem na economia: os fluxos de entrada (inputs), os fluxos interiores e os fluxos de saída (outputs). As entradas e as saídas referem-se ao que entra e ao que sai de materiais e energias em territórios delimitados - como regiões, nações ou seus entes federativos - através das cadeias produtivas e do comércio. A outra dimensão diz respeito aos cinco fenômenos que caracterizam o processo metabólico: a apropriação; a transformação; a circulação; o consumo; e finalmente a excreção ou produção de dejetos. Esta última refere-se à saída final de calor, água, matéria e energia que pode estar presente em todas as fases anteriores e que retornarão, de alguma maneira, à natureza. A produção de resíduos pode ser entendida como a parte material dessa última fase do processo metabólico.

A fase inicial de apropriação se realiza, basicamente, no mundo rural e dos ecossistemas mais ou menos preservados, distantes das cidades ou nos oceanos, dando origem a atividades extrativas da

40 | Áreas Contaminadas, Ecologia Política e Movimentos por Justiça Ambiental

mineração, petróleo e gás, barragens hidrelétricas para a geração de eletricidade, ou ainda atividades relacionadas à produção florestal, agricultura e/ou pecuária. Já as atividades de transformação se realizam principalmente no mundo urbano e industrial a partir das matérias primas obtidas da apropriação. Contudo, essa separação entre rural e urbano estão a se diluir.

De certa forma, podemos dizer que a crise ecológica é consequência da radical separação simbólica e material existente entre sociedade e natureza na atual civilização moderna capitalista, industrial e consumista, que envolve intenso metabolismo social. Em outras palavras, a intensidade dos processos metabólicos nos últimos dois séculos, em especial nas últimas décadas, vem ultrapassando vários limites considerados seguros para a estabilidade, resiliência e sustentabilidade dos ecossistemas em termos da reincorporação dos fluxos de energia e matéria que estão presentes e circulam nas cadeias produtivas e comerciais. O resultado é um aumento dos processos entrópicos que levam à degradação ou perda de organização dos sistemas, ao mesmo tempo em que a entropia negativa ou neguentropia, necessária aos processos de criação, organização e manutenção da vida, são crescentemente abalados ou vulnerabilizados . Em outras palavras, a intensidade dos processos de entrada e saída de calor, água, matéria e energia ao longo das cadeias produtivas e comerciais estão sendo metabolizadas desequilibradamente pela natureza, levando aos enormes impactos locais, regionais e globais que caracterizam a crise socioambiental contemporânea (Martinez-Alier, 2009; González de Molina; Toledo, 2011).

Grandes problemas ambientais da atualidade podem ser lidos pela ótica do metabolismo social: a perda de biodiversidade; a mudança climática (produção de gases de efeito estufa); a perda de equilíbrio nos ciclos do fósforo e do nitrogênio que alimentam artificialmente a produtividade dos solos no agronegócio; a poluição química da água, ar e solo; a acidificação dos oceanos; a redução da camada de ozônio, dentre outros. Estes são alguns dos indicadores utilizados na análise do que Rockström e outros (2009) denominam de *fronteiras planetárias*, um indicador complexo que visa discutir a (in)sustentabilidade global e o nível atual de resiliência ou vulnerabilidade do planeta.

Áreas contaminadas podem ser compreendidas na perspectiva do metabolismo social como a quantidade de rejeitos químicos que contaminam solos em diversas regiões onde existem (ou existiram) atividades extrativas e industriais, ou ainda atividades relacionados ao consumo e transporte que geraram ou geram resíduos, sejam eles produzidos de forma contínua, "normal" ou acidental. Portanto a intensificação da economia, em especial quando envolve atividades poluidoras, inevitavelmente acarretará o aumento da produção do lixo tóxico, cujo "retorno" à natureza se dá de forma patológica por interferir na saúde de diversos organismos, seres humanos e ecossistemas.

As técnicas de gestão ambiental utilizadas pelas entidades poluidoras privadas ou estatais, a pretexto de diminuir ou extinguir estes efeitos, apenas elegem, de forma social e espacialmente seletiva, as populações que serão protegidas ou atingidas, criando e/ou aumentando as dicotomias relativas ao território (centro *versus* periferia, norte *versus* sul globais), classe social, gênero, cor de pele e à etnia. Portanto, a ecologia política incorpora a questão da desigualdade na compreensão dos problemas ambientais.

A divisão do trabalho e o comércio internacional no contexto do capitalismo globalizado resultam em processos de concentração desigual dos riscos e benefícios da produção e consumo. Isso se reflete na polaridade entre países que produzem tecnologia, produtos industrializados de alto valor agregado, empresas multinacionais e fluxo de capitais (denominados aqui de países do Norte Global), e os países que extraem as matérias-primas para exportação ou para produção de produtos industrializados de baixo valor agregado (denominados aqui de países do Sul Global). Esta divisão não tem influência somente na esfera econômica, mas na distribuição de riscos, vulnerabilidades e incertezas.

Também os países do Norte Global possuem problemas como as áreas contaminadas e outros tipos de riscos tecnológicos e globais. Porém, uma análise mais minuciosa pautada no metabolismo social revela que muitas atividades perigosas e formas de gestão de riscos mais precárias encontram-se nos países do Sul Global. Isso se dá pelo fato de suas economias se pautarem na extração e comercialização de commodities rurais e metálicas produzidas pelo agronegócio e pelas atividades mineradoras e metalúrgicas, como na produção do aço bruto. Tais atividades são geradoras de degradação ambiental e violação de direitos fundamentais.

São inúmeros os exemplos que caracterizam a desigualdade do perfil metabólico e dos riscos ambientais entre o Norte e o Sul Global: a América Latina exporta seis vezes mais toneladas do que importa de outras regiões (Porto; Martinez-Alier, 2007); desastres tecnológicos causam maior mortalidade nos países ditos em desenvolvimento ou emergentes (Porto; Freitas, 1996); o Brasil tornou-se o maior consumidor mundial de agrotóxicos, com o uso de substâncias banidas em países do Norte, mas permitidas nos países do Sul, com planos de ampliação desse mercado pelo agronegócio, envolvendo as sementes transgênicas, articulado com a indústria química (Londres, 2011). Podemos falar, portanto, de um processo de exportação de riscos e incertezas dos países do Norte para os países do Sul, uma constatação que podemos utilizar para sustentar a proposição da existência de uma dívida ecológica por parte dos países mais ricos e industrializados do Norte em relação aos países do Sul. Há, desta forma, um intercâmbio ecologicamente desigual, fruto do comércio internacional injusto que perpetua formas coloniais de dominação e discriminação (Roberts; Parks, 2009).

Há uma forte conexão entre o conceito de vulnerabilidade e a noção de injustiça ambiental, já que ambos permitem abordar comunidades, populações e territórios que estão sujeitos a maior quantidade e intensidade de problemas ambientais (Porto, 2012; Porto; Fernandes, 2006). Acselrad (2006) complementa a discussão abordando que o foco deve ser nos processos de vulnerabilização das populações, que são os processos históricos e sociais que geram vulnerabilidades e, mais especificamente, de decisões criadoras de uma proteção desigual para os cidadãos, e não a sua condição de incapacidade de dar respostas às questões.

Qualificar as populações e comunidades como vulneráveis tende a reforçar o argumento da passividade dos cidadãos, contrário à consideração de serem sujeitos com atitudes efetivamente transformadoras. Embora compreensível em contextos específicos de saúde pública, como ao lidar com problemas de saúde infantil ou de idosos, ou situações extremas, como pacientes terminais, a transposição da condição de vulnerável para comunidades expostas pode contribuir para processos de discriminação de natureza ideológica.

Na perspectiva da ecologia política, injustiças ambientais podem ser revertidas quando surgem movimentos de luta a partir de comunidades atingidas e movimentos sociais organizados, denominados de conflitos ambientais. Sem tais movimentos, as injustiças permanecem inalteradas e, na maior parte das vezes, invisíveis aos debates públicos e às instituições. Mais que crises a serem dirimidas, os conflitos ambientais expressam potencialidades de transformação em direção a sociedades mais democráticas, justas e sustentáveis. Essa leitura reverte uma abordagem tradicional, que enxerga o enfrentamento das áreas contaminadas somente a partir da capacitação técnica de instituições e empresas, do desenvolvimento e incorporação de tecnologias limpas, assim como da necessidade de um novo marco jurídico e institucional. Embora tais elementos sejam importantes, para a ecologia política boa parte da solução encontra-se nos movimentos por justiça ambiental, que podem reverter a intensidade do metabolismo social e a distribuição socioespacial dos riscos e das cargas do desenvolvimento a partir da transformação da própria sociedade, dos processos e significados do desenvolvimento econômico.

A COMPLEXIDADE DOS RISCOS QUÍMICOS E A MANIPULAÇÃO DE INCERTEZAS

Outro aspecto importante na compreensão das áreas contaminadas diz respeito à expansão e diversificação da indústria química e seus segmentos, já que ela contribui de forma central para a produção e ampliação de riscos químicos, incertezas e desigualdades relacionadas com a saúde e o meio ambiente. Este setor, como esperado numa sociedade capitalista, desenvolve-se e contribui para um modelo de produção e consumo (e um modelo energético) que se apoia numa noção de desenvolvimento que coloca em primeiro plano critérios econômicos pautados no lucro, em detrimento da proteção da saúde e do meio ambiente. Este modelo de produção se pauta numa continuada criação de necessidades sociais, alimentando uma sociedade baseada no consumo de bens diversificados, cuja produção exige uma vigorosa exploração da natureza por meio do uso intensivo de energia e matéria. Deste modo, o quotidiano transforma-se num processo de aquisição constante de bens de consumo, no qual a felicidade e a realização pessoal estão vinculadas aos bens consumidos (Bauman, 2008). Ao sobrepor capital financeiro e produtivo, o neoliberalismo radicaliza essa ilusão ao concentrar riquezas, estimular o empreendedorismo alienado precarizado (uberização) e financeirizar o conjunto da vida no planeta.

A indústria química tem um papel central neste processo, representando um dos principais pilares da industrialização e expansão da Ciência & Tecnologia. Pensamos ser útil para melhor compreensão do assunto pontuar alguns elementos contextuais da indústria química. Há menos de duzentos anos, os processos eram baseados nos hidratos de carbono, período que denominamos de "era dos carboidratos". Em 1820, os processos produtivos precisavam de duas toneladas de vegetais para uma tonelada de minerais (Morris; Ahmed, 1992, p. 3). Cem anos depois, em 1920, a proporção de vegetais com relação à dos minerais foi invertida, passando-se a utilizar duas toneladas de minerais para uma de vegetais (Morris; Ahmed, 1992, p. 12-13). Desde então, tem início o que denominamos "era dos químicos sintéticos".

Na era dos carboidratos, os plásticos rígidos eram derivados de plantas, chamadas celuloides, os filmes plásticos eram derivados da polpa da madeira, o interior dos automóveis era feito de fibras de algodão e polpa de madeira, a resina da soja era utilizada como matéria-prima nos vernizes e tintas, os óleos vegetais de oliveira, milho, arroz e as sementes de uva, entre outros, eram utilizados para fazer sabões e outros produtos de higiene (Steingraber, 1998, p. 97-98).

Mais tarde, a partir da Segunda Grande Guerra, expandiram-se a automação e a complexidade dos processos químicos, fortemente impulsionadas pelos modelos capitalistas de produção e pelos processos hegemônicos e neoliberais de globalização da economia. As operações industriais intensificaram-se, ocasionando o aumento das capacidades de produção, armazenamento e circulação de bens nas indústrias químicas (Porto; Freitas, 1997), com grande incorporação de inovações tecnológicas. Em 1960, uma indústria dedicada ao craqueamento de nafta tinha capacidade média para produzir 50 mil toneladas de etileno por ano. Vinte anos depois, algumas fábricas já ultrapassavam um milhão de toneladas por ano. Também a armazenagem de gás, no período pós-guerra (1945-1955), passou de 10.000 m^3 para 120.000/150.000 m^3 (Theys, 1987, p. 10). A aceleração da produção dos químicos sintéticos também foi decorrente da situação de escassez de matérias-primas específicas encontradas em alguns países. No caso da Alemanha, por exemplo, o acesso limitado aos fertilizantes naturais, manufaturados a partir de carboidratos provenientes do Chile, incentivou a fabricação de produtos sintéticos para fertilizar a terra. Além disso, muitos produtos foram desenvolvidos para fins militares, como o gás cloro, fosgênio e mostarda, que originaram, entre outros produtos, os solventes clorados e agrotóxicos organoclorados (Steingraber, 1998, p. 97).

Na era dos químicos sintéticos, que alguns autores como Mitchell (2011) denominam de era petroquímica, a generalidade desses produtos é manufaturada a partir de substâncias provenientes da refinação e transformação dos derivados do petróleo e da transformação dos minerais. Este autor discute a centralidade do petróleo e seus derivados como um condicionante fundamental da ordem econômica, social e política internacional. O Programa das Nações Unidas para o Meio Ambiente publicou um estudo em 2013 que mostra forte expansão do setor químico e o deslocamento de uma parte da produção para países com regulação tardia e, por vezes, ainda dotadas de lacunas e flexibilidades indevidas (UNITED NATIONS ENVIRONMENTAL PROGRAME, 2013).

Os riscos químicos estão presentes no quotidiano das pessoas, nos locais de habitação, de trabalho e na alimentação, estendendo suas consequências em âmbito global e que só aparecem no longo prazo. A complexidade e as incertezas envolvidas na caraterização dos riscos químicos e na previsão das suas consequências são elevadas. Em termos de caraterísticas e magnitude, eles diferem dos encontrados no passado, que envolviam a exposição ao que se pode chamar de fenômenos naturais. O risco químico não é tão só a probabilidade da ocorrência de um fato, mas uma construção histórica, política e social. Podem ser enquadrados na categoria dos chamados riscos tecnológicos e têm como principais características a sua extensão global, a dificuldade de previsão das suas consequências e sua dilatação no tempo, podendo, assim, atingir as gerações futuras (Freitas *et al.*, 2001). Gonçalves (2007) denomina esses riscos de "novos riscos" com caraterísticas de invisibilidade para os seres humanos e de difícil delimitação no tempo e no espaço, com possíveis desfasamentos de tempo entre as ações e os impactos.

O alargamento do uso de químicos e o crescimento desse setor industrial e das suas atividades adjacentes originaram o aumento e a diferenciação dos riscos, com consequências diretas na saúde das populações e dos trabalhadores, bem como no meio ambiente. Acentuaram-se, assim, as diversas incertezas presentes . Dados do final dos anos 1990 referiam entre 45 e 100 mil químicos disponíveis no mercado, a maioria com início de produção antes dos anos 1980, quando a regulação se tornou mais rigorosa (Steingraber, 1998, p. 99). Dados recentes da publicação do Programa das Nações Unidas para o Meio Ambiente mostram que das 5,7 milhões de toneladas de poluentes produzidos nos EUA 3,7 milhões são de químicos sintéticos. Deste último valor, 1,8 milhões de toneladas são substâncias persistentes, bioacumulativas e/ou tóxicas, 970 mil são conhecidos ou suspeitos cancerígenos e 857 mil suspeitos disruptores endócrinos – prejudiciais para a reprodução e o desenvolvimento dos seres vivos (UNITED NATIONS ENVIRONMENTAL PROGRAME, 2013, p. 19).

Para analisar a sinergia entre químicos, os ensaios de toxicidade resultantes da mistura de apenas 25 químicos, precisariam de cerca de 33 milhões de experiências (Thornton, 2000, p. 83) o que é, obviamente, inviável. Também Steingraber (1998, p. 99) apresenta dados, dos anos 1980, referindo que apenas entre 1,5 a 3% dos produtos químicos que disponíveis no mercado foram testados quanto às suas propriedades cancerígenas. Todos estes dados, de diferentes naturezas, reforçam a dimensão e as incertezas dos impactos dos químicos para a saúde e o ambiente.

A identificação e o enfrentamento dos diferentes tipos de incerteza associadas aos problemas complexos são um campo importante de estudo e ação. Funtowicz e Ravetz (1997) definiram: 1) a incerteza técnica, relacionada com a inexistência ou inexatidão dos dados; 2) a incerteza metodológica, relacionada à não fiabilidade na análise dos dados; e 3) a incerteza epistemológica, que coloca em evidência a lacuna existente entre o conhecimento já produzido e a capacidade de analisar a evolução do problema em pauta, questionando a ideia de que a produção de cada vez mais conhecimento extingue a incerteza presente nos problemas complexos. Todos os tipos de incertezas permanecem no conhecimento produzido (Funtowicz, Ravetz, 1997) e, no caso da incerteza epistemológica, ela nunca será por nós totalmente desvendada. Van der Sluijs e outros (2005) definem a incerteza denominada de societal, relacionada com a robustez social do conhecimento, isto é, a aceitação das pessoas sobre o conhecimento produzido e as diferentes leituras da informação pelos atores envolvidos. Entram, assim, em questão, os diferentes objetivos, interesses e valores dos atores para formular o entendimento de um problema.

CONFLITOS AMBIENTAIS ENVOLVENDO ÁREAS CONTAMINADAS NO BRASIL

Para completar o artigo, apresentamos um breve panorama de casos de conflitos ambientais sobre áreas contaminadas no contexto brasileiro. Para isso, levantamos casos com as expressões área contaminada, *solo contaminado* e *passivo ambiental* no "Mapa de Conflitos envolvendo Injustiça Ambiental a Saúde no Brasil". Nosso objetivo aqui não é analisar os vários casos de contaminação química, que demandaria um texto de caráter específico, mas sim apresentar uma síntese geral de como este tema está presente no mapa , ilustrando com alguns casos que têm gerado resistências e lutas por parte de comunidades atingidas e movimentos por justiça ambiental no país.

O "Mapa de Conflitos envolvendo Injustiça Ambiental a Saúde no Brasil" resulta de um projeto desenvolvido, desde 2008, pela Fundação Oswaldo Cruz (FIOCRUZ) e na época pela Federação de Órgãos para Assistência Social e Educacional (FASE), com apoio do Ministério da Saúde. Seu objetivo principal é mapear os conflitos ambientais no país e, segundo o site do projeto: "apoiar a luta de inúmeras populações e grupos atingidos/as em seus territórios por projetos, empreendimentos econômicos e políticas baseadas numa visão de desenvolvimento considerada insustentável e prejudicial à saúde por tais populações, bem como movimentos sociais e ambientalistas parceiros" (FIOCRUZ; FASE, 2010, documento eletrónico). No livro organizado por Porto, Pacheco e Leroy (2013) são apresentados textos analíticos referentes à metodologia e ao conteúdo do mapa.

Em abril de 2015, o mapa apresentava cerca de 550 casos de conflitos espalhados por todo o território nacional, destacando vários casos, em especial, a partir dos impactos do agronegócio, da mineração, da construção de barragens e hidrelétricas, de indústrias poluentes, do lixo urbano, de passivos ambientais, dentre outros. O foco do mapeamento é a visão das populações atingidas, suas demandas, estratégias de resistência e propostas de encaminhamento. As fontes de informação privilegiadas e sistematizadas seguiram essa orientação e consistem principalmente de documentos disponibilizados publicamente por entidades e instituições parceiras: reportagens, artigos e relatórios acadêmicos, ou ainda relatórios técnicos e documentos derivados de ações desenvolvidas pelo Ministério Público ou pela justiça, que apresentam as demandas e problemas relacionados às populações. Reconhece-se que os casos selecionados não esgotam as inúmeras situações existentes no país, mas refletem parcela importante do problema, nos quais populações atingidas, movimentos sociais e entidades ambientalistas vêm se posicionando em distintos fóruns e espaços públicos.

Segundo Fiocruz e Fase (2010) os conflitos foram levantados tendo por base principalmente as situações de injustiça ambiental discutidas em diferentes fóruns e redes a partir do início de 2006, em particular na Rede Brasileira de Justiça Ambiental (RBJA)*. Até então o conceito de justiça ambiental praticamente não era discutido no país, sendo sua produção acadêmica relacionada basicamente aos movimentos por direitos civis nos EUA, que passaram a incorporar a temática do Racismo Ambiental no final dos anos 1970 e, posteriormente, o de Justiça Ambiental no final dos anos 1980. A RBJA foi lançada oficialmente no Fórum Social de Porto Alegre, em 2002, quando foi lida sua Declaração de Princípios, inicialmente assinada por 46 entidades de todo o Brasil, representando movimentos sociais, entidades ambientalistas, ONGs, associações de moradores e populações atingidas, sindicatos e centrais sindicais, pesquisadores universitários e núcleos de instituições de pesquisa/ensino. Desde então, a Rede é um dos principais polos de organização de movimentos por justiça ambiental no país.

As expressões utilizadas para o levantamento de interesse para este artigo (área contaminada, *solo contaminado* e *passivo ambiental*) permitiram levantar 46 casos de áreas contaminadas. Alguns casos foram excluídos por não se caracterizarem propriamente como áreas contaminadas. Outros tiveram como aspecto principal a contaminação hídrica, mas foram mantidos na lista por ser difícil isolar a contaminação hídrica da de sedimentos e solos, reforçando como os contaminantes químicos afetam os vários ecossistemas e grupos populacionais.

Contudo, uma análise mais aprofundada certamente levaria a um conjunto mais amplo de casos. Por exemplo, a palavra agrotóxico está presente em 85 casos de conflitos do mapa, praticamente nenhum foi considerado dentre os casos selecionados. Uma análise pormenorizada destes 85 casos certamente levaria a um grupo expressivo de conflitos que, efetivamente, caracterizam áreas contaminadas no mundo rural, pois o Brasil é o maior consumidor mundial de agrotóxicos e há uma campanha nacional contra os agrotóxicos e pela vida que mobiliza inúmeros movimentos sociais, comunidades atingidas, entidades e instituições. Isso também faria saltar o número de conflitos na região Centro Oeste, já que conflitos envolvendo o monocultivo de grãos (especialmente a soja) e o uso intensivo de agrotóxicos são expressivos em estados como Mato Grosso, Mato Grosso do Sul e Goiás.

Deste modo, os 46 conflitos são emblemáticos do país e seu modelo de desenvolvimento como relação às áreas contaminadas. Destacam-se os casos relacionados à mineração e seus passivos ambientais, destacando-se a de ferro, bauxita, chumbo, ouro, carvão , amianto, urânio e fosfato. Também tem grande expressão os passivos das atividades industriais e os depósitos de rejeitos tóxicos de diversas indústrias. Os conflitos relacionados aos lixões e aterros sanitários, embora menos expressivos que as mobilizações contra os efeitos da mineração e das indústrias, estão presentes em várias regiões do país. Mesmo que a maioria dos conflitos diga respeito a passivos oriundos de atividades já existentes, alguns também envolvem mobilizações prévias ao licenciamento dos empreendimentos, com algumas iniciativas que levaram à paralisação das atividades.

Enquanto no Sudeste são expressivos os passivos ambientais decorrentes de atividades industriais e depósitos (frequentemente clandestinos) de rejeitos industriais, no Norte e no Nordeste destacam-se passivos oriundos de atividades de mineração. Há também casos em várias regiões urbanas do país relacionados ao lixo produzido nas cidades, muitas vezes depositado de forma clandestina, sem conhecimento das autoridades ambientais e sanitárias. Como era de se esperar, o Estado com maior número de casos é, disparado, São Paulo, o mais industrializado do país e com 16 conflitos.

Dentre os casos levantados, destacamos três considerados mais importantes, dois deles em São Paulo e um na Bahia. O primeiro, de especial relevância, é o das empresas Shell e Basf, envolvidas na grave contaminação ambiental no bairro Recanto dos Pássaros, em Paulínia. Relatórios indicam que Paulínia é a quinta cidade mais contaminada do mundo e trabalhadores e moradores ainda sofrem com o passivo ambiental deixado pela empresa. A fábrica de agrotóxicos na cidade funcionou entre 1975 e 1993. Durante esse período a Shell Química contaminou o lençol freático nas proximidades do rio Atibaia, um importante manancial da região, com os organoclorados aldrin, endrin e dieldrin. Em abril de 2013, as multinacionais Shell e Basf assinaram acordo milionário se comprometendo a pagar indenização a mais de mil ex-trabalhadores, além de repassar cerca de R$ 200 milhões para o Ministério Público Federal destinados a projetos de pesquisa sobre agrotóxicos no país. Para além de seus aspectos trágicos, trata-se de um caso exemplar por resultar na maior indenização paga até o momento no no país, previsto para financiar diversos projetos de pesquisa, contribuindo para um diagnóstico mais crítico sobre o tema dos agrotóxicos e seu enfrentamento no país, caracterizando um avanço no processo punitivo e regulatório.

O segundo conflito envolve a atuação em rede de entidades baianas e paulistas no impedimento da transferência do lixo tóxico de São Paulo para o incinerador do polo industrial de Camaçari, na Bahia. Após cerca de dez anos de indefinição sobre o destino do solo contaminado identificado por autoridades na Baixada Santista em São Paulo, num dos maiores casos de contaminação química da história do país, produzido pela multinacional francesa produtora de agrotóxicos Rhodia. Na ocasião, a empresa tentou resolver o problema do passivo enviando o material contaminado para incineração na empresa Cetrel, instalada na Região Metropolitana de Salvador. No início de 2004, com a denúncia feita pela Associação de Combate aos Agrotóxicos (ACPO), por meio da Rede Brasileira de Justiça Ambiental (RBJA), várias entidades baianas, juntamente com a Assembleia Legislativa do Estado e com o Ministério Público, promoveram campanha contra a transferência do passivo ambiental de São Paulo para a Bahia e conseguiram impedir a chegada dos caminhões com lixo tóxico. O caso é emblemático na luta por justiça ambiental no país, pois transforma a visão utilitarista do NIMBY (sigla do inglês "Not In My Backyard", "não no meu quintal"), que busca interpretar os movimentos de resistência de populações locais contra instalação de empreendimentos perigosos como movimentos "bairristas" de defesa de interesses individuais, que não levam em conta aspetos centrais do problema em causa e a defesa do bem comum. Neste caso, o movimento teve caráter solidário, incentivou entidades paulistas e baianas a se unirem em torno da defesa da vida, não propriamente da resolução específica da destinação do lixo tóxico para fora do estado de São Paulo, cuja agência ambiental fundamentava suas ações em legislação estadual sobre incineração de resíduos perigosos, que não previa oposição, ou, eventuais "exportações de riscos" para outros estados. Outro caso emblemático em áreas com resíduos industriais perigosos não está localizado nas regiões mais industrializadas do Sudeste ou do Sul: trata-se da contaminação por chumbo em Santo Amaro da Purificação, na Bahia. Entre 1960 e 1993, a Companhia Brasileira de Chumbo (Cobrac) explorou o elemento químico na mina de Boquira, transformando-o em lingotes para comercialização. Estima-se que, no período de funcionamento, a Cobrac tenha produzido cerca de 900 mil toneladas de liga de chumbo, gerando cerca de 500 mil toneladas de escória, material com até 3% de concentração desse elemento. A lógica para a instalação da fábrica, desde aquela época, foi a mesma que a usada em vários empreendimentos atuais: a chegada da fábrica a Santo Amaro da Purificação foi acompanhada de promessas de progresso e emprego.

Um dos fatos mais marcantes relacionado ao caso é o relato de que parte considerável desses resíduos foi doada à prefeitura local e à população como componente para argamassa na reforma e construção de casas e escolas, de poços artesianos e na pavimentação de ruas e de praças, bem como em pátios escolares, ampliando, assim, as vias de exposição e contaminação ambiental. Essa contaminação também se deu por contato com feltros utilizados como filtros das chaminés da usina. O material era recolhido por funcionários da empresa e moradores de Santo Amaro, que depois o reutilizavam como tapetes, colchões e brinquedos para as crianças. Portanto, o que torna o caso emblemático é a enorme vulnerabilidade institucional e populacional que dificulta a reparação de danos e a busca por direitos violados ao longo de décadas.

Neste texto buscamos mostrar a importância dos movimentos por justiça ambiental para enfrentar as diversas dimensões e condições que produzem e mantêm as áreas contaminadas e os seus impactos. A busca por alternativas e soluções em conjunto com várias organizações e movimentos locais e cidadãos têm por vezes contribuído para reverter ou diminuir as injustiças e as desigualdades socioambientais. As mobilizações podem se dar em parceria ou em confronto com as instituições responsáveis pelo controle e implementação de políticas, podendo fazer uso de diversos mecanismos e instrumentos para resistências e lutas, como, por exemplo, os jurídicos, científicos ou ações civis no espaço público. O resultado não é sempre visível e quantificável, mas é possível afirmar que diversas mobilizações têm gerado mudanças nas concepções, abordagens e políticas envolvendo questões de saúde e ambiente no âmbito da ciência, da técnica e das instituições de forma geral. Tais iniciativas têm também permitido avanços, ainda que pontuais, na democratização dessas esferas e dos seus processos decisórios, com maior disponibilização de informações e construção de conhecimentos de forma mais compartilhada e participativa. No longo prazo, acreditamos que essas mobilizações serão chaves para a transformação da realidade, do modelo de desenvolvimento e na conformação de outro metabolismo social para a construção de sociedades mais justas, democráticas e sustentáveis, pautadas em outras formas de relação entre natureza, economia, cultura, ciência e política.

Referências Bibliográficas

Acselrad H. Vulnerabilidade ambiental, processos e relações. In: Encontro Nacional de Produtores e Usuários de Informações sociais, Econômicas e Territoriais, II, 2006, Rio de Janeiro. Anais [...].Rio de Janeiro: Fibge, 24.ago.2006, p. 21-26

Acselrad, H. Justiça Ambiental – ação coletiva e estratégias argumentativas. In:, Acselrad, H.; Herculano, S.; PÁDUA, J.A., Justiça ambiental e cidadania. Rio de Janeiro: Relume Dumará. 2004, p. 40-68.

Bauman, Zygmunt. Vida para consumo: a transformação das pessoas em mercadoria. Rio de Janeiro: Jorge Zahar. 2008.

Brown, P.; Mikkelsen, E., No safe place: toxic wastes, leukemia and community action. Berkeley: University of California Press, 1997.

Bullard, Robert D. The Quest for Environmental Justice: Human Rights and the Politics of Pollution. São Francisco: Sierra Club Books, 2005.

FIOCRUZ; FASE. Mapa de Conflitos envolvendo Injustiça Ambiental e Saúde no Brasil. [S.l. s.n.], 2010. Disponível em: www.conflitoambiental.icict.fiocruz.br. Acesso em: 25 jan. de 2015.

Freitas, C. M. et. al. Chemical safety and governance in Brazil. Journal of Hazardous Materials. V. 86, 1-3, 14 set. 2001, p. 135-151, 2001 DOI: https://doi.org/10.1016/S0304-3894(01)00251-5. Disponível em: https://www.sciencedirect.com/science/article/pii/S0304389401002515?via%3Dihub. Acesso em: 5 jun. 2019.

Funtowicz, S.; Ravetz, J. Ciência pós-normal e comunidades ampliadas de pares face aos desafios ambientais. História, Ciências, Saúde-Manguinhos. Rio de Janeiro, v. 4, n.2, p. 219-230, Out. 1997. DOI: http://dx.doi.org/10.1590/S0104-59701997000200002. Disponível em: http://www.scielo.br/scielo.php?script=sci_arttext&pid=S0104-59701997000200002&lng=en&nrm=iso. Acesso em: 5 jun. 2019.

GENERAL ACCOUNTING OFFICE. Siting of hazardous waste landfills and their correlation with racial and economic status of surrounding communities. General accounting office. Estados Unidos, 1 jun. 1983. Disponível em: https://www.gao.gov/products/RCED-83-168. Acesso em: 5 jun. 2019.

Gonçalves, Maria Eduarda. Introdução. In: Gonçalves, M. E. (Coord.), Os portugueses e os novos riscos. Estudo e investigações 45. Lisboa: Imprensa de Ciências Sociais, 2007, p 1-10.

González de Molina, M.; Toledo, V. Metabolismos, naturaleza e historia. Hacia una teoría de las transformaciones socioecológicas. Barcelona: Icaria. 2011.

Herculano, S.; Pádua, J. Justiça ambiental e cidadania. Rio de Janeiro: Relume Dumará, 2004, p. 41-46.

Levins, R.; Lopez, C. Toward an ecosocial view of health, International Journal of Health Services, New York, v. 2, n. 29, p. 261-293, 1999. DOI: 10.2190/WLVK-D0RR-KVBV-A1DH. Disponível em: https://journals.sagepub.com/doi/abs/10.2190/WLVK-D0RR-KVBV-A1DH. Acesso em: 5 jun. 2019.

Londres, Flavia. Agrotóxicos no Brasil: um guia para ação em defesa da vida. Rio de Janeiro: AS-PTA, 2011.

Martinez-Alier, J. O ecologismo dos pobres: conflitos ambientais e linguagens de valoração. São Paulo: Contexto, 2009.

Martinez-Alier J. et al. Between activism and science: grassroots concepts for sustainability coined by Environmental Justice. Journal of Political Ecology, Estados Unidos, Arizona, v. 21, n. 1, p. 19-60, 2014. DOI: https://doi.org/10.2458/v21i1.21124. Disponível em: https://journals.uair.arizona.edu/index.php/JPE/article/view/21124. Acesso em: 5 jun. 2019.

Mitchell, Timothy. Carbon democracy: political power in the age of oil. Londres: Verso, 2011.

Morris, David; Ahmed, Irshad. The carbohydrate economy: making chemicals and industrial materials from Plant Matter, Washington: Institute for Local Self-Relience, 1992.

Nogueira, Roberto Passos (Org.). Determinação social da saúde e reforma sanitária. Rio de Janeiro: Cebes, 2010. 200p. (Coleção Pensar a Saúde). ISBN 978-85-88422-13-1. Disponível em: www.cebes.org.br/media/File/Determinacao.pdf. Acesso em: 5 jun. 2019.

Porto, M. F. ; Martinez-Alier, J. Ecologia política, economia ecológica e saúde coletiva: interfaces para a sustentabilidade do desenvolvimento e para a promoção da saúde. Cadernos de Saúde Pública, n. 23, v. 4, p. 503-512. 2007.

Porto, M. F. de S.; Freitas, C. M.. Análise de riscos tecnológicos ambientais: perspectivas para o campo da saúde do trabalhador. Cadernos de Saúde Pública, n. 13, v. 2, p. 109-118. 1997.

Porto, M. F. S.; & Freitas, C. M. Major Chemical Accidents in Industrializing Countries: The Socio-Political Amplification of Risk. Risk Analysis International Journal, v. 16, n. 1, p. 19-29, Fev. 1996. DOI: https://doi.org/10.1111/j.1539-6924.1996.

tb01433.x. Disponível: https://onlinelibrary.wiley.com/doi/abs/10.1111/j.1539-6924.1996.tb01433.x. Acesso em: 5 jun. 2019.

Porto, M. F. S.; Fernandes, L. O. Understanding risks in socially vulnerable contexts: the case of waste burning in cement kilns in Brazil. Safety Science, Riverport Lane, v. 3, n. 44, p. 241-257, 2006. DOI: http://dx.doi.org/10.1016/j.ssci.2005.10.001

Porto, M. F. S.; Rocha, D. F.; Finamore, R. Saúde coletiva, território e conflitos ambientais: bases para um enfoque socioambiental crítico. Ciência & Saúde Coletiva, Rio de Janeiro, v. 19, n. 10, p. 4071-4080, Out. 2014. DOI: http://dx.doi.org/10.1590/1413-812320141910.09062014. Disponível em: http://www.scielo.br/scielo.php?script=sci_arttext&pid=S1413-81232014001004071&lng=en&nrm=iso. Acesso em: 5 jun. 2019

Porto, MF; Pacheco, T; Leroy, JP (Org.). Injustiça ambiental e saúde no Brasil: o mapa de conflitos. Rio de Janeiro: Editora Fiocruz, 2013.

Porto, Marcelo Firpo de Souza. Uma ecologia política dos riscos: princípios para integrarmos o local e o global na promoção da saúde e da justiça ambiental. 2. ed. Rio de Janeiro: Editora Fiocruz. 2012.

Roberts, JT; Parks, BC. Ecologically unequal exchange, ecological debt, and climate justice the history and implications of three related ideas for a new social movement. International Journal of Comparative Sociology, v. 50, n. 3-4, p. 385-409, 2009. DOI: https://doi.org/10.1177/0020715209105147. Disponível: https://journals.sagepub.com/doi/abs/10.1177/0020715209105147. Acesso em: 5 jun. 2019.

Rockström, J.; et. al. Planetary Boundaries: Exploring the Safe Operating Space for Humanity. In: Ecology and Society. v. 14, n.2, art. 32, [s.n.], 2009. Disponível em: http://www.ecologyandsociety.org/vol14/iss2/art32/. Acesso em 5 jun. 2019.

Santos, Boaventura de Sousa Santos. Para além do pensamento abissal: das linhas globais a uma ecologia de saberes. Novos estudos-CEBRAP, São Paulo, n. 79, p. 71-94, Nov. 2007. DOI: http://dx.doi.org/10.1590/S0101-33002007000300004. Disponível em: http://www.scielo.br/scielo.php?script=sci_arttext&pid=S0101-33002007000300004&lng=en&nrm=iso. Acesso em: 5 jun. 2019.

Silva, Lays Helena Paes. Ambiente e justiça : sobre a utilidade do conceito de racismo ambiental no contexto brasileiro. Revista e-cadernos CES [online], v. 17, p. 85-111, Set. 2012. DOI: 10.4000/eces.1123. Disponível em: http://journals.openedition.org/eces/1123. Acesso em: 5 jun. 2019.

Steingraber, Sandra. Living downstream: an ecologist looks at cancer and the environment. Londres: Virago. 1998.

Theys, Jacques. La societé vulnérable. In: FABIANI, Jean-Louis; THEYS, Jacques (eds.). La société vulnérable. Paris: Editions Rue d'Ulm, 1987. p. 3-35.

Thornton, Joe. Pandora's poison: chlorine, health and a new environmental strategy. Cambridge: MIT Press. 2000.

UNITED NATIONS ENVIRONMENTAL PROGRAMME. GCO, global chemical outlook. Towards sound management of chemicals. GPS Publishing, Kenya, 2013. Disponível em: https://sustainabledevelopment.un.org/index.php?page=view&type=400&nr=1966&menu=35. Acesso em: 5 jun. 2019.

Van Der Sluijs, J. et.al. Combining quantitative and qualitative measures of uncertainty in model based environmental assessment: the NUSAP system. Risk Analysis International Journal, v. 25, n. 2, p. 481-492, 4 maio 2005. DOI: https://doi.org/10.1111/j.1539-6924.2005.00604.x. Disponível em: https://onlinelibrary.wiley.com/doi/full/10.1111/j.1539-6924.2005.00604.x. Acesso em: 5 jun. 2019.

Wallerstein, Nina, Duran, Bonnie. Using community-based participatory research to address health disparities. Health Promotion Practice, v. 7, n. 3, p. 312–323, 1 jul. 2006. DOI: https://doi.org/10.1177/1524839906289376. Disponível em: https://journals.sagepub.com/doi/10.1177/1524839906289376#articleCitationDownloadContainer. Acesso em: 5 jun. 2019.

50 | Áreas Contaminadas, Ecologia Política e Movimentos por Justiça Ambiental

ANEXO I

Casos envolvendo áreas e solos contaminados no Mapa de Conflitos envolvendo Injustiça Ambiental e Saúde no Brasil

ESTADO E TÍTULO DO CONFLITO AMBIENTAL
1. BA – Indústria e mineração de Chumbo contaminam a água, o solo, afetam a produtividade agrícola, a saúde e a qualidade de vida da população de Santo Amaro da Purificação.
2. BA – Organizações baianas e entidades paulistas atuam em rede e impedem transferência interestadual de resíduos altamente tóxicos para incineração na Bahia
3. BA – Comunidade da Ilha da Maré, com apoio de movimentos sociais e entidades públicas, luta para afirmar identidade, titular territórios quilombolas e combater práticas de racismo e degradação ambiental, bem como atividades portuárias e industriais que põem em risco a alimentação e sobrevivência de 500 famílias
4. BA – Poluição química na Baía de Todos os Santos contamina de peixes, caranguejos e alguns mariscos, fonte de renda e base alimentar de populações tradicionais e do turismo da região
5. BA – Exploração de Urânio no sudoeste da Bahia envolve licenciamentos obscuros, contaminação, riscos à saúde e falta de transparência na fiscalização da política e da produção nuclear brasileiras
6. CE – Radiação e extração de urânio ameaça cearenses e baianos
7. MA – Indústria Guseira, Contaminação da Água, Falta de Segurança e Condições Impróprias à Vida e à Saúde dos Moradores do Distrito Industrial de Pequiá (Açailândia)
8. MG – Poluição ambiental grave e persistente, exposição crônica ao arsênio e outras substâncias tóxicas, além de expulsão de comunidades tradicionais, são algumas das consequências da extração de ouro a céu aberto em Paracatu
9. MG – Rompimentos de barragens de rejeitos da Rio Pomba Mineração comprovam os riscos da atividade minerária para a sustentabilidade hídrica de Minas Gerais e estados à jusante das suas bacias hidrográficas
10. MG – Centenas de famílias de comunidade tradicionais são atingidas pela mineração em Minas Gerais e no Espírito Santo
11. PA – Poder estatal e dominação territorial contra os quilombolas extrativistas do Trombetas
12. PA – Conflitos entre a atividade mineradora e comunidades tradicionais extrativistas no extremo oeste do Pará: deterioração de igarapés, lagos e corte de matas e castanheiras
13. PA – Mineração de caulim contamina recursos hídricos e compromete a subsistência de comunidades da Vila do Conde, em Barcarena
14. PA – Quilombolas, ribeirinhos e agricultores familiares lutam pela titulação de suas terras e contra a contaminação
15. PA – Ulianópolis exige punição a poluidores e recuperação ambiental
16. PA – Mineração de níquel expulsa pequenos trabalhadores rurais e povos indígenas no Sudeste do Pará
17. PR – Após 'prosperidade', exploração do chumbo e prata em Adrianópolis e adjacências gera passivo ambiental e contaminação
18. RJ – Além da exposição à contaminação decorrente das atividades de um complexo químico industrial, população da Baixada Fluminense ainda recebe lixo tóxico de Cubatão, São Paulo
19. RJ – Cooperativa dos Catadores de Itaoca; ONG Onda Solidária; Centro Pró-melhoramento do Anaia Pequeno
20. RJ – Cidade dos Meninos: décadas de contaminação e doença versus o desejo da moradia
21. RJ – Pescadores artesanais, quilombolas e outros moradores do entorno da Baía de Sepetiba: sem peixes, expostos a contaminações e ameaçados por milícias ligadas a empreendimentos em construção

Áreas Contaminadas, Ecologia Política e Movimentos por Justiça Ambiental | **51**

22. RJ – Tentativa de construção de aterros de lixo no Rio de Janeiro no bairro de Paciência e no município de Seropédica enfrentam protestos dos moradores, ambientalistas, do Ministério Público, do TCU e da Aeronáutica

23. RJ – Construção de Complexo Petroquímico (COMPERJ) promete empregos e progresso, mas afeta 11 municípios, traz riscos à população e contrapõe os Executivos com o TCU e o MPF, que questionam a obra

24. RN – Atividade de Carcinicultura é acusada de degradação ambiental no Rio Grande do Norte

25. RS – Pescadores lutam por indenização após desastre ambiental

26. SC – Projeto de mineração de Fosfato gera insegurança sobre possível contaminação dos recursos hídricos e do solo em região vocacionada ao turismo e marcada pela agricultura orgânica e de subsistência familiar

27. SC – Utilização de areia contaminada na construção de peças de concreto e asfalto empregados em vias públicas colocam sociedade civil em conflito com o governo de Santa Catarina, a Fiesc e a Fundição Tupy SA.

28. SC – Poder arraigado da mineração carbonífera em Santa Catarina é empecilho à recuperação ambiental de áreas degradadas e cursos de água que sofrem os efeitos da acidificação. Crescimento da usinas termoelétricas é novo foco de poluição e consumo de carvão mineral.

29. SC – População catarinense luta contra instalação de estaleiro

30. SE – Catadoras de mangaba lutam pela demarcação de reservas extrativistas

31. SP – Cubatão: passivo ambiental devido à contaminação química provocada pela Rhodia ainda não foi reparado

32. SP – Contaminação ambiental produzida por indústria de agrotóxicos no Recanto dos Pássaros, em Paulínia (SP), continua a apresentar consequências na saúde de moradores e trabalhadores

33. SP – Duas empresas deixam grave passivo ambiental na região leste da cidade de São Paulo

34. SP – Jurubatuba é considerada a área com o maior passivo ambiental da cidade de São Paulo

35. SP – Aterro em Santo Antônio de Posse (SP) recebeu 320 mil toneladas de resíduos industriais entre 1974 e 1987

36. SP – Lixo tóxico com amianto e fenol estão depositados irregularmente em um depósito no perímetro urbano de Avaré

37. SP – População luta a favor do banimento do amianto.

38. SP – Empresas de produtos químicos e de petróleo deixara um enorme passivo ambiental no bairro da Mooca, cidade de São Paulo, após décadas de armazenamento indevido, que comprometeu solo e subsolo

39. SP – Passivo ambiental radiativo em terreno na zona sul da cidade de São Paulo

40. SP – Pólo Cerâmico no Estado de São Paulo tem sido associado à contaminação ambiental por fluoreto gasoso e metais pesados

41. SP – População de Americana luta contra instalação de usina termoelétrica Carioba II, movida Ã gás natural

42. SP – Duas empresas deixam grave passivo ambiental na região leste da cidade de São Paulo

43. SP – Jurubatuba é considerada a área com o maior passivo ambiental da cidade de São Paulo

44. SP – Aterro mantém 122 toneladas de solo contaminado por HCH (hexa cloro ciclohexano)

45. SP – Passivo ambiental radiativo em terreno na zona sul da cidade de São Paulo

46. SP – Pescadores lutam por indenização após desastre ambiental

47. TO – Território Apinajé ameaçado por projetos hidrelétricos do Plano de Aceleração do Crescimento (PAC)

Fonte: FIOCRUZ; FASE, 2010.

4

Toxicologia e Áreas Contaminadas

Rubia Kuno • Maria de Fátima Pedrozo

INTRODUÇÃO

A principal finalidade da Toxicologia é prevenir danos à saúde humana e ao ecossistema resultantes da interação entre as substâncias químicas e/ou os agentes físicos e os diferentes sistemas biológicos.

Considerando-se o número de substâncias químicas disponíveis e comercializadas, o desafio da Toxicologia é estabelecer condições seguras de exposição. Para tanto, é necessário o reconhecimento das propriedades intrínsecas que conferem periculosidade às substâncias químicas, particularmente, a toxicidade.

No decorrer do século XX, a ocorrência e divulgação de vários acidentes com substâncias sintetizadas, particularmente a partir dos anos 70, foram determinantes para se fortalecer diretrizes voltadas à avaliação da toxicidade e comercialização de novas moléculas.

Nesse contexto, discute-se no presente capítulo a contribuição da Toxicologia na prevenção da intoxicação, na segurança química, no desenvolvimento sustentável e como ferramenta de avaliação de risco.

TRÍADE BÁSICA DA TOXICOLOGIA

A Toxicologia é a ciência que tem por objeto de estudo os efeitos tóxicos decorrentes da exposição a uma dada substância química ou agente físico. Ou seja, a substância química, *per se*, não é o objeto de estudo desta ciência porque os efeitos tóxicos advêm da interação do agente tóxico com o organismo. A observação do efeito adverso ocorre em determinadas condições de exposição, como ilustra a Figura 4.1.

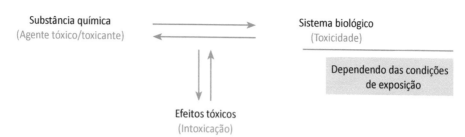

Figura 4.1. Interação da substância química com o sistema biológico e a observação do efeito adverso.

Desta Interação extrai-se a tríade básica da Toxicologia, a saber:

- Agente tóxico ou toxicante: qualquer substância química ou agente físico capaz de promover um efeito adverso ao interagir com o sistema biológico, dependendo das condições de exposição;
- Toxicidade - capacidade intrínseca da substância em promover o efeito tóxico;
- Intoxicação – manifestação do efeito tóxico resultante da interação toxicante e sistema biológico.

A expressão da toxicidade da substância química como resultado da referida interação depende das condições de exposição, ou seja, das propriedades físico-químicas da substância, da magnitude da exposição, da via de introdução, da duração e frequência de exposição e da suscetibilidade individual. Dependendo destes fatores, a observação do efeito adverso poderá ou não ocorrer.

Os termos perigo e risco estão relacionados à toxicidade da substância. Perigo é a propriedade intrínseca de um agente ou situação com potencial para causar efeitos adversos quando um organismo, sistema ou (sub) população estão expostos a esse agente. Enquanto, risco pode ser definido como a probabilidade de observação de um efeito adverso no organismo, sistema ou (sub) população sob determinadas condições de exposição ao agente (IPCS, 2004).

Para se identificar quais efeitos tóxicos serão observados em determinada condição de exposição (via, magnitude e duração da exposição, espécie) à dada substância química, procede-se a avaliação da sua toxicidade.

A avaliação da toxicidade da substância é útil para selecionar substâncias químicas perigosas que podem ser encontradas em áreas contaminadas. Muitos países estabelecem lista de substâncias prioritárias com vistas à avaliação de riscos nessas áreas. No entanto, a priorização não é baseada apenas na toxicidade, mas também contempla as substâncias mais frequentemente encontradas e seu potencial de exposição humana. A Companhia Ambiental do Estado de São Paulo – CETESB publica em sua página na internet uma planilha para avaliação de riscos à saúde em áreas contaminadas sob investigação com dados de toxicidade e parâmetros físico-químicos de 755 substâncias, cuja mais recente atualização data de maio de 2013. Essas informações derivam da planilha de RSLs (Risk Screening Levels) do programa "Superfund" da USEPA (CETESB, 2013).

AVALIAÇÃO DA TOXICIDADE

A avaliação da toxicidade de uma substância compreende as etapas de identificação do perigo e a avaliação dose- resposta.

Na identificação do perigo avalia-se a capacidade inerente da substância em promover efeitos adversos sobre o homem ou outra espécie animal. Por exemplo, um químico pode ser hepatotóxico, mutagênico, carcinogênico, teratogênico, entre outros. Mas somente esta etapa não informa em quais condições causará esses efeitos, somente identifica o efeito adverso principal que deverá ser considerado na avaliação.

Já a avaliação da dose-resposta consiste no processo de caracterização da relação entre a dose administrada ou recebida de determinada substância e a incidência de um dado efeito nocivo significativo (crítico) na população estudada. Em geral, as substâncias afetam mais de um órgão ou sistema do organismo e podem produzir vários tipos de efeitos dependendo das condições de exposição.

Identificação do perigo

Para a identificação do perigo são utilizadas informações obtidas em estudos com animais, estudos epidemiológicos e outros dados, como relação estrutura-atividade* e estudos *in vitro*.

Os dados levantados incluem: (i) natureza, confiabilidade e consistência dos estudos *in vitro*, com animais de experimentação ou com o homem; (ii) disponibilidade da informação sobre o mecanismo ou modo de ação (MOA – do inglês Mode of Action)**; e (iii) relevância para o homem dos estudos realizados com animais ou *in vitro*. A qualidade do desenho de estudo, metodologia e os consequentes resultados são rigorosamente avaliados, pesando-se as evidências obtidas. Protocolos de delineamento desses diferentes estudos são oferecidos por agências internacionais para garantir o peso das evidências obtidas, tais como Organization for Economic Co-operation and Development – OECD e European Commission (OECD, [sd]; Zuang et al., 2013).

Métodos alternativos estão sendo adotados nos últimos anos em substituição aos testes de toxicidade com animais. Esses métodos foram desenvolvidos para a reduzir, refinar e substituir (3R) o número de animais utilizados em experimentos, tais como: testes de irritabilidade, testes de viabilidade celular, testes de fototoxicidade e de genotoxicidade.

No entanto, ainda que os testes *in vitro* sejam baratos e rápidos e permitam a implementação dos 3Rs, apresentam várias limitações: (i) não podem ser utilizados para a avaliação dos efeitos crônicos; (ii) o efeito crítico pode não ser evidenciado no ensaio *in vitro* (ex. toxicidade para gerações posteriores); (iii) quando o responsável pela toxicidade é um produto de biotransformação da substância estudada, é difícil a aproximação do que ocorre *in vivo* (Zhang et al, 2018).

---

*Os estudos de relação estrutura-atividade (QSAR) têm como principal objetivo a construção de modelos matemáticos que relacionem a estrutura química à atividade biológica de uma série de compostos análogos. Em geral, esses compostos diferem entre si pela presença de um ou mais grupos substituintes em posições definidas na estrutura química comum à série. Esses modelos (QSAR) - podem ser utilizados para prever as propriedades físico-químicas, toxicidade e comportamento ambiental dos compostos, a partir do conhecimento da sua estrutura química. Estes modelos estão disponíveis gratuitamente ou como programas comerciais (ECHA, 2016).

**Modo de ação (MOA) é a sequência exata de eventos e interações moleculares que ocorrem no organismo, cujo resultado é a toxicidade observada, após a exposição à substância química (Hosford, 2009)

Estudos de toxicidade com animais de experimentação devem incluir todas as fases de vida da espécie de modo a oferecer um perfil completo dos possíveis danos que a substância teste pode promover. Fazem parte deste elenco:

(i) **Estudos de toxicidade aguda**: usam doses únicas da substância teste ou fracionadas e administradas no período de 24 h. Estes estudos incluem testes para toxicidade aguda por via oral, dérmica, inalatória, além dos de irritação ocular, dérmica e sensibilização de pele. São utilizados para classificar e rotular a substância química ou mistura e servem como diretriz inicial para o possível MOA tóxico da substância e para o estabelecimento do regime de doses a ser empregado nos estudos de toxicidade subcrônica.

O European Center for Validation of Alternative Methods (ECVAM) sugere substituir os testes com roedores pela validação da relação estrutura atividade quantitativa (QSARs) e pelos testes de citotoxicidade. Os testes de irritação de pele e mucosas e os de sensibilização dérmica também são testes *in vitro* (Zhang et al, 2018).

(ii) **Estudos de toxicidade sub-crônica**: usam doses repetidas e de curta duração (OECD 408,409). Apresentam duração equivalente a 10% da expectativa de vida da espécie: 90 dias para ratos e camundongos ou um ano para cães. Este tipo de estudo permite identificar órgãos alvo e estabelecer níveis de dose para o estudo crônico.

(iii) **Estudos de toxicidade crônica**: usam doses repetidas com duração de 6 a 24 meses. Quanto maior a duração deste estudo maior o peso da evidência gerada, em especial, quando equivalente a maior parte da expectativa de vida da espécie: 18 meses camundongos e dois anos ratos (OECD 453). O protocolo deste estudo permite investigar também carcinogenicidade.

(iv) **Estudos de toxicidade sobre a reprodução**: investigam os efeitos da substância teste na reprodução de machos e fêmeas, como efeitos no comportamento de acasalamento, na função das gônadas, no ciclo estrogênico, na concepção, na implantação, no parto, na lactação, no desmame e na mortalidade neonatal. Estes estudos podem também oferecer informação sobre efeitos teratogênicos e sobre o desenvolvimento fetal.

A conduta e os resultados desses estudos devem ser avaliados com cuidado, uma vez que o processo reprodutivo é crítico para a perpetuação das espécies e fatores ou toxicantes que alterem ou desregulem este processo podem apresentar consequências devastadoras. A OECD disponibiliza as seguintes diretrizes: OECD 415 – estudo de toxicidade sobre a reprodução – uma geração; OECD 416 – estudo de toxicidade sobre a reprodução – duas gerações e OECD 421 – triagem para avaliação da toxicidade sobre a reprodução e OECD 422 – Estudo combinado sobre toxicidade crônica e sobre a reprodução.

(v) **Estudos da toxicidade sobre o desenvolvimento**: investigam os efeitos da exposição intra-útero no concepto, incluindo morte, malformações, déficits funcionais e efeitos sobre o desenvolvimento.

A exposição em períodos críticos pode alterar o desenvolvimento, resultando em efeitos imediatos, ou pode comprometer subsequentemente a fisiologia normal ou as funções comportamentais. Uma vez que os processos de desenvolvimento ocorrem em períodos diferentes, esses estudos incluem a exposição durante a organogênese até os períodos perinatal e pós-natal (OECD 414).

(vi) **Estudos de genotoxicidade**: determinam se a substância teste pode interagir com o material genético promovendo mutações gênicas ou cromossômicas. Há um grande número de testes, especialmente *in vitro* (OECD 471 - 486). Considera-se necessário realizar testes em bactérias e em células de mamífero (*in vitro* e *in vivo*) para conferir confiabilidade à evidência gerada (IARC, 1999; USEPA, 2007; OECD, [sd])

(vii) **Outros estudos**: dependendo dos achados nos estudos anteriores, outros estudos podem ser realizados, tais como toxicocinética, toxicodinâmica e toxicidade sobre órgãos alvo.

Em todos os desenhos de estudo é importante avaliar a adequação da frequência e duração da exposição, pertinência das espécies, linhagem, sexo e idade dos animais utilizados, número de animais por dose, justificativa das doses selecionadas, via e condições sob as quais a substância é testada, (ou seja, as diretrizes das agências internacionais e as Boas Práticas de Laboratório*). Todos estes aspectos devem ser observados para garantir a confiabilidade e qualidade do resultado observado.

Os **Estudos epidemiológicos** oferecem as evidências mais importantes na identificação do Perigo e caracterização do risco, no entanto, é necessária uma avaliação criteriosa desses estudos para a confiabilidade dos dados. É importante que o desenho do estudo tenha sido adequado para evitar vieses ou fatores de confusão, bem como se dê a devida atenção à análise dos resultados analíticos.

Peso das evidências

O propósito primordial dos **estudos de toxicidade** é a detecção de evidências biológicas quanto ao perigo potencial da substância investigada. A avaliação do peso das evidências produzidas por esses estudos é o processo que considera cumulativamente todos os dados pertinentes para se determinar os potenciais efeitos adversos relacionados à exposição a uma dada substância.

As evidências devem ser analisadas e ponderadas para se definir o espectro dos efeitos tóxicos da substância e, então, conduzir adequadamente a avaliação de risco. Isto porque: (a) os bons estudos epidemiológicos raramente estão disponíveis e os estudos com animais nem sempre são conclusivos; (b) a informação disponível pode, em determinado momento histórico, representar evidência tênue sobre os efeitos potenciais à saúde provocados por uma substância em determinadas condições de exposição.

A abordagem baseada em evidências consiste em atribuir pesos/valores aos diferentes estudos levantados previamente e que compõem o conjunto de informação disponível sobre a substância de interesse. Os pesos/valores são atribuídos de forma objetiva através de um procedimento formal ou utilizando o julgamento dos especialistas. O peso a ser conferido a determinada evidência é influenciado pela confiabilidade, adequabilidade e relevância do estudo realizado, consistência dos resultados, natureza e severidade dos efeitos.

Outro critério que aumenta o peso da evidência é o número de estudos semelhantes que apresentam resultados concordantes. Quanto maior o número dos estudos concordantes maior o peso das evidências, particularmente, quando há também estudos com resultados contraditórios (ECHA, 2016).

---

*Boas Práticas de Laboratório (BPL) – é o conjunto de normas que dizem respeito à organização e às condições sob as quais estudos em laboratórios e/ou campo são planejados, realizados, monitorados, registrados e relatados.

58 | Toxicologia e Áreas Contaminadas

Fatores que fortalecem o peso das evidências:

- Estudo com humanos oferece maior peso às evidências do que os estudos com animais. A qualidade do estudo epidemiológico, tamanho da população, duração do estudo, controle das possíveis variáveis de confusão, similaridades e diferenças entre as condições de exposição do estudo e da situação real submetida à avaliação de risco são também importantes;
- A via de introdução utilizada no estudo experimental para a situação real considerada é relevante. Identificar e discutir como essas diferenças podem influenciar a probabilidade de observação do espectro de efeitos adversos é fundamental para se pesar as evidências.
- Duração do estudo e regime de dosagem. Dependendo da duração do estudo e do regime de dosagem, diferentes efeitos de severidade variada podem ser observados. O peso da evidência diminui se somente estudos agudos e subcrônicos estiverem disponíveis.
- Os efeitos observados em animais são observados no homem. Com relação ao efeito carcinogênico, em geral, a observação dos tumores em diferentes circunstâncias aumenta a significância dos achados em animais.

Para o efeito carcinogênico, a avaliação dos estudos de genotoxicidade e mutagenicidade é imprescindível. Resultados positivos *in vivo* oferecem maior peso à evidência do que resultados *in vitro*. Porém, diversos fatores, tais como: (a) número insuficiente de linhagens testadas; (b) ativação metabólica inadequada ou ausente nos testes *in vitro*; (c) doses ou concentrações inadequadas (muito altas ou muito baixas), intervalo entre as doses e tempo de amostragem inadequados, respostas positivas somente observadas em níveis inaceitáveis de citotoxicidade, determinam a não confiabilidade do achado e o estudo será considerado inconclusivo.

A relevância do achado em animal de experimentação para o homem deve ser avaliada com base no MOA tóxica da substância química. Particularmente, na ação carcinogênica quando é fundamental a distinção entre o MOA DNA reativos* e não DNA reativos, mais frequentemente referidos como MOA genotóxico e não-genotóxico. (Cohen et al, 2004, IPCS, 2007; USEPA, 2005a, 2005b e 2005c; Malarkey, Hoenerhoff, Maronpot, 2013)

Os achados serão considerados contraditórios quando houver diferentes respostas para o mesmo ensaio processado por diferentes pesquisadores ou ocorrer divergência de resultados entre diferentes ensaios que avaliam o mesmo desfecho (*endpoint*), por exemplo, mutação gênica em células bacterianas versus células de mamíferos (BRASIL, 2013; USEPA, 2007).

Avaliação dose-resposta

As informações sobre os efeitos adversos das substâncias são, com frequência, limitadas a níveis elevados de exposição nos estudos epidemiológicos (por exemplo: exposição ocupacional) ou aos bioensaios. Assim, a avaliação dos possíveis efeitos à saúde associados à exposição a baixas concentrações da substância envolve inferências baseadas nos mecanismos de indução de toxicidade do agente.

---

*DNA reativos – compreende as substâncias que reagem com a parte do DNA responsável pelo código genético.

Para a maioria dos efeitos tóxicos – órgão específicos, neurológicos/comportamentais, imunológicos, carcinogênico não genotóxicos e outros – considera-se que exista uma dose ou concentração, abaixo da qual efeitos adversos não são observados. Para esses, um valor limite pode ser estabelecido. Para outros tipos de efeitos tóxicos (mutagênicos e carcinogênicos genotóxicos), assume-se a probabilidade de ocorrência de dano em qualquer nível de exposição (não há valor limiar) (IPCS, 1999).

Efeitos com limiar

Se um limite pode ser estabelecido, assume-se a existência de um nível de exposição abaixo do qual não há efeitos adversos. Assim, a NOAEL (dose de nenhum efeito adverso observado) é crítica e obtida através da relação dose-resposta. Esta relação (Figura 4.2) geralmente é derivada de estudos com animais e, na maioria das vezes, disponível somente em doses elevadas e, sua significância depende da espécie, sexo, idade, linhagem, tamanho da população de estudo, sensibilidade do método utilizado para medir a resposta (efeito crítico); intervalo das doses pré-selecionadas (em geral, três doses). Se o intervalo for grande, o valor de NOAEL observado pode, em alguns casos, ser consideravelmente menor do que o verdadeiro.

Os valores de NOAEL são utilizados como base para se estimar os valores limiares para o homem: Dose de referência (DRf) ou ingestão diária aceitável (IDA). A DRf ou concentração de Referência (CRf)*, nomenclaturas utilizadas pela USEPA, são estimativas da exposição diária de um agente sem que se observe efeitos adversos sobre a saúde humana. A IDA, equivalente à DRf, utilizada pela Organização Mundial da Saúde (OMS) para praguicidas e aditivos, é definida como "a ingestão diária de uma substância química, durante toda a vida do indivíduo que não oferece risco apreciável a sua saúde, à luz dos conhecimentos atuais".

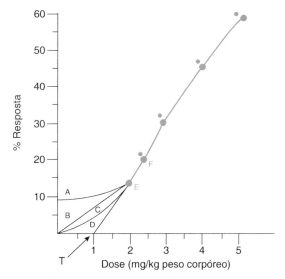

Figura 4.2. Relação dose-resposta. Indica as respostas observadas biologicamente (doses experimentais). T dose limiar; E NOAEL, F LOAEL, curvas A – D possíveis extrapolações a partir de E. Fonte: adaptada de AUSTRALIAN GOVERNMENT, 2012.

---

*A concentração de referência (CRf) é equivalente à dose de referência (DRf), mas é baseada na inalação e é definida como uma concentração no ar (Hosford, 2009).

A extrapolação dos dados obtidos em animais para o homem, e das doses mais elevadas para baixas doses deve considerar as variabilidades inter e intra-espécie, para proteger os suscetíveis, o que confere à avaliação da dose-resposta maior incerteza do que aquela obtida na identificação do perigo. As concentrações ou doses de referência são obtidas dividindo-se o NOAEL por fatores de incerteza (FI) que variam de 1 a 10.000. O FI a ser aplicado depende da natureza da toxicidade, da adequabilidade do estudo selecionado do qual será retirado o NOAEL e das variações interespécie e intra-individual.

Ou seja:

$$DRf \ ou \ IDA = NOAEL/FI$$

Em geral, um FI equivalente a 100 é utilizado, obtido aplicando-se o valor de 10 para as diferenças interespécies, isto é, suscetibilidade maior de humanos comparada às espécies animais utilizadas nos testes; e 10 para as variações interindividuais, devido à diversidade genética e variabilidade do status de saúde da população humana que não estão presentes nas linhagens dos animais usados nos experimentos (Hosford, 2009). FI adicionais podem ser empregados para reduzir as incertezas experimentais, por exemplo: (i) extrapolação a partir de estudos de curta- duração quando a situação de exposição relevante para o homem é a crônica, portanto, a incerteza seria reduzida se um estudo crônico com animais fosse selecionado como estudo crítico; (ii) número inadequado de animais ou outras limitações experimentais encontradas no estudo selecionado (qualidade do estudo selecionado); (iii) o efeito crítico é observado com a menor dose (LOAEL) utilizada no estudo experimental selecionado.

A estimativa da DRf e da IDA a partir do NOAEL recebe várias críticas, entre elas que: (a) o NOAEL é por definição uma das doses experimentais testadas; (b) uma vez que o NOAEL é identificado, o restante da curva é ignorado; (c) experimentos que utilizam poucos animais apresentam NOAEL maior e consequentemente maior DRf, ou seja, o desenho do estudo interfere no NOAEL.

Para diminuir essa tendenciosidade, vários modelos matemáticos foram propostos, dentre eles o de *Benchmarck*. A dose de *Benchmark* (DB) é o limite de confiança superior (LCS) da dose que produz uma resposta (efeito crítico) em 5 a 10% da população de estudo. A DB apresenta inúmeras vantagens sobre o NOAEL porque considera a inclinação da curva dose-resposta para o dado efeito crítico, o tamanho da população e a variabilidade dos dados obtidos. Um número pequeno de animais ou uma grande variação na resposta determinam um intervalo de confiança grande, refletindo a incerteza contida nesses dados. O uso do limite de confiança superior confere, portanto, qualidade e significância estatística ao achado (DB) (IPCS, 1994).

Desta forma, pode-se estimar a DRf do seguinte modo:

$$DRf = POD/FI$$

onde:

$$POD = ponto \ de \ partida \ (NOAEL, \ LOAEL \ ou \ DB)$$
$$FI = Fator \ de \ incerteza$$

Efeitos sem limiar

Para muitos mutágenos e carcinógenos genotóxicos, não se pode afirmar que exista uma dose limite a partir da qual os efeitos mutagênico e carcinogênico serão observados (Figura 4.3). Por isso, as autoridades regulatórias assumem que qualquer exposição a essas substâncias químicas, não importa quão pequena, resulta em algum risco.

A exemplo das abordagens utilizadas para os efeitos não neoplásicos, os modelos utilizados tendem a incorporar cada vez mais os dados científicos disponíveis, incluindo-se a mutagenicidade, os diferentes estágios do processo carcinogênico, tempo entre a exposição e o aparecimento do tumor, toxicocinética e variações interindividuais.

Esses modelos procedem a extrapolação linear a doses associadas a níveis de risco de 10^{-4} a 10^{-6}, bem abaixo dos níveis onde a resposta biológica foi observada e muito abaixo dos valores limiares. Dada à complexidade do efeito crítico em questão, não se definiu, até o momento, o melhor modelo a ser adotado. Os dados experimentais são ajustados a um ou mais modelos gerando-se as probabilidades numéricas de risco. Para a extrapolação linear, uma linha reta é desenhada do ponto de partida até a origem, corrigida pelo background (dose zero e resposta zero).

Isto implica em relação proporcional e linear entre o risco (incidência do tumor) e dose, em níveis baixos de dose*. Esta abordagem é considerada muito conservadora, especialmente na ausência de informação sobre o mecanismo de indução tumorigênica e sobre a variabilidade humana quanto aos efeitos genotóxicos.

A inclinação dessa reta (B da Figura 4.3), conhecida como *slope factor* ou fator de inclinação, é o limite superior da incidência de câncer por incremento de dose que pode ser utilizada para estimar as probabilidades de risco para diferentes níveis de exposição.

O conhecimento do MOA carcinogênico do toxicante é fundamental para optar-se pela abordagem de extrapolação a ser utilizada. A extrapolação linear deve ser utilizada quando o MOA evidenciar que (i) o toxicante é DNA-reativo direto ou mutagênico; (ii) exposição humana ao toxicante ou a carga corpórea é elevada e próxima às doses associadas aos eventos-chave precursores do processo carcinogênico; (iii) os dados avaliados são insuficientes para se estabelecer o MOA (extrapolação linear = abordagem protetora à saúde pública).

A extrapolação não linear (DRf) deve ser selecionada quando o MOA demonstrar que o agente não é genotóxico direto ou mutagênico e/ou quando o MOA carcinogênico não for relevante para o homem, ou seja, for espécie-específico.

Os fatores de inclinação (*slope factor*) geralmente não representam o risco para populações suscetíveis ou em certos estágios da vida. Dependendo dos dados e do modelo utilizados, o fator de inclinação pode estimar, superestimar ou subestimar o risco (USEPA, 2005a; USEPA, 2007).

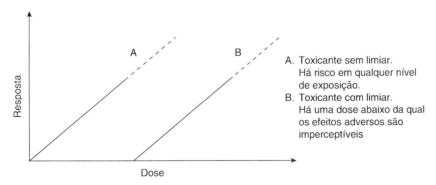

Figura 4.3. Diagrama da toxicidade com limiar e sem limiar. Fonte: HOSFORD, 2009.

---

*Em doses mais elevadas, a curva dose-resposta não é linear.

A análise das incertezas presentes na abordagem da extrapolação, qualitativas e quantitativas, se possível, devem ser ressaltadas. A avaliação dose-resposta rotineiramente inclui (a) identificação dos tipos de dados disponíveis para análise da dose e resposta e para sua avaliação e a qualidade desses dados; (b) estudo selecionado para a avalição dose-resposta; (c) discussão das implicações da variabilidade na suscetibilidade humana, incluindo subpopulação suscetível; (d) aplicação dos resultados aos vários cenários de exposição – rotas de exposição, magnitude da exposição, frequência e duração; (e) discussão das limitações e pontos fortes dos dados analisados.

Para os contaminantes mais comumente encontrados em solo contaminado decorrente de uso industrial, há valores de referência de saúde (VRS), denominados TDI, DRf, já derivados por organismos nacionais ou internacionais (ex.: ANVISA, USEPA, OMS, FAO, EFSA)* para avaliar contaminantes no ambiente, em alimentos ou água, e ainda para registro de produtos como os agrotóxicos. Nesses casos é mais apropriado utilizar os VRS já propostos por esses organismos, porém, é importante conhecer as metodologias empregadas na derivação. A adoção dos VRS deve considerar a confiabilidade científica da organização, a data e o objetivo da avaliação, e a base e definição precisa da derivação do VRS. Como já apresentado anteriormente, as DRfs e CRfs são baseadas apenas nos efeitos não-câncer, então seria inapropriado adotar DRf ou CRf para um contaminante que é um carcinogênico sem limiar.

DERIVAÇÃO DE VALORES ORIENTADORES PARA SOLO E ÁGUA SUBTERRÂNEA

O termo "Valores orientadores para solo e água subterrânea" (VOs), refere-se às concentrações estabelecidas em regulamentações nacionais ou estaduais, derivadas a partir de metodologias consolidadas de avaliação de risco, ajustadas às características físicas locais e populacionais de um dado país ou região, e dados existentes na literatura científica. Esses valores servem de guia para o gerenciamento da qualidade do solo e água subterrânea e gerenciamento de áreas contaminadas. Os VOs para solo são concentrações (mg/kg de solo seco) de contaminantes em solo, acima das quais ações podem ser apenas recomendadas ou obrigatórias, conforme legislação adotada em cada país, que vão desde a realização de etapa(s) subsequentes de investigação, até ações de remediação (NEW ZEALAND, 2011).

Para águas subterrâneas, os valores de intervenção podem ser derivados a partir de cálculos e estimativas do risco da sua contaminação, a partir da migração de substâncias presentes no solo contaminado, em função do comportamento das mesmas no solo e parâmetros físico-químicos envolvidos (USEPA, 1996).

Os VOs baseados em risco à saúde humana são fundamentais no processo de avaliação de risco em áreas contaminadas. No Brasil, esse processo é realizado com base em Valores Orientadores de Intervenção (BRASIL, 2009). No Estado de São Paulo, a CETESB tem adotado, desde 2001, os valores orientadores como critérios numéricos para subsidiar ações de prevenção e controle da poluição visando à proteção da qualidade dos solos e das águas subterrâneas e o gerenciamento de áreas contaminadas. Em 8 de julho de 2009, a Lei Estadual 13.577 consubstanciou os valores orientadores como

---

*ANVISA: Agência Nacional de Vigilância Sanitária; USEPA: United States Environmental Protection Agency; OMS: Organização Mundial da Saúde, FAO: Organização das Nações Unidas para a Alimentação e a Agricultura; EFSA: European Food Safety Authority.

parâmetros para proteção da qualidade do solo e gerenciamento de áreas contaminadas no Estado de São Paulo. Essa lei define o Valor de Intervenção como a concentração de determinada substância no solo e na água subterrânea acima da qual existem riscos potenciais diretos e indiretos à saúde humana, considerado um cenário de exposição genérico; o Valor de Prevenção como a concentração acima da qual podem ocorrer alterações prejudiciais à qualidade do solo e da água subterrânea; e o Valor de Referência de Qualidade como a concentração no solo e na água subterrânea que define um solo como limpo ou a qualidade natural da água subterrânea (SÃO PAULO, 2009).

A seguir estão as equações utilizadas para a derivação de VO para proteção da saúde humana para um determinado contaminante e via de exposição i (NEW ZEALAND, 2011):

$$\text{Ingresso i} = \text{concentração no solo} \times \text{taxa de contato i} \times \text{tempo de exposição} \qquad \textbf{Eq. 1}$$

O ingresso é normalizado para peso corpóreo (PC, em quilogramas) e tempo (dia), e, o tempo de exposição é representado como frequência de exposição em dias por ano multiplicando-se pela duração da exposição em anos, resultando em:

$$\text{Taxa de Ingresso i} = \frac{\text{concentração no solo} \times \text{taxa de contato i} \times \text{frequência da exposição} \times \text{duração da exposição}}{\textit{peso corpóreo} \times \textit{tempo}} \qquad \textbf{Eq. 2}$$

A taxa de ingresso (em kg PC/dia) calculada é então comparada com algumas taxas de ingresso aceitáveis para a substância (VRS: DRf ou IDA ou IDT). Quando a taxa de ingresso excede a taxa de ingresso aceitável, há risco à saúde na exposição à substância na concentração no solo e via de exposição específica.

O ingresso aceitável é a ingestão diária tolerável (IDT) para compostos com limiar, ou a dose que produz um aumento de risco de câncer específico (dose de risco específico) para substâncias sem limiar. No Estado de São Paulo, o risco de câncer aceitável específico para compostos sem limiar é um caso adicional de câncer em 100.000 pessoas (10^{-5}) (CETESB, 2017).

A taxa de ingresso pode ser calculada para outras vias de ingresso, além da ingestão de solo, como para inalação (partículas do solo e vapores), absorção dérmica, consumo de vegetais e ingestão de água contaminada, entre outros. O tempo médio é o período de tempo durante o qual a exposição é calculada para se obter uma taxa média diária.

Uma concentração máxima no solo (valor orientador para solo) pode ser calculada fazendo o cálculo inverso, ajustando a taxa de consumo para a taxa de consumo aceitável e rearranjando a equação de modo que o valor orientador para solo seja:

$$\text{Valor orientador do solo i} = \frac{\text{ingestão aceitável} \times \text{peso corpóreo} \times \text{tempo médio}}{\textit{taxa de contato i} \times \textit{frequencia da exposição} \times \textit{duração da exposição}} \qquad \textbf{Eq. 3}$$

Valores similares podem ser derivados para cada via de exposição considerada relevante.

A Tabela vigente de Valores Orientadores para Solo e Águas Subterrâneas para o Estado de São Paulo foi publicada pela CETESB em novembro de 2016 e está disponível no site da companhia (CETESB,

2016). No âmbito federal, a legislação equivalente é a Resolução CONAMA nº 420, que no Anexo II estabelece os Valores Orientadores para Solo e Águas Subterrâneas (BRASIL, 2009).

Fazem parte dessas listas substâncias inorgânicas, como os metais tóxicos arsênio, cádmio, chumbo, mercúrio, crômio, entre outros; hidrocarbonetos aromáticos voláteis, como o benzeno; diversos grupos de substâncias orgânicas, como os hidrocarbonetos clorados (metanos, etanos e etenos clorados), fenóis clorados e não clorados, pesticidas organoclorados e ésteres ftálicos. No âmbito do estado de São Paulo, a lista inclui bifenilas policloradas (PCBs) indicadores e dioxinas e furanos.

Referências Bibliográficas

AUSTRALIAN GOVERNMENT. Department of Health. **Environmental health risk assessment**: guidelines for assessing human health risks from environmental hazards. Canberra, AU: Department of Health, 2012. 131 p. Disponível em: https://www1.health.gov.au/internet/main/publishing.nsf/Content/health-pubhlth-publicat-environ.htm. Acesso em: 6 set. 2019.

BRASIL. *CONAMA Resolução nº 420 de 28 de dezembro de 2009*. Dispõe sobre critérios e valores orientadores de qualidade do solo quanto à presença de substâncias químicas e estabelece diretrizes para o gerenciamento ambiental de áreas contaminadas por essas substâncias em decorrência de atividades antrópicas. Ministério do Meio Ambiente.

BRASIL. AGÊNCIA NACIONAL DE VIGILÂNCIA SANITÁRIA. **Guia Para a Condução de Estudos Não Clínicos de Toxicologia e Segurança Farmacológica Necessários ao Desenvolvimento de Medicamentos.** Brasília, 2013.

CAS. *American Chemical Society*. Disponível em: <http://www.cas.org/content/chemical-substances>. Acesso em: 08 mai 2019.

CETESB. *Planilhas para avaliação de risco em áreas contaminadas sob investigação*. Maio de 2013. Disponível em: https://cetesb.sp.gov.br/areas-contaminadas/planilhas-para-avaliacao/. Acesso em: 24 mai 2019.

CETESB. *Decisão de Diretoria 256/2016/E*, de 22 de novembro de 2016. Dispõe sobre a aprovação dos "Valores Orientadores para Solos e Águas Subterrâneas no Estado de São Paulo – 2016" e dá outras providências. Diário Oficial [do] Estado, 24.11.2016.

CETESB. *Decisão de Diretoria 038/2017/C*, de 078 de fevereiro de 2017. Dispõe sobre a aprovação do "Procedimento para a Proteção da Qualidade do Solo e das Águas Subterrâneas", da revisão do "Procedimento para o Gerenciamento de Áreas Contaminadas" e estabelece "Diretrizes para Gerenciamento de Áreas Contaminadas no Âmbito do Licenciamento Ambiental", em função da publicação da Lei Estadual nº 13.577/2009 e seu Regulamento, aprovado por meio do Decreto nº 59.263/2013, e dá outras providências. Diário Oficial [do] Estado, 10.02.2017.

Cohen, S. M.; Klaunig, J.; Meek, M. E.; Hill, R.N.; Pastoor,T.; Lois Lehman-Mckeeman, L. Evaluating the human relevance of chemically induced animal tumors. *Toxicol. Sc.*, v.78, p.181–186, 2004.

[ECHA] EUROPEAN CHEMICALS AGENCY. **Practical Guide: How to use alternatives to animal testing to fulfil your information requirements for REACH registration. Version 2.0.** Helsinki, 2016. Chapt 3.1 e 4.1.

Hosford, Mark. *Human health toxicological assessment of contamination in soil*. Bristol, UK: Environmental Agency, 2009. 79 p., PDF, 718 KB. (Using Science to Create a Better Place: Science Report - final, SC050021/SR2). Product Code SCHO0508BNQY-E-P. Disponível em:

https://www.gov.uk/government/uploads/system/uploads/attachment_data/file/291011/scho0508bnqy-e-e.pdf. Acesso em: 24 mai 2019.

IARC. *The use of short- and medium-term tests for carcinogens and data on genetic effects in carcinogenic hazard evaluation*. Lyon: IARC Working Group on the Evaluation of Carcinogenic Risks to Humans, 1999. IARC Scientific Publications No. 146.

IPCS. *Assessing human health risks of chemicals: derivation of guidance values for health-based exposure limits.* Geneva: WHO, 1994. (Environmental health criteria No 170).

IPCS. *Principles for assessment of risks to human health from exposure to chemicals.* Geneva: WHO, 1999. (Environmental Health Criteria No. 210).

IPCS. *Descriptions of selected key generic terms used in chemical hazard/risk assessment. Geneva:* WHO. 2004. Disponível em: http://www.who.int/ipcs/publications/methods/harmonization/definitions_terms/en/.Acesso em: 24 mai 2019.

IPCS. *IPCS mode of action framework.* Geneva: WHO, 2007. (IPCS harmonization project document; no. 4).

Malarkey, D.E.; Hoenerhoff, M.; Maronpot, R.R. Carcinogenesis: Mechanisms and Manifestations. In: Haschek, W ; Rousseaux, C.G.; Wallig, M.A. **Haschek and Rousseaux's Handbook of Toxicologic Pathology**. 3 ed. Academic Press , 2013. P. 107–146.

NEW ZEALAND. *Methodology for deriving standards for contaminants in soil to protect human health.* Wellington, 2011. Disponível em: http://www.mfe.govt.nz/publications/hazards/methodology-deriving-standards-contaminants-soil-protect-human-health. Acesso em: 24 mai. 2019.

OECD. *OECD Guidelines for the testing of chemicals. Section 4: Health effects. [sd].* Disponível em: http://www.oecd-ilibrary.org/environment/oecd-guidelines-for-the-testing-of-chemicals-section-4-health-effects_20745788;jsessionid=2jybxpplc8exm.x-oecd-live-02. Acesso em: 24 mai 2019.

SÃO PAULO. Lei Estadual nº 13.577, de 08 de julho de 2009. Dispõe sobre diretrizes e procedimentos para proteção da qualidade do solo e gerenciamento de áreas contaminadas, e dá outras providências correlatas. **Diário Oficial do Estado de São Paulo**, Poder Executivo, v. 119, n. 127, 9 jul. 2009. Seção 1, p. 1-3

USEPA. Office of Solid Waste and Emergency Response. **Soil Screening Guidance: Technical Background Document.** Washington, DC: EPA. May, 1996. 168p.+Ap. (EPA/540/R95/128).

USEPA. Guidelines for carcinogen risk assessment. Washington, 2005a.

USEPA. Risk Assessment Forum. *Supplemental guidance for assessing cancer susceptibility from early-lifeExposure to carcinogens.* Washington, 2005b.

USEPA. Risk Assessment Forum. *Guidance on selecting age groups for monitoring and assessing childhood exposures to environmental contaminants.* Washington, 2005 c.

USEPA. Office of Research and Development. Framework for determining a mutagenic mode of action for carcinogenicity. Washington, 2007.

Zuang, V., Schäffer, M., Tuomainen, A.M. et al. (2013). JRC SCIENTIFIC AND POLICY REPORTS: EURL ECVAM progress report on the development, validation and regulatory acceptance of alternative methods (2010-2013). Luxembourg: Publications Office of the European Union, 2013.

Zhang Q, Li J, Middleton A, Bhattacharya S, Conolly RB. Bridging the Data Gap From in vitro Toxicity Testing to Chemical Safety Assessment Through Computational Modeling. Front Public Health. 2018; 6:261.

Epidemiologia para Áreas Contaminadas

Nelson Gouveia • Rafael Junqueira Buralli

INTRODUÇÃO

A Epidemiologia, o estudo da distribuição e dos determinantes da frequência das doenças e problemas de saúde em populações humanas (Hennekens e Buring, 1987), é uma das disciplinas basilares da Saúde Coletiva. Seus métodos e técnicas permitem obter, interpretar e utilizar informações que auxiliam a identificação das causas dos problemas de saúde e a compreensão do processo saúde-doença no âmbito de populações. Como ciência, a Epidemiologia se fundamenta no raciocínio causal; como disciplina da Saúde Coletiva, preocupa-se com o desenvolvimento de estratégias para as ações voltadas à proteção e promoção da saúde da comunidade (Almeida Filho e Rouquayrol, 2006).

Esta disciplina tem desempenhado um papel muito importante no campo da Saúde Ambiental, na medida em que fornece subsídios para a identificação de riscos devidos a exposições ambientais, ou mesmo na identificação de exposições desconhecidas a agentes danosos à saúde. Ela tem auxiliado ainda na estimação da exposição individual ou populacional, permitindo, assim, o cálculo de riscos ambientais e a avaliação da necessidade e da efetividade de ações preventivas ou de remediação. Ou seja, o instrumental da Epidemiologia é importante para estabelecer os determinantes dos agravos relacionados às exposições ambientais, estimar o impacto populacional da exposição a esses riscos, auxiliar na identificação de grupos mais vulneráveis, permitir atividades de monitoramento ou vigilância, além de fornecer elementos para o planejamento e o estabelecimento de medidas de controle ou mitigação (Sario, 2018).

68 | Epidemiologia para Áreas Contaminadas

A intensificação dos processos de urbanização e industrialização ao longo das últimas décadas, em geral associados a gestões ambientais deficitárias, deixaram como legado indesejado milhares de áreas contaminadas em muitas das cidades brasileiras. O acúmulo local e difuso de contaminantes nesses locais pode ameaçar o meio ambiente, alterando a qualidade do ar, as funções do solo e poluindo as águas subterrâneas e superficiais (WHO, 2013). Essas fontes de contaminação podem representar riscos à saúde da população que vive no seu entorno, se a mesma entrar em contato com esses compartimentos ambientais contaminados.

Uma área contaminada pode ser definida como um local onde há comprovadamente quantidades ou concentrações de quaisquer substâncias ou resíduos provenientes da deposição, acumulação, armazenamento ou infiltração que tenham ocorrido de forma planejada, acidental ou até mesmo natural, e em condições que causem ou possam causar danos à saúde humana, ao meio ambiente ou a outro bem a proteger (Ministério do Meio Ambiente*).

Muitas dessas áreas contaminadas têm como origem passivos ambientais decorrentes de atividades industriais (por exemplo, da indústria petroquímica e siderúrgica), incluindo a disposição e tratamento inadequado de resíduos químicos provenientes dessas indústrias. No Brasil, outra fonte poluidora que merece atenção são as atividades de revenda de combustíveis. Um relatório da Companhia Ambiental do Estado de São Paulo (CETESB), que é o órgão responsável pelo gerenciamento de áreas contaminadas em São Paulo, mostra que o Estado possui 6.110 áreas contaminadas cadastradas, sendo 72% representada por postos de combustíveis, 19% por atividades industriais, 5% por atividades comerciais, 3% por instalações para destinação de resíduos, e o 1% restante por casos de acidentes, agricultura e fonte de contaminação de origem desconhecida. Os contaminantes mais comumente identificados pela CETESB foram os solventes aromáticos (entre eles o benzeno, tolueno, etilbenzeno e xilenos), combustíveis automotivos, hidrocarbonetos policíclicos aromáticos (PAHs) e hidrocarbonetos totais de petróleo (TPH), provenientes da revenda de combustíveis, além dos metais e solventes halogenados (CETESB, 2018). A CETESB tem atuado para identificar as áreas contaminadas, reduzir ou eliminar a massa de contaminantes e promover a reutilização da área afetada e, embora considere os riscos potenciais à saúde das populações expostas no seu processo de avaliação, não se dedica a avaliar os danos à saúde da população e estabelecer sua relação causal com as áreas contaminadas.

Assim, a Epidemiologia vem sendo utilizada nas investigações dos riscos e efeitos à saúde associados a exposições ambientais decorrentes de áreas contaminadas. Nas últimas décadas este problema ambiental tornou-se uma importante preocupação para a população, na medida em que diversas delas foram identificadas e ganharam bastante destaque na mídia, gerando, deste modo, enormes pressões sobre o setor público, principalmente da área da saúde, para o dimensionamento dos riscos a que a população estaria exposta quando em contato com essas áreas.

Entretanto, existem inúmeros desafios para uma correta avaliação dos efeitos à saúde humana associados a exposição aos contaminantes presentes em uma área contaminada. Por exemplo, a frequente heterogeneidade populacional aos riscos, a escassez de dados de exposição confiáveis, a complexidade das estruturas social, econômica e ocupacional. A proximidade das áreas contaminadas de

---

*Disponível em http://www.mma.gov.br/cidades-sustentaveis/residuos-perigosos/areas-contaminadas.html.

áreas urbanas pode tornar os padrões de exposição ainda mais complexos (WHO, 2013) e a etiologia multifatorial das associações entre os contaminantes ali presentes e os efeitos à saúde, além da contaminação de múltiplas mídias ambientais (ar, água, solo...) podem ser desafios extras no processo de avaliação de risco. Outros desafios importantes que podem comprometer o processo de avaliação das áreas contaminadas são a comunicação entre os profissionais de diferentes áreas do processo de avaliação, ou com a população geral e tomadores de decisão; as dificuldades no reconhecimento e explicação dos limites e incertezas dos estudos; a demanda por biomarcadores e ferramentas de análise rápidas e baratas (nem sempre disponíveis); a exposição e o incremento do risco ao longo do tempo, entre outros (WHO, 2013).

No geral, as populações que vivem em áreas contaminadas estão expostas a múltiplos fatores de risco, o que remete a uma situação de injustiça ambiental. Além da exposição aos contaminantes ambientais, comumente essas populações possuem menor poder aquisitivo e alta prevalência de outros fatores de risco à saúde, como sedentarismo, carência nutricional, consumo de tabaco e álcool. Os fatores socioeconômicos podem ter uma interação sinérgica ou aditiva com os ambientais e amplificar os efeitos à saúde. Apesar disso, uma revisão recente mostrou que os efeitos combinados das pressões ambientais e socioeconômicas na saúde são raramente abordados em estudos de áreas industriais contaminadas na Europa (Pasetto, 2019).

Além disso, as populações expostas a áreas contaminadas podem apresentar uma grande variedade de efeitos à saúde, a depender das características químicas desses compostos, da via de exposição, da dose, tempo de exposição e da sensibilidade individual. Indivíduos expostos à mesma dose podem apresentar diferentes alterações (Azevedo, 2010). Os efeitos à saúde podem ser classificados em basicamente dois tipos: 1) efeitos agudos, com reações aparentes, sentidas nas primeiras 24 horas após o contato e por isso facilmente relacionados à exposição ao químico; e 2) efeitos crônicos, decorrentes da exposição prolongada a uma dose menor de um ou mais químicos, que podem aparecer somente dias, meses, anos ou até mesmo gerações após a exposição sendo, portanto, muito difícil estabelecer uma relação de nexo-causal (Hollander, 2004).

A Figura 5.1, mostra que, além dos efeitos percebidos à saúde (como a mortalidade, redução da expectativa de vida, doenças e sintomas aparentes), devemos nos atentar para outros efeitos "menos perceptíveis" da exposição aos contaminantes ambientais, que também podem estar presentes e serem negligenciados num primeiro momento (como as alterações no funcionamento de órgãos e sistemas, alterações bioquímicas e a nível celular, o aumento da carga corporal desses contaminantes, entre outras).

De modo geral, uma vez identificada uma área contaminada, para avaliar os possíveis riscos à saúde da população que vive nas suas proximidades, é necessário, inicialmente, conhecer as substâncias ali presentes, a proporção da contaminação ou concentração dos agentes contaminantes, sua forma de absorção pelo organismo humano, estabelecer as rotas de exposição (via ar, água, alimentos, etc.), bem como avaliar a toxicidade dessas substâncias e seus efeitos na saúde humana. A partir dessas informações, uma abordagem inicial para avaliar possíveis riscos à saúde pode ser a realização de um estudo descritivo ou inquérito populacional, que permita a identificação dos casos da doença possivelmente relacionada à exposição e a identificação daqueles realmente expostos à contaminação para, então, proceder-se a primeira e mais urgente intervenção: interromper a exposição da população.

Figura 5.1. Complexidade dos efeitos da exposição a contaminantes ambientais à saúde humana. Fonte: adaptada de Hollander, 2004.

A descrição do perfil de saúde das populações expostas as áreas contaminadas deve também sempre considerar as diferenças de idade. Especial atenção deve ser dada as crianças por apresentarem uma alta sensibilidade e vulnerabilidade aos agentes ambientais (WHO, 2013; Hyland & Laribi, 2017). Crianças podem estar expostas às áreas contaminadas desde o período gestacional, elas engatinham, andam e passam mais tempo no chão do que os adultos, colocam as mãos e objetos na boca com maior frequência, possuem dieta menos variada e baseada em alimentos com maior nível de resíduos, como frutas, sucos de frutas e leite. Além disso, crianças comem, bebem e respiram mais por peso corporal do que os adultos (Lu, 2006; Hyland & Laribi, 2017) e apresentam maior susceptibilidade fisiológica durante o desenvolvimento (Marks, 2010). Os idosos são outra faixa etária especialmente vulnerável aos efeitos da exposição aos contaminantes ambientais e devem ser considerados prioritários aos serviços de saúde, juntamente às mulheres em idade reprodutiva e gestantes.

Cabe notar que uma avaliação meramente descritiva, sem que sejam definidos grupos específicos para serem comparados, possui limitações importantes, como a impossibilidade de estabelecer uma relação de causa e efeito entre a exposição e a doença ou enfermidade possivelmente relacionada a essa exposição. Desta forma, além da descrição da área, da população e de suas características, é importante também definir quem são os indivíduos potencialmente expostos e os não expostos, assim como ter bem claro quem são aqueles que têm ou não a doença ou o efeito na saúde investigado. Comparações entre essas populações são cruciais para uma adequada avaliação dos riscos advindos de uma área contaminada.

TIPOS DE ESTUDOS EPIDEMIOLÓGICOS E SUA APLICAÇÃO NA INVESTIGAÇÃO DE ÁREAS CONTAMINADAS

Os desenhos ou tipos de estudo epidemiológicos podem ser classificados em observacionais ou experimentais. Os estudos observacionais são aqueles em que a natureza segue o seu curso e o investigador apenas observa e mede, mas não intervém. Já os estudos experimentais envolvem uma intervenção do investigador designando quem ou quais grupos receberão uma determinada exposição ou tratamento, como ocorre em experimentos realizados em outras ciências (Bonita et al, 2010). Na investigação de possíveis impactos à saúde associados a áreas contaminadas é muito improvável a utilização de desenhos experimentais. Consequentemente, desenhos observacionais como estudos ecológicos, transversais, longitudinais ou de coorte e estudos caso-controle são os mais empregados.

Os **estudos ecológicos**, diferente dos demais, tem como unidade de análise ou de informação não o indivíduo, mas sim grupos ou populações. Ou seja, eles baseiam-se na observação e comparação de informações sobre doença e exposição em populações geograficamente definidas (ex. escolas, bairros, regiões ou países), ou de uma mesma população em diferentes períodos de tempo. A comparação dessas populações utiliza medidas agregadas, muitas vezes a partir de dados colhidos rotineiramente, dos possíveis fatores de risco e desfechos de interesse em cada unidade de observação (ex. concentração do poluente, taxa de mortalidade, prevalência de determinada doença, etc.). Seu objetivo é verificar se a frequência da exposição nas unidades está associada à frequência da doença nessas mesmas unidades.

Esses estudos são importantes para estimar efeitos populacionais de interesse à saúde pública e gerar novas hipóteses a serem confirmadas em estudos mais complexos. São especialmente úteis pelo baixo custo e conveniência, simplicidade de análise e apresentação dos resultados. São também a opção quando informações individuais não estão disponíveis. São particularmente importantes quando o interesse do investigador não é entender as diferenças entre a ocorrência de exposição e doença entre os indivíduos, mas sim, quando se busca entender diferenças entre populações.

Algumas desvantagens dos estudos ecológicos são a dificuldade em controlar para possíveis variáveis de confusão, o fato de que os níveis de exposição populacionais médios podem ser muito diferentes dos níveis individuais, a dificuldade de garantir a qualidade dos dados secundários provenientes de fontes de informação geralmente diferentes e a possibilidade de falácias ecológicas, onde as associações observadas em grupos não se aplicam aos indivíduos.

Um exemplo de estudo ecológico foi a investigação realizada por Chen e colaboradores (2013) na cidade de Port Hope, na região de Ontário, no Canadá, onde uma usina de processamento de minério de rádio e urânio opera desde 1932. O descarte histórico de resíduos radioativos no solo e sua utilização em diversos locais da região para atividades de construção geraram grande preocupação sobre possíveis efeitos à saúde humana decorrentes da exposição ambiental a esses contaminantes. O estudo avaliou as taxas de incidência de câncer na população de Port Hope por um período de 16 anos (1992–2007), comparando-as às taxas da população de Ontário, de outras regiões com características sociais e econômicas semelhantes, e com as taxas da população geral canadense. Os casos de câncer incidentes observados e esperados foram divididos por sexo, por faixa etária, por períodos e para o período combinado (1992–2007). Os autores encontraram taxas de incidência na população de Port Hope para todos os cânceres combinados, câncer infantil e leucemia semelhantes à da população geral do Canadá, assim como também às das outras regiões examinadas. Foi observada incidência significativamente maior de câncer de pulmão entre mulheres, embora a significância estatística tenha reduzido ou desaparecido quando a comparação foi feita com populações com características socioeconômicas semelhantes, sugerindo que grandes diferenças na incidência de câncer não estão ocorrendo em Port Hope, em comparação com outras comunidades semelhantes e com a população em geral do Canadá. Os autores apontam que, embora o estudo tenha coberto um longo período de tempo, o poder de detectar riscos foi limitado pois a população de Port Hope era pequena (16.500 habitantes) (Chen, 2013). Este estudo ilustra uma fragilidade dos estudos ecológicos, que são úteis para estimar efeitos populacionais e levantar hipóteses, mas não para definir causalidade.

Os **inquéritos transversais**, também conhecidos como estudos de prevalência, são aqueles que identificam ao mesmo tempo quais são os indivíduos expostos e não expostos, afetados (ou doentes) e não afetados, permitindo avaliar se existe associação entre exposição e efeito na saúde. Ou seja, nesse desenho de estudo a exposição e o desfecho são medidos simultaneamente ou em curto período de tempo, em uma população definida.

A principal medida fornecida por esse estudo é a prevalência da doença (ou outro desfecho) entre expostos e não expostos, ou conforme níveis de exposição. Pode fornecer também a proporção de expostos na população, além de fornecer informações sobre a distribuição e características do evento investigado.

Esse tipo de estudo epidemiológico de base individual é muito utilizado por ser relativamente rápido de ser executado, ter custos reduzidos e permitir a exploração de múltiplas exposições e/ou múltiplos efeitos na saúde (Rothman e Greenland, 1998). Como é um estudo observacional que avalia a exposição e o desfecho em um dado período de tempo, é mais adequado para situações onde não há variação temporal no grau de exposição dos sujeitos e o efeito medido na saúde é de longa duração. São especialmente úteis para se conhecer a realidade de uma população exposta às áreas contaminadas (por exemplo, ao medir a frequência de uma doença ou fatores de risco e testar associações), auxiliar o planejamento de programas e serviços de saúde e gerar hipóteses de causalidade.

Porém, excetuando-se situações onde toda a população é examinada, a seleção de uma amostra de participantes do estudo pode ser um procedimento difícil pois é preciso garantir a representatividade daqueles que foram incluídos. Assim, tanto o tamanho da amostra a ser estudada quanto a taxa de resposta daqueles incluídos na investigação devem ser examinadas com cautela.

Além disso, uma limitação importante desse desenho epidemiológico é que ele não permite estabelecer definitivamente uma relação causal entre exposição e doença, principalmente por que, muitas vezes, não se consegue estabelecer de maneira confiável uma relação temporal entre esses dois eventos. Por fim, é um estudo muito pouco útil se o evento de interesse for raro ou de curta duração (Rothman e Greenland, 1998).

Como exemplo, um estudo transversal foi realizado na região industrial da Piekary Śląskie, no sul da Polônia, onde aproximadamente ¼ da região está localizada sobre um grande aterro poluído por metais, com o objetivo de explorar a relação entre a concentração de chumbo e cádmio no sangue de crianças entre 3-6 anos e seu local de residência. Um total de 678 crianças (341 meninas e 337 meninos) foi recrutado por conveniência dos 15 jardins de infância localizados na região. Um questionário sobre fontes potenciais de exposição e questões socioeconômicas foi aplicado aos pais e as concentrações de chumbo e cádmio medidas na camada superficial do solo. Variáveis como o tempo gasto ao ar livre no inverno e verão, viver próximo a fontes de risco ambiental específicas, exposição ocupacional dos pais a metais, tabagismo dos pais em casa e nível de escolaridade dos pais foram consideradas. Amostras de sangue foram coletadas das 678 crianças participantes, sendo que 37,8% moravam próximas a vias de tráfego intenso; 16,8% próximas de resíduos de indústria metalúrgica; 7,7% perto de uma planta industrial e 6,0% perto de um posto de gasolina. Níveis significativamente mais altos de chumbo foram encontrados em crianças menores cujos pais possuíam maior nível de escolaridade e fumavam dentro de casa, e que viviam em áreas contaminadas, especialmente próximas à fundição metalúrgica e seu aterro. Não foram observadas diferenças significativas nos níveis de metais entre os sexos das crianças, mas níveis mais altos foram detectados em meninos e em crianças que passam mais tempo brincando ao ar livre, especialmente no inverno (Kowalska, 2018).

Uma abordagem epidemiológica muito eficiente para definir uma relação de causa e efeito entre exposição a uma área contaminada e efeitos na saúde é o **estudo longitudinal ou de coorte**. As coortes se referem à grupos de indivíduos que compartilham algum atributo (nesse caso a exposição) e podem ser prospectivas ou retrospectivas. Nas *coortes prospectivas*, faz-se a identificação dos indivíduos com relação a sua situação de exposição (expostos, não-expostos ou com diferentes graus de exposição), cadastrando todos eles, ou novamente selecionando apenas uma amostra dessa população, e procede-se ao seguimento desses indivíduos de modo a identificar aqueles que irão desenvolver a doença ou o efeito sob investigação em um determinado período de tempo. Assim, as coortes prospectivas possibilitam os pesquisadores avaliarem diretamente a exposição (minimizando vieses de determinação da exposição) e obterem dados sobre potenciais fatores de confusão. No caso das *coortes retrospectivas*, no início do estudo o desfecho já ocorreu, mas mesmo assim identificam-se os indivíduos a partir da exposição ao contaminante (presente ou ausente) no passado e procura-se entender a ocorrência dos efeitos e se eles possuem relação com a exposição. Embora as coortes retrospectivas sejam adequadas para avaliar doenças com longos períodos de latência, eles são dependentes da qualidade dos registros históricos ou da memória dos entrevistados, aumentando a possibilidade de viés de informação.

No geral, os estudos de coorte nos permitem estabelecer uma relação temporal entre a exposição e a doença ou efeito, uma vez que um deve preceder o outro. É importante que a duração do seguimento da população de estudo seja suficientemente longa para se observar os efeitos de interesse, atentando-se para as diferenças de aparecimento de efeitos agudos (mais rápidos) e crônicos (mais demorados). Os estudos de coorte são muito úteis quando se deseja fazer o monitoramento ou vigilância de uma determinada população exposta, avaliar múltiplos efeitos simultaneamente, fatores associados às doenças de evolução rápida e fatal e em casos de exposições raras. Por outro lado, trata-se de um estudo mais difícil de realizar devido a sua complexidade logística e seus custos, além de poder durar muitos anos se o efeito sob investigação tiver um período de latência muito grande. Pela mesma razão, não é um estudo adequado para pesquisar eventos (desfechos) raros (Rothman e Greenland, 1998). Outras desvantagens dos estudos de coorte em áreas contaminadas são a possibilidade de perda de seguimento dos participantes (que podem se mudar para outros locais, desistirem do estudo ou morrerem, por exemplo), a dificuldade de encontrar um grupo não exposto ou garantir que os grupos são comparáveis em relação a outros fatores além da exposição de interesse. Ainda assim, os estudos de coorte de nascimento são especialmente úteis para avaliar o risco à saúde de crianças em áreas contaminadas, pois possibilitam avaliar os efeitos das exposições ambientais e suas possíveis interações com fatores genéticos e socioeconômicos desde a pré-concepção, exposição intra-uterina e vida precoce, que podem ter consequências diferentes e mais marcantes do que exposições durante a vida adulta (WHO, 2013; Hyland & Laribi, 2017).

Como há seguimento de indivíduos (expostos e não expostos), nos estudos de coorte é possível calcular a incidência da doença sob investigação. Assim, a medida de efeito é expressa como Risco Relativo (RR), que mede a força de associação entre a exposição e o efeito e é determinado pelo número de vezes que o grupo exposto tem de probabilidade de adoecer quando comparado ao grupo não exposto. O RR é calculado pela razão entre as taxas de incidência nos dois grupos e pode ser: igual a 1,0 (indicando que a incidência do desfecho foi igual nos dois grupos avaliados e, portanto, não há associação entre exposição e doença), maior que 1,0 (risco maior entre os indivíduos expostos) ou menor que 1,0 (indica que a exposição foi um fator de proteção e que o risco é menor entre os indivíduos expostos). Outra medida de efeito dos estudos de coorte é o Risco Atribuível (RA), que mede o efeito absoluto da exposição e é a incidência da doença no grupo exposto atribuível à exposição em questão. O RA é calculado pela incidência do desfecho nos indivíduos expostos menos a incidência entre os não expostos.

Como exemplo, um estudo de coorte retrospectiva foi realizado na cidade de Ferrara, na Itália, para avaliar o perfil de saúde da população em um bairro localizado em uma área contaminada com compostos orgânicos clorados. Retrospectivamente, foi coletada a história residencial de indivíduos que viveram por pelo menos 5 anos na região contaminada no período de 1994-2010, e calculadas as taxas de mortalidade e incidência de câncer considerando os registros dos serviços de saúde, usando a população de Ferrara como referência. Os resultados apontaram que o perfil de saúde da população residente na área contaminada foi semelhante ao dos controles não expostos, com um relativo aumento das taxas de mortalidade e incidência de alguns tipos de câncer, embora com base em poucos casos e com estimativas sem significância estatística. Os autores relatam que a probabilidade de observarem um aumento significativo no risco foi comprometida pelo tamanho das coortes e pelo curto período de acompanhamento, sugerindo a continuidade do estudo em paralelo com medidas para recuperação da área contaminada (Pasetto, 2013).

Uma quarta abordagem epidemiológica que pode ser utilizada para avaliar a existência de possíveis efeitos a saúde associados a exposição decorrente de uma área contaminada é o **estudo caso--controle**. Esse estudo observacional de base individual consiste em selecionar indivíduos conforme os mesmos tenham (**caso**) ou não (**controles**) a doença ou o evento de saúde sob investigação. Uma vez selecionados, os grupos são comparados no que se refere à exposição (ou exposições) suspeita(s), comparando a intensidade e frequência da exposição entre os grupos (Rothman e Greenland, 1998). Enquanto os estudos de coorte são desenhados com base na exposição, os estudos caso-controle, como o próprio nome indica, são delimitados com base na presença ou não da doença ou efeito de saúde de interesse.

Nesse tipo de estudo é preciso muito cuidado no processo de seleção dos casos e controles, de modo a garantir que esse processo seja completamente independente da condição de exposição de cada indivíduo. Além disso, é importante que a definição de caso seja a mais precisa possível para permitir abranger todos os casos passíveis de serem incluídos e descartar sujeitos que não tenham, de fato, a doença. Esse é o desenho mais adequado para estudar doenças raras e/ou com longo período de latência, além de ter execução relativamente rápida e barata (especialmente quando comparados com os estudos de coorte) e não necessitar de um número muito grande de indivíduos. Porém, o processo de seleção de controles pode ser difícil, uma vez que é preciso garantir que eles representem a população de indivíduos que se viessem a ter a doença, seriam incluídos como casos no estudo (Rothman e Greenland, 1998). Nesse desenho de estudo é comum realizar pareamento entre casos e controles, ou seja, para cada caso com determinadas características, deve ser incluído um ou mais controles com as mesmas características, sendo um bom balanço quando a razão entre o número de casos e controle é de 1:1, embora seja recomendada a ampliação do grupo controle em situações de número limitado de casos. As características utilizadas para o pareamento têm por base as possíveis variáveis de confusão, como por exemplo idade e sexo. Porém, o pareamento para muitas variáveis dificulta a execução desse tipo de estudo.

Algumas desvantagens dos estudos caso-controle são que estes estudos são bastante sujeitos à vieses de informação (por exemplo, pela falta de lembrança dos participantes, principalmente dos controles, ou da qualidade dos registros de informação sobre a exposição) e a dificuldade de estabelecer uma relação temporal da exposição com o efeito. Além disso, a seleção de controles pode ser difícil de ser realizada, não são adequados para o estudo de exposições raras e não permitem calcular diretamente a incidência da doença.

A medida de associação usada neste tipo de estudo é a razão de chances ou *odds ratio* (OR), representada pela razão entre a chance de exposição entre os casos pela chance de exposição entre os controles. A interpretação da OR é semelhante à do RR: se o OR = 1 a chance de exposição entre casos é igual aos controles e não há associação entre a exposição e o desfecho; se o OR > 1 a chance de exposição entre casos é maior que entre controles e a associação é positiva, possivelmente causal; e se o OR < 1 a chance de exposição entre casos é menor que entre os controles e a associação é negativa, possivelmente indicando proteção.

Um estudo caso-controle multicêntrico avaliou a associação entre o risco de anomalia congênita e a proximidade residencial de áreas contaminadas por aterros de resíduos perigosos em 5 países da Europa (Bélgica, Dinamarca, França, Itália e Reino Unido), usando dados de registros regionais de anomalias congênitas em cada país e incluindo 21 aterros nas análises. As áreas de estudo foram delimitadas por um raio de 7 km ao redor de cada área contaminada, considerando as áreas localizadas num raio de 3 km do aterro como "zonas próximas" e, portanto, com exposição mais provável aos teratógenos. Para cada caso, dois controles foram selecionados aleatoriamente entre as crianças sem malformações nascidas (vivas ou mortas) na mesma área de estudo no dia seguinte mais próximo. A distância entre o local de residência da mãe e a área contaminada mais próxima foi usada como uma medida de exposição aos contaminantes químicos do aterro sanitário. Foram considerados 1089 nascidos vivos, natimortos ou com interrupção da gravidez com anomalias congênitas não cromossômicas e 2366 nascidos sem malformação como controle. Como resultado, os autores encontraram uma relação significativa entre morar até 3 km de uma área contaminada por aterros sanitários e um maior risco de anomalia congênita (OR = 1,33; IC 95%: 1,11 – 1,59), após ajustado para idade materna e status socioeconômico, além de uma diminuição consistente do risco quanto mais longe a residência estava da área contaminada (Dolk, 1998).

Percebe-se que cada um desses diferentes desenhos de estudo epidemiológico tem vantagens e desvantagens, e a escolha de um determinado tipo de estudo deve ser feita de acordo com a questão a ser respondida, a disponibilidade de informações sobre exposição e adoecimento, o tempo necessário para realizar o estudo, seus custos, entre outros fatores. Por exemplo, é importante saber qual a frequência do efeito/doença na população, pois se for um evento raro, o desenho caso-controle pode ser mais adequado. Por sua vez, se a exposição é rara, os estudos caso-controle não são recomendados. Do mesmo modo, há que se ter atenção para situações onde uma mesma exposição pode levar a mais de um tipo de doença, sendo nesse caso mais adequado realizar um estudo de coorte.

De todo modo, percebe-se também que para a realização de uma adequada investigação epidemiológica de possíveis efeitos à saúde decorrentes de uma área contaminada é preciso ter bem definido qual é a enfermidade ou desfecho que se supõe estar associado à exposição ambiental ao contaminante presente na área. Além disso, é imprescindível identificar corretamente aqueles indivíduos expostos e os não expostos ao contaminante em estudo.

INSTRUMENTOS DE AVALIAÇÃO EPIDEMIOLÓGICA EM ÁREAS CONTAMINADAS

A avaliação precisa da exposição a um contaminante é um dos maiores desafios em Epidemiologia Ambiental. Isso porque grande parte das exposições ambientais a que estamos sujeitos é relativamente baixa e os indivíduos desconhecem se estão ou foram expostos ou não. Além disso, as exposições variam de acordo com o tempo, localização e atividade do indivíduo, e medir essa exposição geralmente é muito caro e demorado, o que faz com que seja raro dispor de medidas individuais da exposição a esses fatores de risco.

O monitoramento biológico é uma ferramenta chave no estudo da relação entre meio ambiente e saúde em áreas contaminadas, pois possibilita estimar diretamente a exposição humana. Ele pode ser usado como parte dos estudos epidemiológicos e/ou isoladamente para investigar os efeitos populacionais da exposição aos contaminantes ambientais. Os estudos de biomonitoramento humano fornecem evidências de efeitos da exposição às áreas contaminadas e podem ajudar as autoridades locais e os profissionais de saúde pública a monitorar os efeitos das políticas destinadas a reduzir as emissões e/ou reduzir a exposição e os efeitos na população. Basicamente, podem abranger o monitoramento de contaminantes ou seus metabólitos em matrizes biológicas humanas (p. ex., em sangue, urina ou cabelo); o monitoramento de contaminantes ou seus metabólitos em animais; e o monitoramento de poluentes em matrizes ambientais (ex. em musgos e liquens). O biomonitoramento pode auxiliar a identificação de determinados poluentes, vias e rotas de exposição, avaliação qualitativa e quantitativa da exposição e dos efeitos à saúde, verificação da consistência da dispersão do contaminante, o planejamento de intervenções em saúde pública, entre outros (WHO, 2013).

Alguns critérios devem ser considerados na escolha dos biomarcadores usados para avaliar a exposição humana em áreas contaminadas: a existência de biomarcador(es) validado(s); o potencial toxicológico do contaminante e risco à saúde humana; a disponibilidade de uma matriz de amostragem apropriada; a existência de valores de referência estabelecidos; e capacidade analítica custo-efetiva (WHO, 2013). Outro aspecto bastante importante é a escolha de uma população de referência adequada. Sempre que disponíveis, é indicado o uso de valores de referência populacionais a nível de país ou regional para uma referência de primeira aproximação, seguido do uso de dados de uma população de referência local – preferencialmente usando dados de biomonitoramento de uma população que viva em uma "área limpa" no mesmo contexto geográfico, comparável em todos os outros possíveis fatos confundidores (WHO, 2013).

A avaliação de risco à saúde humana é um instrumento usado para caracterizar a natureza e a magnitude dos riscos à saúde dos contaminantes ambientais. Ela lança mão de ferramentas padronizadas, formatos e hipóteses cientificamente estabelecidas para modelagem de risco, considerando as incertezas associadas (IPCS, 2010). Além dos estudos de biomonitoramento, as duas principais abordagens utilizadas para a avaliação de riscos à saúde são: a) baseadas em agentes químicos; e b) populacional com base nos desfechos de saúde (WHO, 2013). Vale ressaltar que essas abordagens são complementares, não excludentes e os resultados de uma avaliação podem ser usados para fortalecer (ou questionar) os resultados de outra. A avaliação de risco é abordada com maiores detalhes no capítulo 07.

A abordagem populacional com base nos desfechos de saúde envolve o uso de uma estimativa da carga ambiental da doença para uma avaliação comparativa de risco. Ela baseia-se na produção ou compilação de evidências epidemiológicas e funções dose-resposta para sugerir uma estimativa do excesso de risco à saúde associado aos diferentes cenários de exposição - por exemplo, casos atribuíveis e anos de vida ajustados por incapacidade (DALYs). Essa abordagem baseia-se em evidências epidemiológicas e modelagem de teias causais; considera as múltiplas associações entre fatores de risco e doenças; usa estatísticas de mortalidade e morbidade e leva à carga atribuível da doença; e pode ser aplicada para avaliar prováveis impactos e ganhos para a saúde de cenários alternativos (Kay, 2000; WHO, 2013).

Diversas ferramentas podem ser usadas para auxiliar as avaliações de risco à saúde em áreas contaminadas. O PREVENT é um modelo de população dinâmica que considera múltiplos fatores de risco e efeitos à saúde, possibilitando a avaliação dos benefícios das intervenções sobre os fatores de risco (disponível em: www.epigear.com). O ICT *(Impact Calculation Tool)* é uma ferramenta de modelagem de impacto usada para quantificar os impactos na saúde de exposições ambientais através do uso de tabela dinâmica para calcular os impactos de mortalidade e morbidade da população alvo (disponível em: http://en.opasnet.org/w/Impact_calculation_tool). O IEHIAS *(Integrated Environmental Health Impact Assessment System)* é um instrumento que auxilia a realização de avaliações de impacto ambiental integrado, considerando as complexidades, interdependências e incertezas do mundo real. Ela pode orientar decisões políticas e auxiliar pesquisadores nas avaliações de risco (disponível em: www.integrated-assessment.eu).

Outras ferramentas podem auxiliar a avaliação dos efeitos à saúde considerando matrizes ambientais específicas. Por exemplo, o CLEA *(Contaminated Land Exposure Assessment)* é um instrumento de avaliação de exposição que fornece orientações técnicas para estimar o risco à saúde devido à exposição de longo prazo à contaminação do solo (disponível em: http://www.environment-agency.gov.uk/clea). O AirQ é um software que realiza cálculos que permitem quantificar os efeitos sobre a saúde da exposição à poluição do ar, incluindo estimativas de redução da expectativa de vida. Ele possibilita estimar os efeitos de mudanças de curto prazo na poluição do ar (usando estimativas de risco de estudos de séries temporais) e longo prazo (usando tabelas de vida e estimativas de risco de estudos de coorte) (disponível em: www.euro.who.int).

78 | Epidemiologia para Áreas Contaminadas

Em se tratando de áreas contaminadas, a exposição individual a muitos dos poluentes ambientais é determinada, em parte, pela localização dos indivíduos no espaço (Elliott e Wartenberg, 2004), ou seja, por fatores geográficos – onde o indivíduo vive, trabalha, estuda –, assim como sua movimentação por entre diferentes ambientes e sua interação com eles – por exemplo o tempo despendido em ambientes ao ar livre ou a qualidade e quantidade de água consumida (Elliott e Savitz, 2008). Assim, a avaliação da exposição na área da Saúde Ambiental costuma se dar com bastante frequência de maneira ecológica, ou seja, não é uma medida individual, mas sim um atributo de um grupo de indivíduos espacialmente definido. Esse procedimento tem sido facilitado com a popularização dos Sistemas de Informação Geográfica (SIG), que combinam tecnologias de processamento de dados geográficos, o chamado geoprocessamento, que possibilita agregar numa mesma análise, diversas bases de dados em camadas diferentes de informação, permitindo examinar fenômenos físicos e sociais espacialmente distribuídos, e correlacioná-los a padrões de saúde, doença e qualidade de vida (Moore e Carpenter, 1999; Carvalho e Souza-Santos, 2005). Essa ferramenta possibilita estimar a exposição a poluentes ambientais em diversas situações, a depender das características do receptor, que pode ser um indivíduo, ou seja, um ponto no espaço, ou uma área, ou seja, um bairro em que reside determinada população.

De modo semelhante, a atribuição da exposição vai depender também das características da fonte de exposição. Por exemplo, se a fonte de exposição é única, pontual, como a chaminé de uma indústria, pode-se avaliar o possível risco à saúde na população, conforme a proximidade dessa fonte de exposição, ou seja, atribuir aos indivíduos uma determinada exposição com base na distância da fonte. Sendo a fonte de exposição linear, como no caso de um corredor de tráfego intenso, ou uma linha de transmissão de energia elétrica, também se pode calcular a distância dos indivíduos até essa fonte linear ou calcular a dispersão do poluente a partir dessa fonte.

Por último, temos a situação em que a fonte de exposição é uma área, por exemplo, uma área contaminada. Também nesse caso pode-se atribuir aos indivíduos uma medida de exposição baseada em sua localização espacial, ou seja, se o indivíduo reside ou não na área, ou alternativamente, a distância da residência de cada um até a área contaminada. Pode-se também utilizar modelos estatísticos para prever uma superfície de exposição e atribuir a exposição individual com base na localização de cada sujeito e suas distancias até a área contaminada. Assim, é comum em estudos epidemiológicos sobre os possíveis efeitos à saúde de uma área contaminada, geocodificar os sujeitos do estudo para determinar sua área residencial e/ou ocupacional e, em seguida, definir uma medição de exposição com base nessa área e a proximidade da área contaminada.

O mapeamento de exposições ambientais pode ser feito por meio de modelos integrados, mapas de concentrações, modelos de dispersão e mapas de emissões. Em modelos integrados faz-se a intersecção geográfica dos níveis de poluição no meio com a distribuição e/ou com os padrões de movimentação da população humana, preferencialmente integrados também no tempo. Os mapas de concentrações ambientais utilizam medidas realizadas no meio, por exemplo, a determinação de contaminantes no solo em vários locais, para representar diferentes níveis de concentração de poluentes em determinadas áreas. Na falta de medições de concentração de poluentes, uma alternativa é estimar a sua distribuição a partir de modelos de dispersão. Essa abordagem é particularmente útil na modelagem de poluentes oriundos de fontes fixas. Entretanto, informações sobre emissões de poluentes raramente estão disponíveis e estimativas podem ser obtidas por modelagem baseada no nível de atividade de cada fonte específica, utilizando fatores de emissão teóricos ou empíricos (Briggs, 2000).

Dadas suas capacidades, os SIG têm sido utilizados para avaliações de risco em áreas contaminadas. Um exemplo dessa aplicação foi desenvolvido por Gouveia e Prado (2010) para investigar a possível associação entre a proximidade residencial a áreas contaminadas por resíduos sólidos na cidade de São Paulo e a mortalidade nas populações vizinhas.

Nesse estudo, os endereços de 15 áreas potencialmente contaminadas e dos óbitos ocorridos em um período de 4 anos entre residentes próximos a elas foram geocodificados em um Sistema de Informações Geográficas e criados *buffers* com raios de 2 km em torno de cada uma das 15 áreas (Figura 5.2). Adicionou-se ao SIG, em uma outra camada, o mapa de setores censitários do IBGE com os dados do Censo 2000. Setores censitários constituem a menor unidade de análise espacial para a qual informações populacionais estão disponíveis. Assim, para cada uma das 15 regiões criadas obteve-se o número de óbitos e os dados populacionais. Com essas informações, calculou-se o número de óbitos esperados para cada sexo e faixa etária, tomando-se como referência a experiência de mortalidade do município de São Paulo, e as razões de mortalidade padronizadas (RMP) para

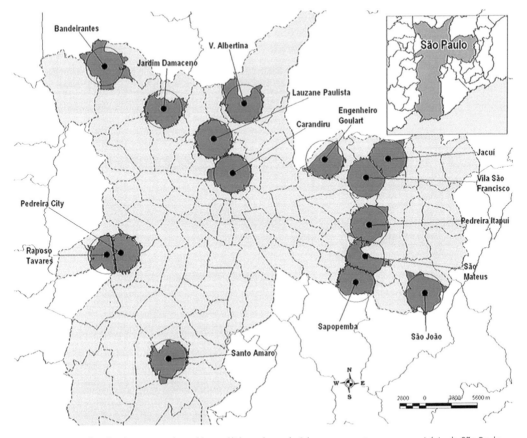

Figura 5.2. Localização dos aterros de resíduos sólidos e áreas de 2 km no seu entorno, no município de São Paulo.

cada localidade. As RMP foram analisadas em modelos espaciais Bayesianos, que levam em conta as estruturas de autocorrelação espacial entre os dados (Elliott et al., 2000). Esses modelos permitem evitar o efeito de localidades com baixo número de habitantes, ajustar para autocorrelação espacial e verificar se as localidades próximas as áreas contaminadas apresentavam risco aumentado de morte (Gouveia e Prado, 2010).

Contudo, é importante discutir algumas limitações metodológicas desse tipo de abordagem. Em primeiro lugar, ao utilizar o endereço residencial como *proxy* da exposição, está se assumindo que viver próximo a uma área contaminada significa estar exposto aos produtos tóxicos ali presentes. Entretanto, essa categorização até certo ponto simplista pode introduzir um viés de classificação para a exposição (Franchini et al., 2004). Por exemplo, não há certezas quanto as possíveis rotas de exposição para os indivíduos ali residentes, se a mesma ocorreu por meio da água contaminada de um lençol freático ou pelo ar, ou algum outro mecanismo, uma vez que não foram mensuradas as emissões de gases, a contaminação do solo ou do lençol freático. Embora para muitos poluentes lançados no meio ambiente possamos contar com medidas precisas, a exposição individual é muitas vezes baseada em modelagens e suposições, como a distância da fonte poluidora ou por modelos de dispersão. Essas medidas aproximadas da exposição individual podem não capturar adequadamente a verdadeira exposição do indivíduo, levando a um possível viés de classificação da exposição (Elliott e Savitz, 2008), por exemplo, quando assume-se que os indivíduos que moram mais perto das fontes poluidoras possuem uma exposição maior, sem considerar se o indivíduo passa a maior parte do dia no trabalho ou em outra região da cidade.

A definição da área de abrangência (*buffer*) a ser estudado também pode levar a introdução de vieses no estudo. Uma publicação da Organização Mundial da Saúde (WHO, 2000) sugere que qualquer exposição potencial a contaminantes existentes no solo de áreas contaminadas, provavelmente deve estar confinada a um raio de 1 km, considerando-se a via aérea, e 2 km considerando-se a água como rota de exposição.

Por fim, é preciso lembrar que para a realização de estudos desse tipo é necessário que estejam disponíveis bases de dados confiáveis e que suas informações possam ser dispostas em formato cartográfico. Atualmente, existem no Brasil numerosos sistemas de informação desenvolvidos e mantidos pelo poder público para finalidades diversas. Esses sistemas incluem informações em saúde, dados socioeconômicos, demográficos e muitos outros, que podem caracterizar exposições ambientais. Embora persistam grandes diferenças entre esses sistemas de informação, principalmente no que se refere à estrutura dos dados e ao conceito de variáveis, já é possível hoje compatibilizá-los a partir de bases territoriais e grupos populacionais específicos.

Embora problemas metodológicos dificultem a avaliação epidemiológica precisa do impacto desse tipo de exposição na saúde a população, outras evidências têm justificado a necessidade de maior atenção para com o controle e o gerenciamento de áreas contaminadas nas áreas urbanas. A diversidade de substâncias potencialmente tóxicas presentes, as evidências de contaminação do solo e da água subterrânea, e os efeitos já relacionados à exposição em populações vizinhas a essas áreas, devem ser considerados, tanto no planejamento e execução de políticas de gerenciamento e controle de tais áreas, quanto pelas autoridades sanitárias no que diz respeito ao acompanhamento das populações potencialmente expostas.

O monitoramento de áreas contaminadas pode se beneficiar de avaliações geoespaciais, que são uma excelente ferramenta para a geração de hipóteses. Entretanto, avaliações mais detalhadas, utilizando diferentes abordagens epidemiológicas mais robustas, podem contribuir para aprofundar o conhecimento sobre esse tema. Essas avaliações podem ainda fornecer subsídios para o desenho e implementação de medidas que visem minimizar os riscos à saúde da população e contribuir para uma discussão mais informada entre os diferentes atores que participam do processo de formulação de políticas públicas relativas às áreas contaminadas, problema de significativo impacto na saúde pública.

Referências Bibliográficas

Almeida Filho N, Rouquayrol MZ. *Introdução a Epidemiologia*. 4ª ed. Rio de Janeiro: Guanabara Koogan, 2006.

Azevedo MFA. Abordagem inicial no atendimento ambulatorial em distúrbios neurotoxicológicos. Parte II - Agrotóxicos. Revista Brasileira de Neurologia. v. 46, n. 4, 2010.

Bonita R, Beaglehole R, Kjellström T. Epidemiologia básica - 2.ed. - São Paulo, Santos. 2010

Briggs DJ. Mapping environmental exposures. In: Elliot P, et al. editors. *Geographical and environmental epidemiology – Methods for small-area studies*. 1st ed. Oxford: Oxford University Press, 2000.

Carvalho MS, Souza-Santos R. Análise de dados espaciais em saúde pública: métodos, problemas, perspectivas. *Cad Saude Publica*. 21:361-378. 2005.

CETESB – Companhia Ambiental do Estado de São Paulo. Relatório das áreas contaminadas e reabilitadas no Estado de São Paulo. Relatório de Dezembro/2018. Link: https://cetesb.sp.gov.br/areas-contaminadas/relacao-de-areas-contaminadas/. Acessado em: 15/07/2019.

Chen J, Moir D, Lane R, Thompson P. An ecological study of cancer incidence in Port Hope, Ontario from 1992 to 2007. J. Radiol. Prot. 33: 227–242. 2013.

Dolk H, Vrijheid M, Armstrong B, Abramsky L, Bianchi F, Garne E, Nelen V, Robert E, Scott JES, Stone D, Tenconi R. Risk of congenital anomalies near hazardous-waste landfill sites in Europe: the EUROHAZCON study. THE LANCET. Vol 352, August 8, 1998.

Elliot P, Cuzick J, English D, Stern R, editors. *Geographical and environmental Epidemiology – Methods for small area studies*. 1st ed. Oxford: Oxford University Press. 2000.

Elliott P, Savitz D. Design issues in small-area studies of environment and health. *Environ Health Perspect*. 116:1098-104. 2008.

Elliott P, Wartenberg D. Spatial Epidemiology: current approaches and future challenges. *Environ Health Perspect*. 112:998-1006. 2004.

Franchini M, Rial M, Buiatti E, Bianchi F. Health effects of exposure to waste incinerator emissions: a review of epidemiological studies. *Ann Ist Super Sanita*. 40:101-15. 2004.

Gouveia N & Prado RR. Riscos à saúde em áreas próximas a aterros de resíduos sólidos urbanos. *Rev Saúde Pública*. 44(5):859-66. 2010.

Hennekens CH, Buring JE. *Epidemiology in medicine*. Boston: Little, Brown & Co.; 1987.

Hollander, AEM. Assessing and evaluating the health impact of environmental exposure: Deaths, DALYs or Dollars? Uthecht, 2004.

Hyland C, Laribi O. Review of take-home pesticide exposure pathway in children living in agricultural areas. Environ Res [Internet]. 156:559–570. 2017. http://dx.doi.org/10.1016/j.envres.2017.04.017

IPCS – International Programme on Chemical Safety. WHO Human Health Risk Assessment Toolkit: Chemical Hazards. Geneva, World Health Organization. 2010. Link: http://www.who.int/ipcs/publications/methods/harmonization/toolkit.pdf. Acessado em 19/06/2019.

Kay D, Prüss A, Corvalán C. Methodology for assessment of environmental burden of disease. Geneva, World Health Organization. 2000. Link: http://www.who.int/quantifying_ehimpacts/methods/en/wsh0007.pdf. Acessado em: 19/02/2019.

Kowalska M, Kulka E, Jarosz W, Kowalski M. The determinants of lead and cadmium blood levels for preschool children from industrially contaminated sites in Poland. International Journal of Occupational Medicine and Environmental Health 2018; 31(3):351–359. https://doi.org/10.13075/ijomeh.1896.01153

Lu C, Toepel K, Irish R, Fenske RA, Barr DB, Bravo R. Organic diets significantly lower children's dietary exposure to organophosphorus pesticides. Environ Health Perspect. 114:260–263. 2006.

Marks AR, Harley K, Bradman A, Kogut K, Barr DB, Johnson C, Calderon N, Eskenazi B. Organophosphate pesticide exposure and attention in young Mexican-American children: The CHAMACOS study. Environ Health Perspect. 118:1768–1774. 2010.

Moraes ACL, Ignotti E, Netto PA, Jacobson LDSV, Castro H, Hacon SDS. Wheezing in children and adolescents living next to a petrochemical plant in Rio Grande do Norte, Brazil. Jornal de Pediatria, vol. 86, no. 4, pp. 337–344, 2010.

Moore DA, Carpenter TE. Spatial analytical methods and geographic information systems: use in health research and epidemiology. *Epidemiol Rev*. 21:143-61. 1999.

Pasetto R, Ranzi A, De Togni A, Ferretti S, Pasetti P, Angelini P, Comba P. Cohort study of residents of a district with soil and groundwater industrial waste contamination. Ann Ist Super Sanità. 49(4):354-7. 2013. DOI: 10.4415/ANN_13_04_06.

Pasetto, R.; Mattioli, B.; Marsili, D. Environmental Justice in Industrially Contaminated Sites. A Review of Scientific Evidence in the WHO European Region. Int. J. Environ. Res. Public Health. 16, 998. 2019. doi:10.3390/ijerph16060998.

Rothman KJ, Greenland S, editors. *Modern Epidemiology*. 2nd ed. Philadelphia: Lippincott-Raven; 1998

Sario M, Pasetto R, Vecchi S, Zeka A, Hoek G, Michelozzi P, Iavarone I, Fletcher T, Bauleo L, Ancona C. A scoping review of the epidemiological methods used to investigate the health effects of industrially contaminated sites. Epidemiol Prev. 42 (5-6) Suppl 1:59-68. 2018. doi: 10.19191/EP18.5-6.S1.P059.088.

WHO (World Health Organization). Contaminated sites and health. Copenhagen: WHO Regional Office for Europe, 2013.

WHO (World Health Organization). Methods of assessing risk to health from exposure to hazards released from waste landfills. *Report from a WHO Meeting Lodz, Poland, 10 – 12 April, 2000*. Bilthoven, The Netherlands: WHO Regional Office for Europe, European Centre for Environment and Health, 2000.

Atenção à Saúde de Populações Expostas a Substâncias Químicas

Daniela Buosi Rohlfs • Carmen Ildes Rodrigues Fróes Asmus • Volney de Magalhães Câmara

INTRODUÇÃO

Um dos grandes temas de interesse e preocupação das instituições e profissionais que trabalham na área da saúde são as possíveis inter-relações entre a saúde humana e a poluição ambiental, envolvendo a contaminação dos alimentos, do solo, do ar, da água, além da exposição em ambientes de trabalho. Um dos principais motivos de atenção é a exposição precoce, ainda durante a gestação, e de longo prazo, a pequenas doses de substâncias químicas com ação tóxica sobre o organismo humano. Pouca informação com consenso científico estabelecido existe acerca dos efeitos lesivos deste tipo de exposição, embora vários pesquisadores venham se debruçando sobre o tema, em especial a partir da década de 80, com a consolidação dos conhecimentos científicos após a publicação do clássico de Rachel Carson, Primavera Silenciosa, que culminou com o banimento do DDT na Europa e nos Estados Unidos.

Diversos são os aspectos desta interação: contaminação ambiental e efeitos sobre a saúde humana, que dificultam o estabelecimento de evidências científicas para declarar de forma categórica a associação entre a exposição a um determinado contaminante no ambiente e a ocorrência de uma doença. Um dos aspectos refere-se à variedade de contaminantes disponíveis, de concentrações as quais as pessoas são expostas e de formas de interação com o organismo humano.

Estudos realizados em laboratórios estabelecem, de forma inequívoca, tendo por base os critérios existentes para a pesquisa experimental, o potencial tóxico e o consequente mecanismo de ação das substâncias químicas. As informações decorrentes destes estudos são utilizadas para identificar a existência de um efeito tóxico e para definir os parâmetros de segurança para a exposição humana a estes xenobióticos. Porém, a reprodução no ambiente das condições observadas durante os experimentos é muito difícil.

Nos meios ambientais, de maneira geral, o processo de contaminação é múltiplo, diversificado e não obedece a um comportamento constante. Ele pode ocorrer de forma rotineira durante anos, ou de forma episódica, interagindo com os constituintes naturais dos meios ambientais e gerando novos compostos. Isto determina que a exposição da população a estes contaminantes também não ocorre de forma homogênea, significando padrões diferentes de interação com os sistemas do organismo humano.

Paralelamente, o processo de adoecimento é multicausal. Ele é decorrente de um conjunto de determinantes associados com padrões socioeconômicos, culturais e de escolaridade, hábitos e condições de vida e também com fatores hereditários e características genéticas. O efeito tóxico associado à exposição a um contaminante ambiental também está condicionado a estes determinantes, o que pode explicar as diferentes formas de manifestação e desenvolvimento dos processos mórbidos relacionados à exposição química.

Adicionalmente, os sistemas que compõem o organismo humano apresentam diferentes fases de organização metabólica, estrutural e de funcionamento orgânico, de acordo com as diferentes faixas etárias. Está estabelecido que durante a fase gestacional e da infância e adolescência, em particular da primeira, ocorre um grande crescimento orgânico com desenvolvimento e maturação funcional. Nessas fases, a exposição a contaminantes ambientais de forma contínua, mesmo que em doses consideradas "seguras", pode ter consequências distintas e potencialmente mais graves, a longo prazo, em relação à exposição durante a fase adulta.

Estas considerações indicam que o estabelecimento de um nexo de causalidade entre a exposição ao contaminante ambiental e a ocorrência de uma doença específica frequentemente não é possível. Adicionalmente, é importante perceber que a ação tóxica de uma ou mais substâncias químicas sobre um órgão ou sistema pode se somar a outras ações lesivas produzidas por fatores como os comportamentais, hereditários, culturais, dentre outros. Este conjunto de ações lesivas produzirá um efeito tóxico que pode levar a uma alteração bioquímica, ou uma manifestação clínica, cuja origem causal é difícil de estabelecer.

O planejamento de ações de saúde voltadas para a assistência e vigilância das populações expostas a contaminantes ambientais deve estar alicerçado nas considerações apontadas. Ao longo deste capítulo vamos apresentar alguns cenários de exposição de populações a contaminantes ambientais, sob a ótica do impacto à saúde observado, e as ações de atenção integral que devem ser adotadas pelo Sistema Único de Saúde (SUS) para eliminar, reduzir ou mitigar os riscos à exposição química na saúde humana, com o objetivo de realizar prevenção de doenças e agravos ocasionados por exposições a químicos e promoção à saúde de populações expostas ocupacional e ambientalmente.

A Política Nacional de Vigilância em Saúde – PNVS instituída pela Resolução nº 588 do Conselho Nacional de Saúde (CNS, 2018), em 12 de julho de 2018, busca contribuir para a "integralidade na atenção à saúde, o que pressupõe a inserção de ações de vigilância em saúde em todas as instâncias e pontos da Rede de Atenção à Saúde do SUS, mediante articulação e construção conjunta de protocolos, linhas de cuidado e matriciamento da saúde, bem como na definição das estratégias e dispositivos de organização e fluxos da rede de atenção". Desta forma, resta claro, que as ações de assistência e vigilância devem ser planejadas a partir do conhecimento das características do território, perfil epidemiológico da população adstrita e avaliação dos riscos para o planejamento em saúde.

Com observância aos riscos ambientais que a população pode estar exposta nos territórios, o Sistema Único de Saúde, por meio de iniciativas do Ministério da Saúde em conjunto com Estados e Municípios, elaborou estratégias de atuação que serão apresentadas a seguir.

CENÁRIOS DE EXPOSIÇÃO

Em decorrência do processo de industrialização que se instalou no país a partir do final da década de 60, e que foi potencializado ao longo dos anos 70 e 80, o Brasil apresenta atualmente um grande número de áreas com populações expostas ou potencialmente expostas a contaminantes químicos, cadastradas pelo Ministério da Saúde desde 2004, e que já somam 20.446 áreas (Brasil, 2019), sendo 42,6% dessas áreas postos de gasolina, seguidas de 26,7% de aterro sanitário irregular ou lixão e 10,4% de áreas industriais. Parte deste passivo ambiental foi formado em decorrência das políticas desenvolvimentistas adotadas à época, sem a preocupação associada com a preservação do meio ambiente. Essas áreas com passivos ambientais somadas a outras áreas com contaminação causadas por desastres químicos ambientais e as áreas com contaminação natural, podem apresentar contaminação do solo, da água e da biota, de forma isolada ou para vários compartimentos ambientais, por diversos compostos químicos devido à emissão de resíduos provenientes de diferentes processos produtivos.

Cabe destacar que levantamento de áreas contaminadas desenvolvido pelo Ministério da Saúde não representa um censo das áreas existentes no país, mas sim um olhar do setor saúde para as suas prioridades de atuação. Apesar de existir regulamentação do Conama desde 2009 (Resolução 420/2009) disciplinando o assunto, apenas os estados de São Paulo e Minas Gerais possuem registro público de áreas contaminadas, disponível no site das companhias ambientais, que de acordo com as normativas brasileiras são os órgãos responsáveis por esse tipo de levantamento e registro (Brasil, 2009).

É essencial o reconhecimento das características do território (dados demográficos, socioeconômicos, político-culturais, sanitários e epidemiológicos) e das atividades econômicas (levantamento de atividades econômicas, perfil de consumo de agrotóxicos, princípios ativos mais utilizados em cada atividade, periodicidade das aplicações, dentro outras substâncias químicas que possam causar exposição). A partir desse reconhecimento é possível estabelecer os principais riscos ambientais associados ao território que podem causar a exposição e adoecimento da população.

ESTRATÉGIA DE ATUAÇÃO DO SUS

Para a atuação do setor saúde, o Ministério da Saúde desenvolveu uma estratégia denominada Vigilância em Saúde de Populações Expostas a Contaminantes Químicos – VIGIPEQ, com o modelo de atuação representado na Figura 6.1:

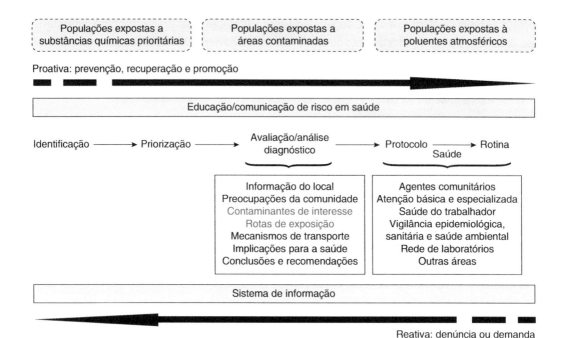

Figura 6.1. Fonte: Brasil, 2020.

O modelo de atuação prevê a possibilidade de atuação Proativa com ações de prevenção, recuperação, monitoramento e promoção, bem como uma atuação Reativa que pode ser motivada por denúncias da população e imprensa ou mesmo demandas judiciais. De uma forma simplificada e mais didática, as grandes áreas de atuação estão concentradas nos três processos de trabalho abaixo:

1. Identificação de áreas contaminadas e sua priorização
2. Estudo de avaliação de risco à saúde humana
3. Protocolo de monitoramento da saúde da população

IDENTIFICAÇÃO DE ÁREAS CONTAMINADAS E SUA PRIORIZAÇÃO

Conforme descrito anteriormente, a responsabilidade pela identificação de áreas contaminadas é dos órgãos ambientais. Porém, na ausência dessas informações, o Ministério da Saúde iniciou, em 2004, esse cadastramento com a orientação que essas áreas fossem cadastradas em sistema de informações específico. O Sissolo, estabelecido em 2005, é a ferramenta que permite o cadastramento das áreas e a priorização das ações de vigilância em saúde, permitindo a sistematização de informações ambientais das áreas identificadas e cadastradas por municípios e Estados (Brasil, 2010).

O critério para que seja uma área de atenção pra o SUS é que tenha a possibilidade de levar populações humanas à exposição às substâncias existentes ou provenientes dessas áreas. As áreas são classificação em: Área Desativada - Área onde a atividade que deu origem à (suspeita de) contaminação está parada, permanente ou temporariamente, sendo o poluidor conhecido ou não; Área Industrial; Área

Atenção à Saúde de Populações Expostas a Substâncias Químicas | **87**

de Disposição de Resíduos Industriais; Área de Disposição de Resíduos Urbanos; Depósito de Agrotóxicos; Contaminação Natural; Área de Mineração; Área Agrícola; Unidade de Postos de Abastecimento e Serviços; Área Contaminada por Acidente com Produto Perigoso.

Após o cadastramento, as áreas devem ser submetidas a uma matriz de priorização, de acordo com as Diretrizes de Priorização de Áreas Contaminadas (Brasil, 2010) que a partir de um conjunto de informações define o nível de prioridade para atuação do setor saúde, com base em cinco parâmetros gerais: i. Categorização das áreas: distância da população do entorno, existência de dados de saúde sobre a exposição e existência de dados ambientais sobre a contaminação; ii. Caracterização da população: população estimada sob risco de exposição e vulnerabilidade socioeconômica; iii. Avaliação Toxicológica: toxicidade e persistência ambiental das substâncias; iv. Medidas de contenção e controle na área contaminada; e v. Acessibilidade da população ao local. Com a aplicação dessa matriz, as áreas são categorizadas em níveis de Prioridade de 1 a 5, possibilitando a orientação do SUS para as áreas com maior vulnerabilidade de população exposta.

ESTUDO DE AVALIAÇÃO DE RISCO À SAÚDE HUMANA

Para o desenvolvimento de estratégias de avaliação/análise/diagnóstico, o Ministério da Saúde realizou, entre 2000 e 2006, estudos de avaliação de risco à saúde humana em seis áreas piloto: Cidade dos Meninos - Duque de Caxia/RJ, Plumbum - Santo Amaro da Purificação/BA; Mansões Santo Antônio – Campinas/SP; Shell, Basf, Cyanamid – Paulínia/SP; Condomínio Barão de Mauá – Mauá/SP; e Caso Rohdia, Baixada Santista/SP (BRASIL, 2019). Essa estratégia permitiu a adaptação da metodologia desenvolvida pela agência de saúde dos Estados Unidos ATSDR/EUA (Agência para Substâncias Tóxicas e Registro de Doenças) para o Sistema Único de Saúde (SUS) considerando os seus princípios e diretrizes. Como resultado foi publicado o documento do Ministério da Saúde: "Diretrizes para elaboração de estudo de avaliação de risco à saúde humana por exposição a contaminantes químicos" (BRASIL, 2010), que apresenta os principais conceitos e etapas de um estudo de avaliação de risco para a saúde humana, centrado em três grandes áreas: Saúde, Ambiente e Social - Preocupações da comunidade.

Em todas as áreas piloto foram observadas algumas características comuns às populações que viviam ou ainda vivem nesses locais. Todas as populações apresentavam um quadro de exposição crônica e simultânea a contaminantes múltiplos, através de diferentes vias de absorção. Vários compostos tinham comprovado efeito genotóxico, carcinogênico e/ou teratogênico pela literatura, além de também terem ação lesiva sobre vários sistemas orgânicos, tais como neurológico, endócrino, hematopoiético, reprodutor, hepático e imunológico (Tabela 6.1)

Quase todos os grupos populacionais expostos nas áreas estudadas apresentavam uma condição de vulnerabilidade socioeconômica, além de serem compostos por extratos populacionais considerados mais susceptíveis à ação tóxica dos contaminantes ambientais, caso das crianças, gestantes, idosos e pessoas portadoras de enfermidades crônicas.

Como parte do escopo dos estudos de avaliação de risco realizados, foram usadas técnicas de levantamento das preocupações da comunidade em relação ao problema da contaminação. As principais questões apresentadas referiam-se aos efeitos sobre a saúde resultantes da exposição aos agentes tóxicos e questões sócio-financeiras como a desvalorização dos bens materiais e a perda de trabalho/emprego. No

Tabela 6.1. Contaminantes de interesse, meios ambientais, vias de exposição e populações receptoras por populações estudadas. Casos Cidade dos Meninos, 2001 / Santo Amaro, 2003 / Barão de Mauá, 2004 / Proquima, 2005 / Baixada Santista, 2006.

Casos/ Características	Cidade dos Meninos, município de Duque de Caxias, RJ		Cobrac/Plumbum, município de Santo Amaro da Purificação/BA		Condomínio Barão de Mauá, Mauá/SP	Proquima, Bairro Mansões Santo Amtônio, campinas/SP	Rhodia, Baixada Santista/SP
Contaminantes de Interesse	HCH e isômeros: (alfa, beta, gama e delta); Triclorofenóis; Triclorobenzeno; Dioxinas ; DDT , DDE, DDD.		Chumbo, Cádmio, Zinco e Cobre.		Chumbo, Cádmio, Zinco, Cobre, Bário, Mercúrio, Cobalto, Cromo total, Níquel, Fenol, à Cresol, âDDD/DDT/ DDE, Bifenilas policloradas	Cloreto de Vinila, Tetracloreto de Carbono, 1,2 Dicloroeteno, Tricloroeteno, 1,2 Dicloroetano, Benzeno, Triclorometano, 1,1,2 – Tricloroetano, Tetracloroeteno	Clorofórmio, Tetracloreto de carbono, 1,2-Dicloroetano, Tricloroetileno, Tetracloroetileno, Cloreto de Vinila, Hexacloroetano, Hexaclorobutadieno, Pentaclorofenol, Tetraclorobenzeno, Pentaclorobenzeno, Hexaclorobenzeno.
Meios contaminados	Solo superficial Alimentos (ovos e leite de vaca) Ar: poeira domiciliar		Solo superficial Ar: poeira domiciliar Alimentos (vegetais, moluscos, crustáceos)		Solo profundo. Ar: poeiras.	Solo Lençol freático Ar (passado)	Solo superficial (passado) ; Alimentos (biota aquática) ; Ar (passado) ; Água subterrânea
Populações receptoras	Residentes.		Residentes no raio de 500m da empresa, pescadores, trabalhadores		Ex-trabalhadores da construção do condomínio.	Residentes no raio de 500m da empresa e trabalhadores.	Residentes e trabalhadores.
Doses totais de Exposição (1) que excedem o valor de referência utilizado	Dose de exposição (2) ΣHCH = 6,94059 ΣDDT = 17,6758 Dioxinas=0,04434	Valor de referência * 0,01 ** 0,5 * 1x10^{-6}	Dose de exposição (3) Chumbo = 37,1*** Zinco0.6821	Valor de referência 25 (PTWI) ** 0.3	As doses calculadas não ultrapassaram os valores de referência	As doses calculadas não ultrapassaram os valores de referência	As doses calculadas não ultrapassaram os valores de referência

Valor de referência: (*) MRL-C: Nível de risco mínimo para exposição crônica (maior que 365 dias); (**) MRL – I: Nível de risco mínimo para exposição de duração intermediária (15 – 364 dias); PTWI: Ingestão semanal provisória tolerável (PTWI) = 25mg/kg de peso corporal (FAO/WHO Expert Comittee on Food Additives, 2000).
(1) para a população adulta (maior que 12 anos); (2) Todas as doses de exposição calculadas e valores de referência (MRL) estão apresentadas em **mg/kg-dia;** (3) Todas as doses de exposição calcula-das, **exceto para o chumbo,** e valores de referência (MRL) estão apresentadas em **mg/kg-dia.** ***Chumbo: doses de exposição estimadas para adultos e crianças em **m**g/kg-dia. Valores referentes a exposição por um total de 7 dias (1 semana). Σ = somatório das concentrações dos contaminantes: Hexaclorociclohexano: isômeros alfa, beta, gama e delta. DDT = DDT+DDE+DDD.
Reproduzido de: Câmara *et al*, 2011.

Atenção à Saúde de Populações Expostas a Substâncias Químicas | 89

entanto, relatos referentes a transtornos emocionais, irritabilidade, insegurança, depressão, ansiedade que se refletiam em discussões entre familiares e vizinhos foram recorrentes durante as entrevistas realizadas com a população, em todas as áreas estudadas. Assim, pôde-se inferir que as populações que vivem (ou viveram) em áreas contaminadas, além de potencialmente expostas aos efeitos tóxicos, também tinham a alteração da sua qualidade de vida como um dos principais impactos sobre a saúde (Tabela 6.2).

Quadro 6.2. Informações do Local, Preocupações de Saúde e Dados de saúde existentes. Cidade dos Meninos, 2001/Santo Amaro, 2003/Barão de Mauá, 2004/Proquima, 2005/Baixada Santista, 2006.

Casos	Informações do local	Preocupações da comunidade	Dados de saúde existentes
Cidade dos Meninos	Área rural com criação de gado bovino, suíno e ovino e plantações de milho, cana e mandioca. Casas com água encanada e eletricidade, sem coleta de lixo e rede geral de esgoto instalada. População: 1199 moradores.	Possibilidade de perda do local de moradia. Contaminação dos alimentos produzidos e consumidos no local: carne das galinhas e bois, ovos, frutas, etc. Problemas de saúde: aborto, câncer, doenças nas crianças.	Ausência de registros de saúde. Inquérito domiciliar (1): taxa de ocorrência de aborto espontâneo em mulheres acima de 12 anos de idade: 31% (28/90).
Santo Amaro da Purificação	Município urbano no sul do recôncavo baiano, com 58.414 habitantes (IBGE, 2000). Deposição pela COBRAC* de cerca de 490.000 t de escória na própria área e entorno, utilizada para pavimentar ruas, pátios e fundações de casas. Emissões atmosféricas (1960 a 1977) de 400 t de Cádmio e média mensal de 1.152 t de SO_2 (2)	Qualidade das águas do rio Subaé e dos pescados; desapropriação de casas, próximas à fábrica; discriminação para conseguir empregos dos ex-trabalhadores; ocorrência de doenças e sua associação com o chumbo; falta de informação e de orientação sobre os resultados de exames, responsabilidade pelo tratamento dos doentes.	Estudos de 1978 até 2001 (3), encontraram níveis elevados de chumbo e cádmio no sangue, cabelo e urina, de moradores no entorno, em especial nas crianças e pescadores da região. Casos de saturnismo entre os ex-trabalhadores da empresa.
Barão de Mauá	Conjunto residencial situado em área urbana com 54 edifícios habitados e 4.000 residentes. Abastecimento de água, coleta de lixo, rede elétrica e saneamento.	Desilusão, angústia pela desvalorização dos imóveis. Preocupação e medo pela contaminação. Insegurança. Preconceito social.	Ausência de registros de saúde. Dosagem do ácido trans, transmucônico (t,tMA) (4): normal.
Proquima	Empresa de recuperação de resíduos: cetonas, álcoois, glicóis hidrocarbonetos secos e clorados úmidos para a produção de desengraxantes, detergentes, decapantes e desodorizantes.	Durante o funcionamento da empresa: odor ácido e fumaça. Desvalorização dos imóveis. Possibilidade de câncer	Ausência de registros de saúde.
Baixada Santista (Municípios de Itanhaém e São Vicente)	Deposição de resíduos na década de 90 pela empresa Rhodia na Estrada do Rio Preto (Km 1,8; 5 e 6,2 e Sítio do Coca) em Itanhaém, e São Vicente (Km 67, PI-05, PI-06 e Quarentenário).	Quarentenário: doenças associadas com os resíduos – problemas de pele, respiratórios, alergias em crianças e câncer.	Quarentenário (5): média de HCB no sangue de 0,41µg/dL, cerca de 10 vezes superior a média dos setores controles (0,04 µg/dL).

IBGE= Instituto Brasileiro de Geografia.
*COBRAC = Companhia Brasileira de Chumbo, de capital francês e nacional; em 1989 foi incorporada à Plumbum Mineração e Metalurgia Ltda., pertencente ao Grupo Trevo. (1) Inquérito epidemiológico realizado em uma amostra de 281 pessoas, como parte do Estudo de avaliação de risco à saúde; (2) ANJOS,1998 ; CRA,1992; (3) Tavares, 1990; Carvalho, 1996; Carvalho, 1982; Costa, 2001; (4) "Avaliação epidemiológica da população de moradores do Condomínio Barão de Mauá, quanto à exposição ao benzeno" (SESSP/SMSM, 2001) realizado em outubro de 2001 pelas Secretarias Estadual de Saúde (Centro de Vigilância Epidemiológica / Divisão de Doenças ocasionadas pelo meio ambiente – DOMA) de São Paulo e Municipal de Saúde de Mauá (Departamento de Vigilância à Saúde) em uma amostra de 303 moradores; (5) Mesquita et al (2001) em uma amostra de 243 moradores. HCB = Hexaclorobenzeno.

90 | Atenção à Saúde de Populações Expostas a Substâncias Químicas

O levantamento dos dados de saúde, por meio da avaliação de prontuários, aplicação de questionários, publicações técnicas ou acadêmicas (teses, monografias e dissertações) e análise dos bancos de dados associados com as áreas em estudo, indicou ausência de efeitos à saúde que pudessem ser claramente associados à contaminação ambiental. O padrão de morbimortalidade observado em todas as populações estudadas não foi distinto do observado para a população em geral. Os estudos de avaliação de risco à saúde não contemplam avaliação clínica ou exames laboratoriais na população e sim a utilização de dados de fontes secundárias para composição do perfil de morbimortalidade da população em estudo. Esses estudos têm por norma a recomendação, quando indicada, de ações de saúde que devem ser organizadas e inseridas no SUS, que se dará com a elaboração de Protocolos de monitoramento da saúde da população.

PROTOCOLO DE MONITORAMENTO DA SAÚDE DA POPULAÇÃO

Os "Protocolos de Atenção à Saúde de Populações Expostas" são documentos que estabelecem e (re) organizam o processo de trabalho para o monitoramento da saúde de populações expostas a contaminantes químicos em todos os pontos da Rede de Atenção à Saúde do SUS. Subsidiam profissionais e gestores do SUS frente ao compromisso com o desenvolvimento de estratégias setoriais e intersetoriais para o cuidado de populações expostas e potencialmente expostas a contaminantes químicos, de forma que integrem os processos de gestão e organizem os serviços de saúde.

Cada protocolo é único e deve ser elaborado considerando as especificidades local de exposição humana a contaminantes químicos, que levam em consideração a temporalidade da exposição (presente, passado, futuro), os contaminantes de interesse para a saúde e como ocorre o contato desses contaminantes com as populações (rotas de exposição), possibilitando a estruturação, adequação e qualificação do SUS para monitoramento da saúde da população, além da articulação com outros setores para responder às necessidades dessa população. Importante destacar que essas informações devem estar disponíveis no estudo de avaliação de risco à saúde humana e que a metodologia preconizada pelo Ministério da Saúde, além das etapas com dados ambientais e dados de saúde também avalia a preocupação da população com sua saúde. Essa etapa, denominada etapa social, permite observar, a partir da percepção da população, informações que podem impactar sobre a qualidade de vida dessa população.

No Brasil, entre 2005 e 2010, após a realização dos estudos piloto de avaliação de risco à saúde humana, protocolos de atenção à saúde foram desenvolvidos, com o objetivo de subsidiar o planejamento e a gestão da saúde para a organização da vigilância e atenção às populações expostas (ACPO, 2007; Campinas, 2007; Bahia, 2010). Para a elaboração desses protocolos foi necessária a formação de grupos de profissionais das diversas áreas do SUS em especial: Atenção Primária à Saúde; Média e alta complexidade; Vigilância em Saúde (Saúde Ambiental, Saúde do Trabalhador, Sanitária, Epidemiológica); Laboratório de Saúde Pública, além de instituições de ensino e pesquisa, controle social do SUS e outros segmentos da sociedade civil organizada. As experiências proporcionaram à Vigilância em Saúde Ambiental a elaboração de Diretrizes para elaboração de "Protocolos de Atenção à Saúde de Populações Expostas".

O processo de adoecimento é particular de cada pessoa, sendo consequente a fatores de caráter coletivo como o meio ambiente e o contexto social, econômico, histórico e cultural de cada sociedade. É também determinado por outros fatores de caráter individual, como o mapa genético de cada um, a carga genética que herdamos de nossos antepassados, o estado nutricional, de desenvolvimento e o grau de maturidade do nosso organismo. A junção dessas duas ordens de fatores é que determina a relação entre saúde e doença em uma pessoa, e explica porque alguns adoecem e outros não, quando expostos às substâncias químicas, e porque podem ocorrer patologias diferentes em pessoas expostas ao mesmo composto.

As características específicas de cada população precisam ser observadas para a identificação de situações de vulnerabilidade e presença de grupos populacionais mais susceptíveis aos agentes químicos presentes no território. Entre os grupos populacionais particularmente susceptíveis aos contaminantes químicos estão crianças e idosos, gestantes, pessoas com doenças genéticas ou disfunções renais ou hepáticas, alcoólatras e fumantes. Essas populações são consideradas susceptíveis à exposição, pois quando expostas às substâncias químicas desenvolvem efeitos à saúde diferente da população geral, que podem ocorrer com maior gravidade ou precocidade, ou que podem ocorrer em pessoas expostas a menores níveis de exposição às substâncias químicas.

É importante ampliar a discussão de susceptibilidade do ponto de vista estritamente biológico, e entendê-la também como uma condição sócio-cultural. As condições de vida, as heranças culturais, os hábitos sociais, alimentares, de comportamento, são fatores que determinantes de maior ou menor interação individual com o ambiente, e vão também determinar diferentes padrões de exposição e adoecimento.

Nos territórios, a exposição ambiental dificilmente ocorre para um único composto químicos. A exposição a vários compostos químicos que interagem com o meio ambiente (solo, água, ar, alimentos) e que penetram no organismo humano por diferentes vias (dérmica, ingestão, inalação), pode ainda desenvolver múltiplas formas de interação (sinergismo ou potencialização).

Não se pode estabelecer a exposição apenas pela dosagem dos compostos, ou seus metabólitos, no organismo humano. Em muitas situações, onde a exposição ocorreu há longo período de tempo, as substâncias químicas podem não ser mais "dosáveis" nos indivíduos, ou estarem dentro dos valores de referência aceitáveis nacional ou internacionalmente. Sob esta condição, pode ser difícil o estabelecimento da relação causa/efeito, ou seja, a relação entre os efeitos encontrados na população com os níveis de exposição química. Embora a análise de dose/resposta para identificação do efeito tóxico no organismo permaneça válida como indicador de ações de investigação, apresenta limites como norteador de medidas de monitoramento da saúde e de identificação do dano à saúde em populações expostas.

Características sociais como baixa escolaridade, baixa renda, subemprego, precariedade de saneamento, bem como o acometimento por múltiplas doenças infecciosas, subnutrição, doenças crônicas, entre outras, aumentam a vulnerabilidade das populações exposta. Assim, a exposição a substâncias químicas deve ser entendida como um fator de risco adicional à saúde, agravando sua vulnerabilidade.

O Protocolos de Vigilância e Assistência à Saúde deve considerar as características, especificidades e vulnerabilidades de cada população exposta à substâncias químicas. Conforme diretriz do Ministério da Saúde, alguns tópicos de destaque devem ser observados pelas equipes do SUS para a elaboração de protocolos de vigilância e atenção:

1. Identificação e cadastramento da população exposta

Toda população exposta deve ser identificada (desde aquelas expostas no passado, as que estão expostas no presente e as que poderão se expor no futuro, caso a contaminação persista) e cadastrada no serviço de atenção primária do SUS e estratificada com base nas prioridades de atendimento, considerando as susceptibilidades e vulnerabilidades. Assim, crianças, gestantes e idosos devem ser priorizados no atendimento e deve contar, sempre que necessário, com fluxos de atendimento específicos.

2. Avaliação inicial da saúde

Para a avaliação iniciar de saúde algumas informações básicas devem ser levantadas conforme quadro abaixo:

• Dados pessoais	• História clínica pregressa
	• Antecedentes pessoais
• Residência atual	• História pré-natal, parto, neonatal e alimentar
• Histórico da exposição ambiental na área aprendizagem	• História do comportamento e contaminada
• Informações sobre exposição na área contaminada	• Hábitos de vida
• Dados de contato/uso do solo	• Antecedentes familiares
• Dados de contato/uso da água	• Investigação clínica
• Dados sobre contato com odores fortes (irritativos) gerais e específicos	• Interrogatório complementar/sinais e sintomas
• Dados sobre exposições a materiais ou resíduos industriais	• Exame físico
• Dados sobre exposições domésticas	• Exames preliminares e adicionais
Outras	• Hipóteses diagnósticas
• Anamnese ocupacional básica	• Condutas terapêuticas e encaminhamentos
(inclusive na infanda/adolescência)	• Evolução dinica
	• Imtrumentos de rastreamento de déficit cognitivo e saúde mental.

Fonte: Brasil, 2010

3. Exames complementares

Sempre que necessário, exames complementares devem ser solicitados para complementação da avaliação inicial. Monitoramento de indicadores biológicos de exposição, efeito e de vulnerabilidade social e econômica podem ser realizados em grupos específicos da população exposta e com critérios bem definidos.

4. Condutas terapêuticas

Deve ser estabelecida uma unidade nos objetivos gerais e no conceito de tratamento e reabilitação, apesar de cada profissional da equipe desenvolver atividades terapêuticas específicas. Deve haver uma dinâmica interdisciplinar, com trocas constantes de opiniões sobre a evolução de cada paciente.

5. Instrumentos

Instrumentos como fichas, questionários, matrizes e algoritmos de decisão devem ser elaborados para a sistematizadas das ações e procedimentos, desde o acolhimento do paciente na unidade de saúde até o monitoramento da sua saúde pelo período determinado no protocolo, que, em geral, nunca inferior a 10 anos. Esses instrumentos facilitam as atividades de gestão, controle das ações, bem como o seguimento e busca de expostos para tentar garantir o acompanhamento de saúde.

6. Acompanhamento de saúde da população

Considerando as doenças, agravos, síndromes ou sinais e sintomas identificados, deverão ser utilizados critérios de periodicidade das avaliações subsequentes. O protocolo deve prever a reavaliação de acordo com as novas informações e evidências que venham a surgir, podendo-se inclusive vir a se caracterizar situações que demandem seguimento de saúde continuado.

DISCUSSÃO

A assistência e o monitoramento da saúde de uma população exposta a contaminantes ambientais trazem desafios a serem enfrentados. O primeiro refere-se à identificação do dano à saúde tendo como pressuposto a necessidade do estabelecimento do nexo de causalidade. Em algumas situações de exposição é possível que isto possa ser efetivado, porém, não para a grande maioria das exposições. Nestas últimas, uma hipótese alternativa seria a ação tóxica do contaminante funcionar como um fator aditivo sobre os sistemas orgânicos alvo, potencializando a ocorrência de doenças crônico-degenerativas.

Nem todos os compostos químicos são dosáveis no organismo humano, e é comum que a exposição se dê a diversas substâncias químicas, em período de tempo e quantidades variáveis. A investigação de saúde de populações expostas a substâncias químicas esbarra em uma série de dificuldades relacionadas ao perfil toxicológico dos contaminantes, a intensidade e duração da exposição e às características da população.

Tradicionalmente no reconhecimento da relação contaminação ambiental versus doença, nas populações expostas, procura-se estabelecer o nexo causal, ou seja, a associação inequívoca entre a ocorrência da doença e a intoxicação pelo contaminante químico. Porém, freqüentemente, as características da exposição determinam que as manifestações clínico-patológicas ocorram tardiamente (anos depois) ou apenas na prole das pessoas expostas. As principais manifestações associadas com este tipo de exposição, o desenvolvimento de câncer e de alterações mutagênicas ou teratogênicas, são resultantes da interação de diferentes fatores, para os quais a exposição a contaminantes químicos representa um risco adicional para o seu desenvolvimento. Sob estas condições, a confirmação do nexo causal isto é, a relação inequívoca entre causa e efeito, pode não ser possível e tampouco imprescindível. Porém, necessita-se excluir qualquer possibilidade de ação lesiva dos contaminantes sobre o organismo e que contribua para o processo de adoecimento.

Existe uma multiplicidade de alterações da saúde que englobam, desde processos patológicos orgânicos, até desequilíbrios emocionais. O reconhecimento da agressão à saúde à dosagem dos contaminantes químicos no organismo, ou da constatação de alterações funcionais decorrentes destes, deve estar associado a medidas que compreendam a saúde não apenas como a ausência de doença, mas sim, como qualidade de vida.

A justificativa para o acompanhamento de saúde de populações expostas não deve ser baseada somente na presença da doença ou de um biomarcador de exposição. O fato é que populações expostas a contaminantes ambientais apresentam um risco adicional de adoecimento. Nesse contexto, a possibilidade de ocorrência de danos à saúde, em longo prazo, como efeitos carcinogênicos e não carcinogênicos, aponta para a necessidade de monitoramento permanente e integral da saúde destas populações.

É necessário que a construção de uma proposta de assistência às populações expostas a contaminantes ambientais seja organizada nos moldes de uma coorte de expostos respeitadas todas as normas e diretrizes que alicerçam as ações de saúde dentro do sistema de saúde brasileiro.

A concepção da população de estudo como um grupo especial de exposição permite que os indivíduos participantes sejam avaliados tendo como base a sua situação de exposição específica aos contaminantes ambientais identificados. Desta forma, possibilita que se monitore o impacto da exposição sobre a evolução do estado de saúde do indivíduo. Paralelamente, é possível elegerem-se indicadores pré-clínicos que funcionariam como fatores prognósticos para avaliação do impacto de uma determinada exposição em relação a um evento mórbido (desfecho) específico, por exemplo, marcadores tumorais e evolução do câncer, hormônios tireoidianos e alterações morfo-funcionais da tireoide.

Outro desafio refere-se à dificuldade de qualificar o impacto sobre a qualidade de vida e seus reflexos sobre a saúde das populações expostas. A restrição do cuidado à saúde destas populações apenas no que diz respeito aos processos de adoecimento físico é discricionária e insuficiente para atender à compreensão da condição própria de cada ser humano de se sentir saudável. Como descrito anteriormente, populações expostas a contaminantes químicos, em geral, apresentam, além da exposição química, vulnerabilidades sociais que vão desde baixa renda e escolaridade, até ameaças patrimoniais pela contaminação ambiental. Essas pessoas enfrentam situações cotidianas, causadas pela contaminação, de discriminação, preconceito e incertezas sobre seus processos de vida, como emprego, moradia e renda. Assim, processos específicos de atenção psicossocial devem ser previstos nos protocolos de vigilância e assistência à saúde.

CONSIDERAÇÕES FINAIS

Pelo exposto, nota-se claramente que o modelo tradicional de cuidado, adotado na grande maioria das unidades de saúde, não consegue abranger a complexidade apresentada pela exposição humana a contaminantes químicos. É necessário extrapolar o conceito de nexo de causalidade e estabelecer uma linha de cuidado sob a perspectiva do risco adicional à saúde causado pela exposição química.

Para que a população tenha um olhar de saúde integral, considerando todas as possibilidades de desfechos de saúde relacionados com a exposição crônica, é necessário que o Sistema Único de Saúde

Atenção à Saúde de Populações Expostas a Substâncias Químicas | **95**

amplie a forma de cuidar do indivíduo, considerando todas as possibilidades de exposição química, desde as ocupacionais até as ambientais, e seus efeitos carcinogênicos e não carcinogênicos.

Desta forma, sugere-se a adoção de estratégias, de médio e longo prazo, que integrem as ações de vigilância e assistência para o monitoramento da saúde de populações expostas a contaminantes químicos, levando em consideração os grupos populacionais expostos, a temporalidade da exposição, os contaminantes de interesse e suas rotas de exposição, e as possíveis repercussões na saúde dos indivíduos e da coletividade. Com base nessas informações e na integração das ações de vigilância e assistência é possível o desenho de uma linha de cuidado específica, que possibilite estruturar e qualificar os serviços de saúde para atender essas populações.

A estruturação de seguimento de saúde de populações expostas, além de estabelecer linhas de cuidado específicas e o planejamento em saúde, permite a detecção precoce de doenças e seu tratamento oportuno. Investimentos em promoção da saúde, prevenção de doenças e agravos, formação de recursos humanos, comunicação e mobilização social, e pesquisa, são elementos essenciais para a qualidade de vida população e proteção dos sistemas de saúde.

Para o pleno funcionamento das ações de vigilância e atenção à saúde de populações expostas a contaminantes químicos, é necessário que os gestores do SUS compreendam essa estratégia como uma política de saúde pública necessária.

Encerrando o ciclo do gerenciamento de risco, é esperada a implantação de ações de comunicação de risco para maior engajamento da população ás ações proposta, fortalecendo a importância da prevenção e acompanhamento da saúde, tendo como linhas gerais:

- Protocolos específicos para avaliação de saúde dos expostos
- Estruturação do sistema de informação para a vigilância dos expostos
- Formação e capacitação continuada dos profissionais de saúde e agentes comunitários para atender às especificidades das ações de atenção e vigilância à saúde dos expostos
- Educação, comunicação de risco e informação em saúde para a população exposta e profissionais dos órgãos envolvidos na tomada de decisões
- Estudos e pesquisas para fundamentar cientificamente as intervenções, tomada de decisão e gestão
- Mecanismos de gestão que permitam a reestruturação e fortalecimento do setor saúde para atender às especificidades de assistência e vigilância à saúde da população exposta
- Parcerias intra e intersetoriais para coordenação e implementação das ações de vigilância e atenção à saúde da população exposta

Referências Bibliográficas

Anjos, J. A. S. A. 1998. Estratégia para remediação de um sítio contaminado por metais pesados – estudo de caso. Tese de Mestrado. Escola Politécnica da Universidade de São Paulo. São Paulo. 157 p.

ACPO. 2007. PROTOCOLO DE ATENÇÃO E VIGILÂNCIA À SAÚDE DE POPULAÇÕES EXPOSTAS AOS CONTAMINANTES AMBIENTAIS GERADOS PELAS EMPRESAS SHELL, CYANAMID E BASF EM PAULÍNIA – SP. Paulínia, 2007. 185p. Disponível em: http://www.acpo.org.br/saudeambiental/CGVAM/02_Avaliacao_de_Risco/06_shell_basf_paulinia_sp/protocolo_atendimento_2007.pdf

Bahia, 2010. PROTOCOLO DE VIGILÂNCIA E ATENÇÃO À SAÚDE DA POPULAÇÃO EXPOSTA AO CHUMBO, CÁDMIO, COBRE E ZINCO EM SANTO AMARO, BAHIA. 65p. Disponível em: http://www.saude.ba.gov.br/wp-content/uploads/2017/08/protocolo-sto-amaro-revisao-2.pdf

Brasil. 2009. Resolução CONAMA n° 420. Dispõe sobre critérios e valores orientadores de qualidade do solo quanto à presença de substâncias químicas e estabelece diretrizes para o gerenciamento ambiental de áreas contaminadas por essas substâncias em decorrência de atividades antrópicas. Disponível em: http://www.mma.gov.br/port/conama/res/res09/res42009.pdf

Brasil. 2010. **Diretrizes para a priorização de áreas com populações sob risco de exposição a contaminantes químicos.** Ministério da Saúde. Secretaria de Vigilância em Saúde. Departamento de Vigilância em Saúde Ambiental e Saúde do Trabalhador. Coordenação Geral de Vigilância em Saúde Ambiental. Disponível em: https://portalarquivos2.saude.gov.br/images/pdf/2017/abril/diretrizes_priorizacao_areas_2010.pdf. Acesso em 18 de março de 2020.

Brasil. 2010. **Diretrizes para elaboração de estudo de avaliação de risco à saúde humana por exposição a contaminantes químicos.** Ministério da Saúde. Secretaria de Vigilância em Saúde. Departamento de Vigilância em Saúde Ambiental e Saúde do Trabalhador. Coordenação Geral de Vigilância em Saúde Ambiental. Disponível em: https://portalarquivos2.saude.gov.br/images/pdf/2014/outubro/24/Avaliacao-de-Risco---Diretrizes-MS.pdf Acesso em 18 de março de 2020.

Brasil. 2019a. Avaliação de Risco e protocolos de saúde. Disponível em: https://www.saude.gov.br/vigilancia-em-saude/vigilancia-ambiental/vigipeq/vigisolo/avaliacoes-de-risco-e-protocolos-de-saude. Acesso em 19 de julho de 2019.

Brasil. 2019b. Sistema de Informação de Vigilância em Saúde de Populações Expostas a Solo Contaminado – Sissolo. Disponível em: https://www.saude.gov.br/vigilancia-em-saude/vigilancia-ambiental/vigipeq/vigisolo Acesso em 19 de julho de 2019.

Câmara, Volney de Magalhães, BARRIGA, F.D., ALONZO, Herling Gregório Aguilar, FROES ASMUS, C. I. R. A geração e acumulação de contaminantes e suas ameaças para a saúde a curto e longo prazo In: Determinantes ambientais e sociais da saúde.1 ed.RIO DE JANEIRO: FIOCRUZ, 2011, v.1, p. 457-473.

Campinas, 2007. PROTOCOLO DE ATENÇÃO À SAÚDE DAS POPULAÇÕES EXPOSTAS AOS CONTAMINANTES AMBIENTAIS NO BAIRRO MANSÕES SANTO ANTONIO, CAMPINAS – SÃO PAULO. 33 P. Acessível em: http://www.saude.campinas.sp.gov.br/visa/vig_ambiental/manuais/04_Protocolo_3_modificado_maro07.pdf

Carvalho,F.M.; Neto, A M.S.; Peres, M.F.T.; Gonçalves, H.R.; Guimarães, G.C.; Amorim, C.J.B.; Jr.Silva, J.A S.; Tavares, T.M. 1996. Intoxicação pelo chumbo: Zinco protoporfirina no sangue de crianças de Santo Amaro da Purificação e de Salvador, Bahia. J. pediatr. (Rio J.), 72(5): 295-298.

Carvalho,F.M. 1982. Anaemia Amongst Brazilian Children. (Tese de Doutoramento). TUC Centenary Institute of Occupational Health. London School of Hygiene and Tropical Medicine. University of London.

Costa, A.C.A.. 2001. Avaliação de alguns aspectos do passivo ambiental de uma metalurgia de chumbo em Santo Amaro da Purificaçao, Bahia.(Tese de Mestrado). Universidade Federal da Bahia – Instituto de Química - jul 2001.

CRA - Centro de Recursos Ambientais da Bahia. 1992. *Respostas aos quesitos do Ministério Publico.* Salvador. l4p.

Froes Asmus, Cir. Alonzo, HGA. Considerações para a Saúde coletiva sobre a exposição crônica de populações a resíduos perigosos: a experiência de dois estudos de avaliação de risco à saúde no Brasil. Revista Brasileira de Toxicologia, v.25, p.234 - 244, 2012.

Froes Asmus, Cir., Alonzo, HGA, Câmara, VdeM, Buosi, Daniela, Filhote, Maria Izabel de Freitas, Silva, Alexandre Pessoa da, Palacios, Marisa. Assessment of human health risk from organochlorine pesticide residues in Cidade dos Meninos, Duque de Caxias, Rio de Janeiro, Brazill. Cadernos de Saúde Pública (ENSP. Impresso), v.24, p.755 - 766, 2008.

Froes Asmus, C. I. R., Câmara, Volney de Magalhães, Buosi, Daniela, Filhote, Maria Izabel de Freitas, SILVA, Alexandre Pessoa da, ALONZO, Herling Gregório Aguilar. Estudos de Avaliação de Risco à Saúde Humana. Cadernos Saúde Coletiva (UFRJ), v.XIII, p.97 - 111, 2005.

Mesquita A.S. 1994. *Resíduos tóxicos industriais organoclorados em Samaritá: um problema de Saúde Pública.* Dissertação de Mestrado. São Paulo: Faculdade de Saúde Pública/USP, 1994.

Silva, Alexandre Pessoa da, Froes Asmus, C. I. R., Buosi, Daniela, Alonzo, Herling Gregório Aguilar. Avaliação de risco à saúde humana por exposição a contaminantes químicos em áreas da Baixada Santista., 2007. Relatório Técnico.

Silva, Alexandre Pessoa da, Froes Asmus, C. I. R.,. Estudo de avaliação das informações sobre a exposição dos trabalhadores das empresas Shell, Cyanamid e Basf a compostos químicos - Paulinia/SP, 2005. Relatório Técnico.

Silva, Alexandre Pessoa da, BUOSI, Daniela, FILHOTE, Maria Izabel de Freitas, Froes Asmus, C. I. R. Estudo de Avaliação de risco por resíduos perigosos no Bairro Mansões Santo Antônio - Município de Campinas/SP., 2005. Relatório Técnico.

Silva, Alexandre Pessoa da, Buosi, Daniela, Alonzo, Herling Gregório Aguilar, Filhote, Maria Izabel de Freitas, Froes Asmus, C. I. R. Avaliação de risco por resíduos perigosos no Condomínio Barão de Mauá - Município de Mauá / SP., 2004. Relatório Técnico.

Silva, Alexandre Pessoa da, ALONZO, Herling Gregório Aguilar, BUOSI, Daniela, Câmara, Volney de Magalhães, Filhote, Maria Izabel de Freitas, Froes Asmus, C. I. R. Avaliação de risco à saúde por exposição a metais pesados em Santo Amaro da Purificação, Bahia, 2003. Relatório Técnico.

Silva, Alexandre Pessoa da, Filhote, Maria Izabel de Freitas, Buosi, Daniela, Câmara, Volney de Magalhães, Palacios, Marisa Froes Asmus, C. I. R.. Avaliação de risco à saúde humana por resíduos de pesticidas organoclorados em Cidade dos Meninos, Duque de Caxias / RJ, 2002. Relatório Técnico.

Tavares, T.M.1990. Avaliação de e feitos das emissões de cádmio e chumbo em Santo Amaro –Bahia. (Tese de Doutoramento) – Instituto de Química – Universidade de São Paulo, 1990.

7

Avaliação de Riscos de Substâncias Químicas em Áreas Contaminadas

Adelaide Cassia Nardocci • Michele Cavalcanti Toledo

INTRODUÇÃO

As preocupações com as áreas contaminadas tiveram início na década de 1970 motivadas por alguns eventos que tiveram ampla repercussão na mídia como o caso de *Love Canal*, no estado de Nova Iorque; o Vale dos Tambores, em *Kentucky*; *Times Beach*, no *Missouri*, *Lekkerkerk*, na Holanda, entre outros.

Em resposta a estes eventos foram criados programas voltados à gestão das áreas contaminadas como o *Comprehensive Environmental Response, Compensation and Liability Act (CERCLA)*, em 1980, nos Estados Unidos da América, conhecido como *Superfund Program*; o *Interim Soil Remediation Act*, da Holanda, em 1983, e, posteriormente, o *Commom Forum for Contaminated Land in the European Union* criado em 1994, pela Comunidade Europeia. Estes programas, inicialmente, visavam à busca do controle total dos riscos: remoção e controle total da poluição (Ferguson, 1999).

Após algumas décadas de trabalho e muitos bilhões de dólares empregados foi evidenciado que havia um problema estrutural disseminado em todos os países, com intensidade e importância variadas, resultantes de décadas de atividade econômica intensa e sem cuidado com o ambiente. A mesma situação era observada no Brasil, em particular no Estado de São Paulo, que foi o primeiro a adotar procedimentos de investigação e gestão de áreas contaminadas (CETESB, 2001).

No começo dos anos 2000, o número de áreas remediadas ainda era pequeno, porém o número de locais identificados como contaminados era crescente, chegando a centenas de milhares nos Estados Unidos da América e em países europeus. É então reconhecido que a limpeza de todos os locais com retorno às concentrações de *background* ou a níveis de riscos toleráveis para os usos mais sensíveis não era tecnicamente e economicamente factíveis. Nesse momento, ganham importância as políticas voltadas à proteção dos solos e das águas subterrâneas, e a gestão das áreas contaminadas passa a considerar não mais o controle total dos riscos, mas a adequação dos riscos aos usos pretendidos.

Nos últimos anos, a estrutura de gestão da qualidade do solo tem seu foco novamente redirecionado, agora para incluir o gerenciamento sustentável do solo. Esta abordagem busca oferecer um balanço entre a proteção da saúde humana e do ambiente, e oportunidades de reutilização das áreas (Swartjes et al., 2012).

Evidentemente, a experiência acumulada nestas décadas ressalta a necessidade de valorização do solo como um meio ambiental ecologicamente fundamental e não apenas como um compartimento infalível e barato para depósito e despejo de resíduos e contaminantes resultantes de atividades antrópicas e ainda, a importância de estratégias focadas na prevenção de novos casos de contaminação.

Em todas estas etapas a avaliação de riscos tem sido utilizada como a principal ferramenta, seja para orientar um rigoroso processo de coleta e consolidação das evidências científicas sobre os efeitos das exposições aos contaminantes ambientais na saúde da população e do ambiente, seja para basear a tomada de decisões sobre as estratégias de remediação a serem empregadas e os valores de riscos residuais a serem tolerados em cada caso.

Desta forma, a abordagem da avaliação de riscos em áreas contaminadas teve seu escopo ampliado, introduzindo a avaliação de riscos para os receptores ecológicos também como parte do processo de gestão dos riscos em áreas contaminadas, como mostra a Figura 7.1.

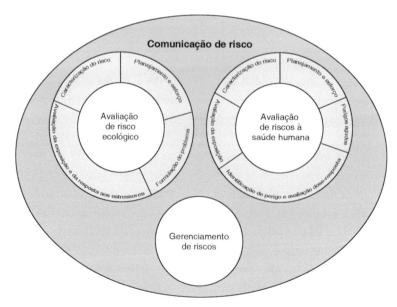

Figura 7.1. Abordagem de avaliação de riscos em áreas contaminadas. Fonte: USEPA* (tradução dos autores).

---

*https://www.epa.gov/risk/superfund-risk-assessment.

Avaliação de Riscos de Substâncias Químicas em Áreas Contaminadas | 101

A avaliação de riscos é o processo usado para caracterizar a natureza e a magnitude dos riscos à saúde da população e também os riscos para outros receptores ecológicos (como animais ou biota de forma geral) resultantes da exposição aos contaminantes presentes no ambiente. Neste capítulo, trataremos apenas da avaliação de riscos à saúde humana.

O PAPEL DA AVALIAÇÃO QUANTITATIVA DE RISCOS (AQR) NA GESTÃO DE ÁREAS CONTAMINADAS

É importante ressaltar que a realização da avaliação de riscos em áreas contaminadas não é um fim em si mesmo, mas uma etapa dentro de um processo ampliado de gerenciamento e de tomada de decisões que deve ser claro e com a participação de todos os atores envolvidos, incluindo a comunidade exposta, e no qual todos devem estar comprometidos com o enfrentamento e a resolução do problema. Por esta razão, a Comunicação dos Riscos tornou-se fundamental para a construção dos espaços de negociação e de mediação de conflitos e interesses, de forma democrática e participativa que viabilize a tomada de decisão e a construção de soluções, quase sempre, em contextos muito complexos. A Comunicação de Riscos é abordada no Capítulo 8.

Na gestão das áreas contaminadas, existem dois processos de tomada de decisão os quais são fundamentados essencialmente por uma Avaliação Quantitativa de Riscos à saúde humana: o primeiro é a definição sobre a necessidade de cuidados de saúde específicos para a população que foi exposta e a definição de prioridades sobre a urgência da remediação, e o segundo é a definição sobre a necessidade de remediação da área bem como dos valores de concentração dos contaminantes que poderão ser tolerados no local.

Nos Estados Unidos da América, um dos primeiros países a criar um programa de gestão das áreas contaminadas, o *Comprehensive Environmental Response, Compensation and Liability Act (CERCLA)*, em 1980, e que determinou que a primeira decisão sobre o impacto da contaminação da área na saúde das pessoas expostas e sobre a inclusão do local na lista de prioridades para remedição seria de responsabilidade da *Agency for Toxic Substances and Disease Registry* (ATSDR). Já a decisão sobre o processo de remediação a ser empregado e os valores residuais toleráveis são de responsabilidade *United States Environmental Protection Agency* (USEPA), a agência de proteção ambiental dos Estados Unidos da América.

Ambas as avaliações são voltadas a estimar o potencial de efeitos à saúde humana decorrentes de exposições ambientais de baixas doses, mas as abordagens utilizadas e o propósito de cada avaliação são diferentes e serão utilizadas como referências principais deste capítulo.

A avaliação conduzida pela ATSDR, denominada Avaliação de Saúde Pública (*Public Health Assessment*) tem por objetivo identificar as exposições preocupantes e as ações necessárias para proteger a saúde das pessoas. Embora utilize os mesmos dados ambientais que a USEPA, a avaliação da ATSDR foca as condições de exposição do local, as preocupações de saúde da comunidade e as informações sobre possíveis desfechos de saúde que estejam ocorrendo ou que podem vir a ocorrer, considerando as exposições passadas, atuais e futuras (ATSDR,2005).

A avaliação conduzida pela USEPA, é uma avaliação quantitativa do risco que é parte das investigações corretivas cujo objetivo é determinar em que medida é necessária a ação corretiva do local. A avaliação de risco fornece uma estimativa numérica de risco ou risco teórico, supondo que nenhuma limpeza ocorra. Ela se concentra nas exposições atuais, futuras e/ou potenciais e considera todos os meios contaminados, independentemente de as exposições estarem ocorrendo ou se é provável que ocorram. A partir desses resultados, se define qual é a remoção necessária para cada compartimento ambiental e contaminante.*

Deve ser destacado ainda que um aspecto diferencial importante entre a atuação das duas agências é que desde 1990, a ATSDR dedica maior atenção ao envolvimento da comunidade e aos esforços de educação em saúde, que incluem a identificação e o contato com o público em questão; informar e educar; promover interação e diálogo; envolver as comunidades no planejamento, implementação e tomada de decisão; oferecendo oportunidade para comentários e sugestões; e colaborando no desenvolvimento de parcerias significativas.** Desta forma, as comunidades afetadas desempenham um papel importante no processo de avaliação da saúde pública.

AVALIAÇÃO DE SAÚDE PÚBLICA CONDUZIDA PELA A ATSDR

As etapas principais do processo da Avaliação de Saúde Pública conduzida pela ATSDR são mostradas na Figura 7.2.

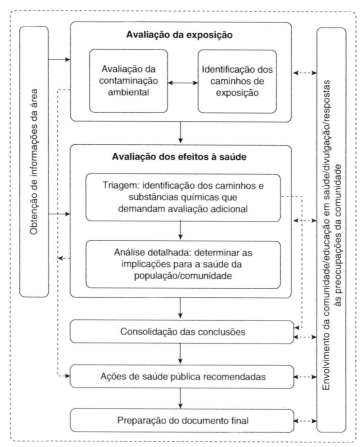

Figura 7.2. Etapas da Avaliação de Saúde Pública conduzida pela ATSDR. Fonte: ATSDR (2005) Tradução dos autores.

---
*https://www.epa.gov/risk/superfund-risk-assessment#paradigm.
**https://www.atsdr.cdc.gov/hac/phamanual/ch1.html

Avaliação da exposição

A avaliação da exposição é um dos componentes fundamentais de qualquer abordagem de avaliação de risco e atualmente, se caracteriza como uma das mais importantes áreas do campo da saúde ambiental. Sua amplitude de conhecimentos tem sido largamente ampliada e, nos últimos anos, tem sido chamada de ciência da exposição, como discutido por Olympio et al., (2019).

A avaliação da exposição em área contaminada tem por objetivo estimar as doses as quais a população está exposta e envolve duas etapas principais: o estudo da contaminação da área e a identificação dos caminhos e vias de exposição. O que pode diferir de uma agência para outra são os protocolos de levantamento das informações ambientais e de controle de qualidade das informações; o nível de detalhamento; o uso de modelos matemáticos e o envolvimento da comunidade no processo.

Para a ATSDR, o envolvimento da comunidade e o conhecimento sobre o histórico das atividades na área, hábitos locais e interação com o ambiente bem como as suas preocupações de saúde são importantes nesta etapa. Os principais conceitos e métodos empregados nesta etapa são descritos no item avaliação da exposição.

Avaliação dos Efeitos à Saúde

Na Avaliação da Saúde Pública, a ATSDR divide a etapa de avaliação dos efeitos à saúde em duas partes: Triagem das Informações e, com base nos resultados dessa etapa e também nas preocupações de saúde da comunidade, a Análise Detalhada para determinar as possíveis implicações à saúde das exposições observadas na área. Um diagrama ilustrativo dos passos é apresentado na Figura 7.3.

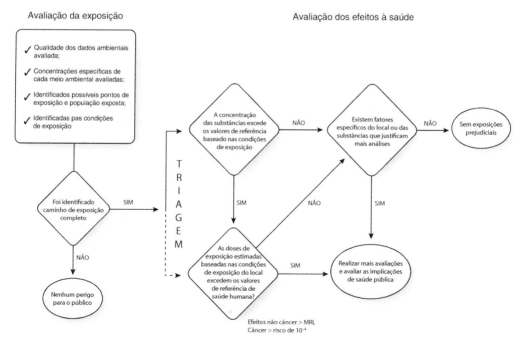

Figura 7.3. Etapas da análise detalhada utilizada pela ATSDR para determinar as possíveis implicações à saúde das exposições observadas em uma área contaminada. Fonte: ATSDR(2005) (Tradução dos autores).

104 | Avaliação de Riscos de Substâncias Químicas em Áreas Contaminadas

Dois passos são importantes nesse processo: a comparação das concentrações ambientais dos contaminantes observadas na área, com os valores de concentração de referência a fim de avaliar a magnitude das possíveis exposições e, em seguida, comparação das doses estimadas para as exposições específicas na área, com os valores de dose de referência e de riscos toleráveis, a fim de estimar a probabilidade de efeitos adversos à saúde das pessoas.

Uma questão importante nesse momento é a escolha dos valores de concentrações ambientais que serão utilizados como referência para comparação com os valores observados na área, uma vez que pode haver diferenças significativas entre valores praticados por diferentes agências e países. Em geral, as agências envolvidas definem, a priori, quais serão os valores a serem utilizados nesta etapa.

No Brasil, não temos guias consolidados para esta finalidade. No Estado de São Paulo, existem os valores orientadores para solo e água subterrânea definidos pela CETESB (São Paulo, 2009; São Paulo, 2013) e que são concentrações de substâncias químicas derivadas por meio de critérios numéricos e dados existentes na literatura científica internacional, para subsidiar ações de prevenção e controle da poluição, visando à proteção da qualidade dos solos e das águas subterrâneas e o gerenciamento de áreas contaminadas* os quais são aplicáveis nesta etapa. Para água de consumo humano a principal referência é a portaria de Potabilidade do Ministério da Saúde (Brasil, 2017).

Se as concentrações estão abaixo dos valores de referência, usualmente não serão necessárias análises complementares. Se as concentrações observadas estão acima dos valores de referência ou se há ainda informações de saúde da população que demandam maiores investigações, executa-se a análise detalhada.

Para a estimativa da probabilidade de efeitos adversos à saúde das pessoas expostas, na investigação detalhada são estimadas as doses de cada substância que foram definidas na etapa de triagem. A estimativa de dose para os diferentes caminhos e vias de exposição é descrita no item avaliação da exposição.

Envolvimento da Comunidade

A comunidade é ao mesmo tempo um importante recurso e a audiência chave do processo de Avaliação de Saúde Pública conduzida pela ATSDR. A comunidade são as pessoas que podem ser diretamente afetadas pela contaminação do local porque atualmente moram perto da área ou moraram em algum momento no passado. Membros da comunidade podem incluir, por exemplo, pessoas residentes, membros de grupos de ação locais, autoridades locais, profissionais, profissionais de saúde e mídia local, e são sempre centrais em todas as atividades de saúde pública.

Na visão da ATSDR, os membros da comunidade podem fornecer informações que não estejam documentadas, e ideias importantes que podem ser úteis para a avaliação da saúde pública. Por exemplo, eles geralmente podem auxiliar com informações específicas da área, e ao longo do processo de avaliação, os membros da comunidade também vão se apropriando do processo, compreendendo o que eles podem ou não podem esperar, quais conclusões podem ser obtidas e, em geral, como a ATSDR e o processo de avaliação de saúde pública podem ajudar a resolver suas preocupações.

---

*https://cetesb.sp.gov.br/solo/valores-orientadores-para-solo-e-agua-subterranea/.

Avaliação de Riscos de Substâncias Químicas em Áreas Contaminadas | **105**

Um resultado muito importante do envolvimento do público é a construção de uma relação de confiança com a comunidade, o que vai influenciar a maneira como eles reagem às suas mensagens e recomendações de saúde pública.

Descrições detalhadas de todas as tapas da Avaliação de Saúde Pública conduzida pela ATSDR podem ser obtidas em ATSDR (2005).

AS ETAPAS DA AVALIAÇÃO QUANTITATIVA DE RISCOS

O estudo de uma área contaminada deve inicialmente considerar a elaboração de um bom planejamento, o que inclui a definição do propósito, do escopo e das abordagens técnicas que serão adotadas. Questões orientadoras podem ser usadas para guiar esta etapa de planejamento, tais como: Quem está em risco? Quais os perigos de maior preocupação? Qual a origem da contaminação? De que forma as pessoas podem estar expostas? Quanto tempo esta exposição pode estar ocorrendo? Existe possibilidade de efeitos agudos?

Em caso de exposições elevadas e de risco de efeitos agudos, definidos como aqueles que podem surgir logo após a exposição, em um período de algumas horas até dias, um plano emergencial (Capítulo 09) deve ser desencadeado, acionando as autoridades de saúde pública para as medidas de avaliação e atenção à saúde das pessoas, e as autoridades de defesa civil para a definição sobre as medidas necessárias a serem implementadas no local para a eliminação ou o controle dos riscos imediatos à vida e à saúde das pessoas. Neste caso, a prioridade é a proteção da vida e da saúde humana.

Não havendo riscos imediatos, as ações de gerenciamento e a avaliação de riscos podem ser planejadas e desenvolvidas em médio ou longo prazo, dependendo da complexidade do problema, dos recursos necessários, entre outros. As etapas da avaliação de riscos à saúde humana são definidas como: identificação dos perigos, avaliação dose-resposta, avaliação da exposição e caracterização do risco (NRC,1983).

Identificação de perigos

Esta primeira etapa tem por objetivo a identificação e seleção dos agentes químicos perigosos para a saúde humana e de interesse para a avaliação de riscos (NRC, 1983). Em áreas contaminadas, é importante levantar o histórico de ocupação do local e a natureza das atividades desenvolvidas para caracterização dos potenciais contaminantes.

Em outra etapa, devem ser realizadas a coleta e a análise de amostras dos compartimentos ambientais afetados, que geralmente são o solo, a água subterrânea, ar e alimentos. Locais de disposição inadequada de resíduos, em geral, são os locais mais complexos para a investigação da contaminação, em virtude da ausência de informações. Em alguns casos já há dados preliminares sobre a contaminação em relatórios disponíveis na prefeitura ou órgão ambiental do município ou estado que podem proporcionar informações relevantes, mediante leitura atenciosa dos mesmos.

Durante o processo é preciso ter bastante atenção e organização na sistematização dos dados levantados. Áreas contaminadas geralmente contam com mais de um agente químico presente em solo e água subterrânea, e a coleta de dados pode resultar em um complexo e extenso banco de dados. (Swartjes, 2015).

106 | Avaliação de Riscos de Substâncias Químicas em Áreas Contaminadas

Após a identificação dos agentes químicos presentes na área contaminada, devem ser selecionados aqueles que são considerados perigosos e que oferecem risco à saúde das pessoas expostas. Para isto, informações sobre as características físico-químicas e toxicológicas de cada agente devem ser obtidas, destacando aquelas que descrevem o comportamento ambiental e aquelas que sintetizam as evidências sobre a toxicidade e potencial de efeitos adversos à saúde humana dos contaminantes. Estas informações são obtidas em bases de dados específicas, dentre as quais destacam-se as seguintes: *Integrated Risk Information System* (*IRIS*), *Toxicological Profiles da Agency for Toxic Substances and Disease Registry (ATSDR)*; TOXNET: *Toxicology Data Network da US National Library of Medicine: Chemicals from the Office of Environmental Health Hazards Assessment (California State)*; *Environmental Health Criteria from the World Health Organization (WHO)*. Todas estas bases são de domínio público e acessíveis via internet.

Para a análise do comportamento ambiental das substâncias de interesse também podem ser utilizados valores obtidos por meio de simulação. Um dos softwares recomendados para isto é o *EPISuite* da *United States Environmental Protection Agency* (USEPA).*

A partir da análise das informações coletadas definem-se quais são as substâncias de interesse e que serão consideradas nas próximas etapas da avaliação de riscos.

Avaliação da exposição

A segunda etapa da avaliação de riscos é a avaliação da exposição, que tem como objetivo estimar as doses recebidas pela população exposta. Para isso, é necessário realizar a caracterização detalhada do cenário de exposição, com a identificação de todos os meios afetados, as rotas e as vias de exposição, bem como a caracterização da população exposta ou potencialmente exposta. Nessa etapa são quantificadas a intensidade, a frequência, a duração e dose recebida pela população exposta (NRC, 1983).

A **exposição** é o contato de um ou mais agentes químicos presentes no ambiente com o organismo das pessoas. Quando a substância ultrapassa a barreira externa e entra no organismo, então fica caracterizada a **dose** (USEPA, 1992). A avaliação da exposição é realizada por meio da análise dos **cenários de exposição**. O cenário de exposição inclui a emissão, a dispersão e o transporte do agente no ambiente e sua concentração nos meios de exposição, as características da população exposta, da ocupação, a duração e a frequência de exposição e a dose potencial. Esse percurso físico do agente químico da fonte até o ponto de contato da exposição é denominado **rota de exposição**.

A construção do cenário de exposição demanda ainda o conhecimento sobre a população exposta, seus hábitos e costumes que podem influenciar a exposição. Se a população é de trabalhadores, se são residentes, se a exposição ocorre em ambiente interno ou externo (*indoor/outdoor*), se consomem água e alimentos que podem estar contaminados; quanto tempo residem no local; se existem grupos mais vulneráveis, como crianças e idosos; entre outros.

---

*https://www.epa.gov/tsca-screening-tools/epi-suitetm-estimation-program-interface.

As rotas de exposição podem variar bastante de acordo com o cenário (Swartjes, 2015). As rotas mais comuns são a ingestão e contato dérmico com solo e água, ingestão de alimentos e inalação de vapores.

Nessa etapa, é muito importante consolidar o modelo conceitual de exposição na área, o qual facilita a visualização dos caminhos de exposição e dos meios que estão colocando os contaminantes em contato com as pessoas, e desta forma, diminui a chance de erros na estimativa da dose. Um exemplo de um modelo conceitual é mostrado na Figura 7.4.

Para a estimativa das doses, o primeiro passo é quantificar a concentração dos agentes de interesse nos compartimentos ambientais que colocam eles em contato com a população exposta, chamados **meios de exposição**. Esta quantificação pode ser realizada de maneira **direta**, por meio da coleta e análise de amostras em laboratório, ou **indireta**, por meio de modelos matemáticos. Frequentemente, a combinação dos métodos – direto e indireto – é utilizada, por um lado, para otimizar o processo de amostragem e análise os quais em geral são caros e, por outro, para complementar informações de dados do plano de amostragem ambiental (NRC, 1983).

A coleta de amostras em uma área contaminada deve seguir um plano de amostragem consistente, que garanta representatividade espacial e temporal das concentrações dos contaminantes e das condições de exposição. Cuidados com os métodos de coleta, armazenamento e transporte das amostras devem ser incluídos a fim de garantir a qualidade analítica das amostras.

Outro aspecto relevante é a qualidade analítica dos métodos de análise, que podem se refletir na qualidade dos dados gerados, com imprecisões no **limite de detecção (LD)**, que se refere a menor concentração da espécie presente em uma amostra, mas que a técnica ou instrumento de análise não consegue detectar com precisão, e do **limite de quantificação (LQ)**, que é a menor concentração do analito na amostra que pôde ser quantificada com precisão. Mesmo pequenos valores de concentrações ambientais podem ser importantes para o cenário de exposição e a avaliação de riscos. Assim, a definição e escolha de métodos analíticos adequados devem ser devidamente planejados a fim de não comprometer os passos seguintes.

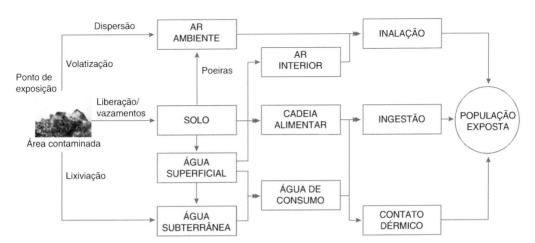

Figura 7.4. Representação esquemática dos caminhos e vias de exposição que podem ser observados em áreas contaminadas.

108 | Avaliação de Riscos de Substâncias Químicas em Áreas Contaminadas

O segundo passo é coletar e sistematizar informações sobre a população exposta. Informações relevantes para o estudo de risco são:

- Tipo de ocupação: residencial, comercial, industrial, recreacional;
- Tempo de permanência na área, considerando os ambientes internos e externos;
- Hábitos alimentares: frequência de consumo, quantidade e origem dos alimentos e água;
- Atividades ocupacionais e recreacionais;
- Presença de grupos sensíveis, como crianças, gestantes e idosos;
- Caracterização da população exposta por idade, sexo bem como de fatores específicos como peso corpóreo, consumo de alimentos e água entre outros.

Estas informações serão utilizadas para calcular a **dose potencial**, que é a quantidade de substância ingerida, inalada ou aplicada sobre a pele por unidade de peso corpóreo (USEPA, 1992). Em avaliação de riscos utiliza-se da dose potencial média diária, em inglês *"average daily dose"* (ADD), que é dada pela equação (1):

$$ADD_{pot} = [C.IR.EF.ED]/[BW.AT] \tag{1}$$

Onde ADD_{pot} é a dose potencial média diária em mg/kg.dia, C é a média da concentração do contaminante no meio (mg/L ou mg/kg), IR é a taxa de ingestão ou inalação (L/dia ou mg/dia), EF é a frequência da exposição (dias/ano), ED é a duração da exposição (anos), BW é o peso corpóreo (kg), e AT é o período de tempo sobre o qual foi calculada a média da dose, dado por $ED \times 365$ (dias) (USEPA, 1992).

Para a população brasileira, valores de peso corpóreo, altura e taxa de ingestão de alimentos podem ser encontrados nas publicações do IBGE Pesquisa de Orçamentos Familiares (IBGE, 2010; IBGE, 2011). Outros parâmetros, em especial parâmetros biofísicos, como áreas da superfície da pele; consumo de água, taxas de inalação entre outros podem ser obtidos no *Exposure Factors Handbook*, da USEPA (USEPA, 2011). Esta publicação apresenta os fatores de exposição específicos para avaliação de riscos típicos da população dos Estados Unidos da América. Embora seja uma referência utilizada em muitos países, é importante ter cautela no uso dos dados para a população brasileira, pois pode haver diferenças significativas entre as populações (USEPA, 2011).

Esses dados populacionais para a estimativa da dose podem ser obtidos em estudos específicos, quando os grupos estudados possuem características muito particulares, como hábitos alimentares, aspectos culturais e sociais. Por exemplo, o consumo diário de peixe em comunidades de pescadores, ou o consumo de vegetais e frutas por pessoas vegetarianas, entre outros.

Considerando que os fatores de exposição podem variar muito em função da idade, é importante sempre detalhar as estimativas para diferentes grupos etários, o que vai possibilitar melhor entendimento das diferenças e melhor subsidiar a gestão do risco.

O cálculo de dose apresentado na equação (1) é adequado para exposições via ingestão, e inalação. A ingestão é aplicável para o consumo de água, geralmente para comunidades que consomem água de poço, alimentos (quando há cultivo de plantas e criação de animais para consumo) e solo, onde se pode considerar a ingestão acidental (OEEHA, 2000). A consideração da inalação em cenários de áreas contaminadas deve ocorrer nos casos de contaminação por substâncias voláteis, ou mesmo de emissões atmosféricas, como por exemplo, as emissões industriais.

Para a exposição dérmica a dose absorvida é dada por:

$$ADD = \frac{[DA_{evento}.EV.ED.EF.SA]}{[BW.AT]} \tag{2}$$

Onde o ADD é a dose absorvida média diária em mg/kg.dia, DA_{evento} é a dose absorvida por evento em mg/cm²-evento, EV é a frequência do evento (eventos/dia), ED é a duração da exposição (anos), EF é a frequência da exposição (dias/ano), SA é a área da pele exposta (cm²), BW é o peso corpóreo e AT é tempo de exposição médio dado por ED $\times$ 365 (dias) (USEPA, 2004).

O DA_{evento} é calculado de forma diferenciada para exposição via água e solo. Para exposição via água há ainda uma diferenciação para água contaminada com substâncias inorgânicas e orgânicas. Para substâncias **inorgânicas** a equação é dada por:

$$DA_{evento} = K_p.C_w.t_{evento} \tag{3}$$

Sendo que K_p é o coeficiente de permeabilidade dérmica do agente químico (cm/hr), C_w é a concentração do químico na água (mg/cm³), e t_{evento} é a duração do evento (hr/evento), por exemplo tempo de duração do banho, de lavar louças, etc. (USEPA, 2004).

O DA_{evento} para substâncias **orgânicas** é dependente da duração do evento em relação ao tempo necessário para se alcançar a estabilidade t* (hr).

Dessa forma, se utiliza-se a equação (5):

$$DA_{evento} = 2FA.K_p.C_w \sqrt{(6\tau_{evento}.t_{evento}/\pi)} \tag{5}$$

Caso contrário, se , então:

$$DA_{evento} = FA.K_p.C_w \left[\frac{t_{evento}}{(1+B)} + 2\tau_{evento} \left(\frac{1+3B+3B^2}{(1+B)^2} \right) \right] \tag{6}$$

Onde FA é a fração de água absorvida (sem dimensão), τ_{evento} é o tempo de atraso de absorção da substância química por evento (hr/evento), B é a razão do coeficiente de permeabilidade de um composto através do estrato córneo (a principal barreira da pele) em relação ao coeficiente de permeabilidade através da epiderme viável (sem unidade de medida) (USEPA, 2004).

Para a exposição ao **solo,** a dose absorvida por evento é calculada por:

$$DA_{evento} = C_{solo}.CF.AF.ABS_d \tag{7}$$

Onde C_{solo} é a concentração da substância presente no solo (mg/kg), CF é um fator de conversão de unidades (10^{-6}kg/mg), AF refere-se ao fator de aderência do solo à pele (mg/cm² -evento), e ABS_d é a fração de absorção da substância pela pele (USEPA, 2004).

Avaliação de Riscos de Substâncias Químicas em Áreas Contaminadas

Tratar a exposição dérmica de forma diferenciada em avaliações de riscos é uma recomendação relativamente recente da USEPA (2004) e, estudos apontam que a sua importância pode ter sido muito subestimada.

Avaliação dose-resposta

A avaliação dose-resposta é a etapa na qual a relação entre a dose potencial recebida é associada às respostas esperadas na população exposta. Na avaliação de riscos associados à exposição aos agentes químicos são considerados dois tipos de efeitos a saúde: os efeitos com limiar de dose e os efeitos sem limiar de dose.

Os efeitos **com limiar de dose** são conhecidos também como **efeitos sistêmicos** ou **não carcinogênicos** e são caracterizados pela existência de um valor limiar de dose abaixo do qual não são observados efeitos adversos significativos à saúde das pessoas, incluindo os grupos mais sensíveis (Swartjes, *et al.*, 2012). Entre os efeitos com limiar de dose estão incluídos aqueles em órgãos específicos (fígado, rins, pulmão, entre outros), os efeitos no sistema nervoso central e ao desenvolvimento.

A dose limiar geralmente se enquadra entre o NOAEL (*no observed adverse effects level*) que é dose mais elevada na qual não são observados efeitos nos ensaios toxicológicos, e o LOAEL (*lowest observed adverse effect level*), a dose mais baixa na qual são observados efeitos à saúde (Health Canada, 2010).

Em avaliações de riscos, com a finalidade de ser mais conservativo, um valor de **dose de referência** (*reference dose*) – RfD, abaixo dos valores de LOAEL ou NOAEL são utilizados para estimava do risco de efeitos com limiar de dose (USEPA, 1989). A RfD é definida como a dose diária média em que um indivíduo pode estar exposto por um longo período sem que efeitos adversos significativos à sua saúde sejam observados. Os valores de dose de referência RfD podem ser obtidos no *Integrated Risk Information System* (*IRIS*). Outros valores similares que podem ser utilizados são o *Minimum Risk Level* (MRL) da *Toxicological Profiles* da *Agency for Toxic Substances and Disease Registry* (*ATSDR*) e o ADI, *incorporação diária aceitável* da *World Health Organization* (*WHO*).

Os **efeitos sem limiar** de dose são aqueles para os quais assume-se que a relação dose-resposta é linear e passa pela origem, isto é, toda dose estará associada a um incremento de risco. O efeito sem limiar mais importante em avaliação de riscos é o câncer e por esta razão, também são chamados de **efeitos carcinogênicos** (Swartjes, *et al.*, 2012). A Figura 7.5 apresenta um exemplo da curva dose-resposta para efeitos com e sem limiar de dose.

Para a estimativa de risco de efeitos carcinogênicos, utiliza-se o **fator de carcinogenicidade**, ou *slope factor*, que é o coeficiente angular (inclinação) da reta, e fornece a probabilidade de câncer por unidade de dose (USEPA, 1989).

A identificação dos agentes com potencial de efeitos carcinogênicos é feita com base no que é chamado avaliação do **peso das evidências**. Este trabalho tem sido realizado principalmente por duas principais agências, a *United States Environmental Agency* (USEPA) e a *International Agency for Research on Cancer* (IARC). Ambas as classificações são reconhecidas internacionalmente e diferem em poucos aspectos.

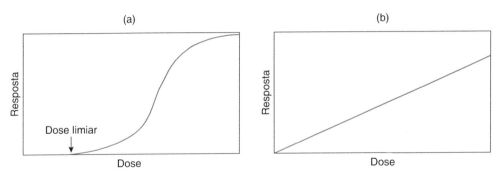

Figura 7.5. Curvas dose-resposta para efeitos (**a**) com limiar de dose e (**b**) sem limiar de dose. Adaptada de: Health Canada, 2010.

A IARC realiza a classificação em cinco grupos, assim caracterizados:
- Grupo 1: o agente é carcinogênico para humanos. Esta categoria é para substâncias que possuem evidências suficientes de carcinogenicidade em humanos;
- Grupo 2A: o agente é provavelmente carcinogênico a humanos. Há suficientes evidências de carcinogenicidade em animais, entretanto limitadas evidências em humanos.
- Grupo 2B: o agente é possivelmente carcinogênico a humanos. As evidências de carcinogenicidade em humanos são limitadas, e as evidências em animais são insuficientes.
- Grupo 3: o agente não é classificado como carcinogênico a humanos. As evidências de carcinogenicidade são insuficientes, tanto em humanos quanto em animais. Não é possível afirmar que as substâncias nesse grupo não causam câncer, apenas que não há evidências para determinar que se causam.
- Grupo 4: o agente provavelmente não é carcinogênico a humanos. As substâncias desse grupo possuem evidências em humanos e animais que sugerem que os agentes químicos não provocam câncer. (IARC, 2019).

De forma similar, a classificação mais recente da USEPA (2005) divide em 5 categorias:
- Carcinogênico para humanos: evidências fortes de carcinogenicidade para humanos. Existem evidências epidemiológicas convincentes de uma associação causal entre exposição humana e câncer.
- Provável carcinogênico para humanos: quando o peso das evidências é adequado para demonstrar potencial carcinogênico ao ser humano, mas não atinge o peso da evidência para classificá-lo como "Carcinogênico para seres humanos".
- Evidência sugestiva de potencial carcinogênico: quando o peso da evidência é sugestivo de carcinogenicidade. Aumenta a preocupação com possíveis efeitos cancerígenos em humanos, mas os dados são julgados insuficientes para uma conclusão mais forte.
- Informações inadequadas para avaliar o potencial carcinogênico: é apropriado quando os dados disponíveis são considerados inadequados para a aplicação de um dos outros descritores. Em geral, espera-se que estudos adicionais forneçam mais informações.
- Não é provável que seja cancerígeno para seres humanos: quando os dados disponíveis são considerados robustos para decidir que não há base para a preocupação com o risco humano.

Caracterização do Risco

A etapa da **caracterização do risco** tem como objetivo realizar a descrição da natureza e magnitude do risco à saúde humana, considerando todas as incertezas associadas (NRC, 1983).

Para os efeitos **com limiar de dose**, isto é, efeitos não carcinogênicos, a caracterização do risco é dada pelo Quociente de Perigo - HQ (*Hazard Quotient*) que é calculado pela divisão da dose potencial diária média (ADD) estimada na etapa de avaliação da exposição, pela dose de referência (RfD), como expressa a equação:

$$HQ = \frac{ADD_{pot}}{(RfD)} \qquad (8)$$

Se HQ for maior que 1 considera-se que o risco de efeitos não carcinogênicos é não tolerável e medidas de remediação ou mitigadoras devem ser tomadas para a redução da exposição. Se o resultado for menor ou igual a 1, considera-se que os riscos são toleráveis e que não são esperados efeitos adversos significativos à saúde das pessoas expostas. Deve ser enfatizado que o HQ é apenas uma razão de doses e, portanto, não é uma medida direta do risco (probabilidade de efeito adverso), mas apenas um indicador do potencial de uma exposição de resultar em efeitos não carcinogênicos.

Para exposições simultâneas a vários agentes, os valores de HQs de cada substância devem ser somados apenas para aqueles agentes que estão associados ao mesmo tipo de efeito e modos similares de ação no organismo. Do contrário, os valores de HQs são considerados individualmente para cada agente ou mesmo, via de exposição (oral ou inalação) (Nardocci, 2010).

Para efeitos sem limiar de dose, efeitos carcinogênicos, o risco é estimado pela multiplicação da dose potencial estimada, pelo fator de carcinogenicidade (SF), ou *slope factor,* como expressa a equação:

$$Risco = ADD_{pot}.SF \qquad (9)$$

O "risco" fornece uma estimativa do incremento de risco de câncer no tempo de vida da população associado a exposição específica e, como medida de probabilidade é adimensional, e seu valor é expresso entre 0 e 1. Um valor de risco de $1x10^{-3}$ deve ser interpretado como um incremento estimado de 1 caso de câncer a cada 1.000 pessoas expostas (USEPA, 1989).

Segundo USEPA (2004), para exposições via contato dérmico, é recomendado que o *slope factor* seja dividido pela Fração de Absorção pelo Trato Gastrointestinal (ABSgi) específica de cada agente.

Muitos estudos evidenciam que a exposição a substâncias mutagênicas em idades precoces (< 16 anos) pode representar riscos muito maiores do que na idade adulta (Barton et al, 2005).

Em 2005, a USEPA publicou em um *Supplemental Guidance for Assessing Cancer Risks from Early--Life Exposures (USEPA, 2005a),* uma proposta de ajuste dos fatores de carcinogenicidade ou *slope fator* (SF) para agentes carcinogênicos que apresentam um modo de ação mutagênico e para serem usados quando não houver evidências suficientes para avaliar diretamente a suscetibilidade ao câncer desde o início da vida.

A proposta da USEPA é a introdução de um fator de ajuste dependente para idade (*Age-dependent adjustment factors* - ADAF), com o propósito de corrigir o fator de carcinogenicidade atribuindo maiores pesos às faixas etárias mais precoces, multiplicando-se o *slope fator* (SF) pelo ADAF, de acordo com as faixas etárias (USEPA, 2005):

- Idade: 0 a < 2 anos multiplicar o SF por 10 (ADAF=10);
- Idade: 2 e < 16 anos multiplicar o SF por 3 (ADAF=3);
- Idade: 16 anos ou mais multiplicar por 1 (ADAF=1).

Embora as recomendações não sejam ainda uma regra, ou seja, não têm força de lei, elas mostram a preocupação com a exposição ambiental a agentes carcinogênicos ambientais em crianças e adolescentes.

Diferentes abordagens para condução da avaliação de riscos

Na condução de um estudo de avaliação de riscos, duas abordagens principais podem ser utilizadas: abordagem determinística e abordagem probabilística.

Uma avaliação determinística usa valores únicos ou estimativas pontuais dos parâmetros das equações utilizadas para estimativa de exposição e fornece como resultado um único valor de risco. As abordagens determinísticas geralmente se baseiam no estudo por cenário ou cenário médio.

A avaliação probabilística usa distribuições de dados a partir dos quais vários pontos são selecionados como entradas para a equação de exposição ao longo de várias simulações. Como resultado, a avaliação probabilística fornece uma distribuição dos valores potenciais de exposição e de risco, possibilitando extrair sumários estatísticos dos riscos, tais como a média, mediana e quantis superiores (p.ex. 95º ou 97,5º percentis) os quais representam os valores de riscos para os grupos mais expostos e são importantes para subsidiar políticas públicas de proteção da saúde da população. A abordagem probabilística é recomendada para situações complexas e de risco elevado.

O diferencial da avaliação probabilística é a possibilidade de caracterizar a incerteza e a variabilidade na estimativa da exposição e do risco. A **variabilidade** refere-se às diferenças observadas nos parâmetros que decorrem da heterogeneidade ou diversidade em uma população ou dos fatores de exposição. Resulta de processos aleatórios naturais e origina-se de diferenças ambientais, de estilo de vida e genéticas entre os seres humanos. A variabilidade é uma propriedade fundamental da população exposta e geralmente não é redutível por outras medições ou estudos, e implica considerar que os riscos não são homogêneos na população.

A **incerteza** representa a ignorância parcial ou falta do conhecimento perfeito sobre um fenômeno para uma população como um todo ou para um indivíduo em uma população. Fontes específicas de incerteza são os parâmetros, os modelos, os cenários e as regras de escolha e decisão ao longo do processo. As incertezas contribuem, em geral, para que a exposição ou estimativa de risco estejam subestimadas ou superestimadas. A incerteza é uma propriedade do estado atual do conhecimento e, em princípio, pode ser reduzida por estudos ou medições adicionais.

Vários métodos podem ser utilizados para caracterizar a variabilidade e incerteza, com diferentes níveis de complexidade. Um dos métodos mais utilizados é o Método de Monte Carlo. Atualmente existem diversos softwares comerciais especializados em análise de Monte Carlo e mesmo rotinas para uso em softwares livres.

GERENCIAMENTO DE RISCOS

As tarefas e decisões dos gerenciadores de risco quase sempre envolvem questões técnicas, éticas, políticas e sociais de grande complexidade, como questões sobre a definição de valores de riscos toleráveis; a necessidade de intervenção imediata na área com remoção da população e encaminhamento das pessoas para cuidados específicos nos sistemas de saúde; envolver e dialogar com as pessoas afetadas nas diferentes fases do processo de avaliação; desenvolver estratégias de educação e orientação da população necessárias diante de um problema de contaminação específico, entre outras.

Definição dos valores de risco toleráveis

A definição de valores de riscos considerados toleráveis é uma decisão política de cada país e envolve questões econômicas, técnicas e legais. Do ponto de vista econômico, o critério de tolerabilidade irá impactar o custo das medidas de proteção e de segurança que deverão ser adotadas para que os valores de risco toleráveis não sejam extrapolados. Quanto menor o risco tolerável, maior o investimento em medidas de remediação e gestão do risco.

Para os efeitos carcinogênicos, os valores adotados variam entre os países, mas atualmente, na gestão de áreas contaminadas, geralmente estão em uma faixa de um máximo de $1x10^{-4}$ e um valor desejável de $1x10^{-6}$ ou menor (Swartjes, 2015). Nos Estados Unidos da América, um risco de $1x10^{-4}$ ou maior é considerado valor de intervenção, ou seja, a área está contaminada e oferece riscos que demandam medidas de redução e gestão (Swartjes, *et al.*, 2012). Um valor de risco de $1x10^{-5}$ pode ser tolerado, desde que o custo-benefício das medidas de remedição não seja justificado. A ATSDR considera o valor de risco de $1x10^{-6}$ como valor de referência. Na Holanda, país com reconhecida experiência na gestão de áreas contaminadas, o valor de risco de $1x10^{-6}$ também é considerado como o valor tolerável para exposições prolongadas.

No Brasil, não existe um valor definido em âmbito nacional. No estado de São Paulo, a CETESB utiliza como critério de tolerabilidade no gerenciamento das áreas contaminadas o valor de risco de $1x10^{-5}$, ou seja, um caso de câncer em cada 10.000 pessoas expostas. (CETESB, 2007)

Para efeitos não carcinogênicos, a referência são os valores de dose de referência. A USEPA utiliza o valor de RfD (*Reference Dose*) e a ATSDR é o valor de MRL (*Minimal Risk Level*). Ou seja, doses maiores que os valores de referência não são toleradas e medidas de remediação ou de redução da exposição devem ser empregadas. De maneira geral, não existem diferenças significativas entre os valores de RfD e MRL para a maioria das substâncias. Alguns países, como Holanda e Canadá por exemplo, definem seus próprios valores de referência. No Brasil, a CETESB adota como referência principal os valores de RfD propostos pela USEPA.

CONSIDERAÇÕES FINAIS

A avaliação de risco em áreas contaminadas não é um fim em si mesmo, mas é parte de um processo de gerenciamento de passivos ambientais e ainda, deve estar fortemente conectada com uma política de gestão sustentável do solo como meio ambiental ecologicamente fundamental. É uma abordagem que auxilia na busca do equilíbrio entre a proteção da saúde humana e a recuperação do ambiente.

Referências Bibliográficas

ATSDR. Public Health Assessment Guidance Manual (Update). Atlanta. Georgia. January 2005.[Disponível online https://www.atsdr.cdc.gov/hac/phamanual/pdfs/phagm_final1-27-05.pdf, acessado em 11/05/2020].

BRASIL. Portaria de Consolidação nº 5, de 28 de setembro de 2017. Ministério da Saúde. 2017.

CETESB 2.ed. Manual de gerenciamento de áreas contaminadas / CETESB, GTZ. - - 2.ed. - - São Paulo: CETESB, 2001.

CETESB. **Decisão de Diretoria Nº 103/2007/C/E, de 22 de junho de 2007.** Companhia De Tecnologia De Saneamento Ambiental. São Paulo. 2007.

Ferguson, C.C. Assessing risks from Contaminated sites: Policy and Practice in 16 European Countries. Land Contamination & Reclamation, 7(2);1999.

Health Canada. Federal Contaminated Site Risk Assessment in Canada, Part V: Guidance on Human Health Detailed Quantitative Risk Assessment for Chemicals (DQRAChem). **Minister of Health**, Ottawa, p. 193, set 2010.

IARC. **Monographs on the Evaluation of Carcinogenic Risks to Humans - Preamble.** International Agency for Research on Cancer. Lyon. 2019.

IBGE. **Pesquisa de orçamentos familiares 2008-2009. Análise do Consumo Alimentar Pessoal no Brasil.** Instituto Brasileiro de Geografia e Estatística. 2011.

IBGE. **Pesquisa de orçamentos familiares 2008-2009. Antropometria e estado nutricional de crianças, adolescentes e adultos no Brasil.** Instituto Brasileiro de Geografia e Estatística. [S.I.]. 2010.

Nardocci, A. C. Tese de Livre Docência, Faculdade de Saúde Pública, Universidade de São Paulo. **Avaliação probabilística de riscos à exposição aos hidrocarbonetos policíclicos aromáticos (HPAs) para a população da cidade de São Paulo.** , São Paulo, 2010.

NRC. Risk Assessment in the Federal Government : Managing the Process. **National Research Council**, Washington, D,C, 1983.

OEHHA. **Technical Support Document for Exposure Assessment and Stochastic Analysis.** Office of Environmental Health Hazard Assessment. California. 2000

Olympio KPK, Salles FJ, Ferreira APSS, Pereira EC, Oliveira AS, Leroux IN, et al. O expossoma humano desvendando o impacto do ambiente sobre a saúde: promessa ou realidade? Rev Saúde Pública. 2019;53:6.

São Paulo, LEI Nº 13.577. Dispõe sobre diretrizes e procedimentos para a proteção da qualidade do solo e gerenciamento de áreas contaminadas, e dá outras providências correlata. 08 DE JULHO DE 2009.

São Paulo. DECRETO Nº 59.263. Regulamenta a Lei nº 13.577, de 8 de julho de 2009, que dispõe sobre diretrizes e procedimentos para a proteção da qualidade do solo e gerenciamento de áreas contaminadas, e dá providências correlatas. DE 5 DE JUNHO DE 2013

Swartjes, F. et al. State of the art of contaminated site management in The Netherlands: Policy framework and risk assessment tools. **Science of the Total Environment**, Bilthoven, v. 427-428, p. 1-10, mai 2012.

Swartjes, F. Human health risk assessment related to contaminated land: state of the art. **Environmental Geochemistry and Health**, Dordrecht, mar 2015.

USEPA. **Guidelines for Carcinogen Risk Assessment. Risk Assessment Forum.** Washington, DC. EPA/630/P-03/001F March, 2005.

USEPA. **Exposure Factors Handbook**. United States Environmental Protection Agency. Washington, DC. 2011.

USEPA. **Guidelines for Exposure Assessment**. United States Environmental Protection Agency. Washngton, DC, p. 22888-22938. 1992.

USEPA. **Risk Assessment Guidance for Superfund Volume I : Human Health Evaluation Manual (Part E , Supplemental Guidance for Dermal Risk Assessment) Final**. United States Environmental Protection Agency. Washington, DC. 2004.

USEPA. **Risk Assessment Guidance for Superfund Volume I Human Health Evaluation Manual (Part A)**. EPA/540/1-89/002. United States Environmental Protection Agency. Washington, DC. December 1989.

USEPA. **Supplemental Guidance for Assessing Susceptibility from Early-Life Exposure to Carcinogens**. United States Environmental Protection Agency. Washington, DC. 2005.

8

Comunicação de Risco: Uma Reflexão a Partir de Experiências Brasileiras Envolvendo Áreas Contaminadas

Gabriela Marques Di Giulio

INTRODUÇÃO

Situações de risco envolvendo áreas contaminadas são caracterizadas, em geral, por controvérsias, incertezas científicas e ambiguidades tanto no que concerne aos efeitos da exposição às substâncias contaminantes na saúde humana (a relação de causas e efeitos), quanto à eficiência das medidas adotadas para diminuir a vulnerabilidade e à eficácia das ações de gerenciamento de risco. Os indivíduos que vivem nestas áreas vivenciam uma situação de estresse coletivo, não apenas por conta dos impactos da contaminação no ambiente em que vivem, mas, sobretudo, pelos possíveis efeitos na saúde e nas suas vidas cotidianas.

As diferentes formas como o risco da contaminação é experimentado, percebido, mediado, legitimado e ignorado pelos indivíduos evidenciam como o contexto social, econômico, político e cultural é importante na compreensão, mensuração, priorização e percepção dos riscos.

As experiências relatadas neste capítulo* mostram que o discurso do risco ganha legitimidade dentro das comunidades afetadas quando os indivíduos observam sua realidade, comparam com o que vivem e

---
*Este capítulo traz uma síntese de ideias, experiências e perspectivas teórico-analíticas estudadas pela autora entre os anos de 2005 e 2010 e apresentadas em seu livro "Risco, ambiente e saúde: um debate sobre comunicação e governança do risco em áreas contaminadas", 1 ed. São Paulo: Annablume, 2012. 390p.
A autora agradece a Fapesp pelo financiamento do estudo (Proc. 05/52239-0, 06/57720-1, 11/50965-7).

passam a compreender que suas experiências de prejuízos reais, que envolvem perdas humanas, efeitos na saúde e impactos no ambiente, estão associadas ao risco (Renn, 2008; Di Giulio, 2012).

Os riscos, portanto, são compreendidos como experiências personificadas concretamente. As questões morais, as relações de poder, as emoções, as construções simbólicas do significado do discurso e as estratégias para enfrentar os perigos que se apresentam fazem parte da existência, percepção e enfrentamento do risco (Lupton, 1999; Taylor-Gooby e Zinn, 2006; Renn, 2008; Boholm, 2008, 2003; Boyne, 2003; Guivant, 2002, 1998; Douglas, 1966, 1994, 1996; Douglas e Wildavsky, 1982; Beck, 1995, 2010).

As experiências relatadas neste capítulo mostram também que as situações de risco envolvendo áreas contaminadas alcançam a opinião pública, em geral, sob os holofotes da mídia, já que a maior parte do conhecimento relacionado a riscos ambientais, à saúde e riscos tecnológicos vem de fontes secundárias e é adquirido por meio da comunicação – especialmente pela informação dada pelos meios de comunicação de massa. O público, confrontado pelas incertezas científicas e pelos conflitos que não só atravessam as relações entre peritos e leigos, mas também dividem a comunidade científica, já que a definição de um incidente de poluição ou um padrão de qualidade ambiental depende de julgamentos sociais em combinação com evidências científicas (Guivant, 2002), utiliza-se da mídia para compreender o que está em jogo (Allan, Adam e Carter, 2000). Jornalistas têm, assim, a responsabilidade de tentar traduzir estas incertezas para o público, relacionando-as às experiências da vida moderna.

Na mídia, a divulgação dessas situações é associada a termos como contaminação, exposição, poluição, contaminantes, riscos. Palavras que se referem, na linguagem cotidiana, a ameaças, perigos e prejuízos. Em meio a essa divulgação midiática, comumente feita em tom negativo e trágico, mas ao mesmo tempo fundamental para trazer os riscos para mais próximo das pessoas, colaborando para que os problemas se tornem assuntos que demandam atenção pública e devem ser condicionantes na elaboração de políticas (Hannigan, 2006), o público diretamente afetado e o público geral vão construindo suas percepções sobre os problemas.

Se a mídia tem papel importante neste processo comunicativo, é fato que outros grupos sociais também são protagonistas desse processo. Pesquisadores, autoridades, agências reguladoras e gestores, responsáveis pelas avaliações e regulações dos riscos, também compartilham diferentes responsabilidades no que chamamos de comunicação dos riscos, entendida aqui como um processo participativo de comunicação, que compreende diferentes estratégias e possibilidades de aproximação com o público, especialmente com os indivíduos afetados, buscando compreender suas respostas aos riscos e estabelecendo uma relação de confiança na perspectiva de integrá-los no processo de enfrentamento/gerenciamento do risco.

Desenvolvida inicialmente com o propósito de investigar como os especialistas em avaliação de risco poderiam se comunicar melhor com o público, diminuindo possíveis tensões e diferenças existentes entre as opiniões e percepções dos peritos e do público, a emergência da comunicação de risco esteve relacionada, particularmente, às questões que simbolizam a discordância entre percepções científicas e leigas (Schlag, 2006).

Entre o fim da década de 1960 e início da década de 1970, o campo da comunicação de risco emergiu como uma inspiração de pesquisas na área de psicologia sobre como o público em geral tinha acesso à informação sobre risco (Boholm, 2008). Mais tarde, esta área foi influenciada por estudos antropológicos e pesquisadores começaram a aplicar alguns dos resultados de estudos sobre percepção de risco na área de comunicação (Lofstedt e Perri 6, 2008).

Foi a partir do acidente de Chernobyl, em 1986, que o assunto ganhou força e passou a ser considerado como algo importante na avaliação e gerenciamento do risco. O acidente evidenciou o despreparo das autoridades e organizações responsáveis pela segurança no enfrentamento/gerenciamento de situações de risco e a dificuldade que os pesquisadores, sobretudo, têm em comunicar informação técnica sobre riscos ou sobre falhas nas estimativas de riscos para o público leigo (Wynne, 1989a). Além disso, o período que seguiu após o acidente (entre 1986 e 1996) foi caracterizado por uma atitude defensiva por parte dos responsáveis pela avaliação de risco, por uma crescente desconfiança na ciência e nas agências responsáveis pelo gerenciamento do risco e pela formação de uma poderosa elite que desafiou as avaliações de risco oficiais feitas pelos peritos e demandou novas direções na política tecnológica (Renn, 2008). Assim, a abordagem técnica, que até então caracterizava o campo do risco, foi sendo confrontada com outras perspectivas analíticas e novas ideias sobre comunicação de risco e participação pública emergiram (Boholm, 2008).

Ainda na década de 1980, o *National Research Council* (NRC) fez amplo estudo sobre o tema, definindo comunicação de risco como um processo interativo de troca de informações e opiniões entre indivíduos, grupos e instituições a respeito de um risco potencial para a saúde humana e para o ambiente. Na perspectiva do NRC, na década de 1980, a comunicação de risco era tida como um processo no qual as organizações científicas disseminavam e recebiam informações a respeito das preocupações e opiniões de grupos não científicos. A partir da década de 2000, o NRC passou a considerar os contextos sociais do risco e como isso influencia a avaliação e a comunicação, destacando a necessidade da participação pública durante todo o processo (Lundgren e Mcmakin, 2004). Para a Organização Mundial da Saúde (OMS), a comunicação de risco tem como objetivo final possibilitar que todos os indivíduos sejam capazes de tomar decisões informadas para evitar e/ou minimizar os efeitos de uma ameaça, como surtos de doenças, por exemplo, e aderir a medidas protetoras e preventivas. Para isso, é imprescindível que esse processo comunicativo lance mão de uma combinação de estratégias de comunicação e de engajamento, incluindo meios midiáticos, mídias sociais, campanhas de promoção da saúde etc.

Os primeiros esforços e ações relacionados à comunicação de risco demonstram que a ideia básica estava associada apenas à prática de convencer ou transmitir informações entre as partes interessadas sobre os riscos ao ambiente e à saúde humana, o significado desses riscos, e as decisões, ações e políticas implementadas para gerenciar ou controlá-los. As partes interessadas incluem governo, agências, corporações, mídia, cientistas, organizações profissionais, grupos e cidadãos interessados (Renn e Levine, 1991).

Os esforços relacionados à comunicação de risco no passado estavam embasados no modelo básico de comunicação, também conhecido como teoria matemática da comunicação ou ainda modelo de déficit de conhecimento. Uma extensa literatura focada na comunicação de riscos ambientais, tecnológicos e à saúde tem evidenciado as limitações desse modelo, por meio do qual o conhecimento dos cientistas e peritos apenas abastece unilateralmente outros grupos sociais (Roland, 2006), com foco na transmissão da informação dos peritos para os leigos* (Schlag, 2006), com o objetivo exclusivamente

---

*Como argumenta Latour (2000), o emprego dos termos leigo e perito refere-se à diferença entre conhecimento local (senso comum) e conhecimento científico. Guivant (2004) argumenta que leigos e peritos são atores com racionalidades e interesses diferentes, que podem estabelecer alianças cruzadas nos casos de conflitos e negociações em torno dos riscos.

de educá-los e de convencê-los. Nesse modelo, os leigos seriam identificados como ignorantes sobre ciências ambientais e saúde, irracionais nas suas respostas aos riscos, e deveriam ser melhor informados e convertidos em uma visão mais objetiva (Owens, 2000). Como argumenta Guivant (2006), prevalece neste entendimento a ideia de que, com a informação supostamente comunicada de forma neutra e objetiva, os leigos superariam resistências ou posições obscurantistas. Contudo, as compreensões, opiniões e percepções são produtos de complexos processos que dependem de modelos cognitivos, incluindo elementos factuais, considerações éticas e culturais, que não são modificadas simplesmente com mais informação. Como diversos estudos evidenciam, as estratégias de comunicação de risco baseadas nesse modelo têm se mostrado ineficazes, uma vez que não engajam o público nos debates sobre riscos, não consideram suas perspectivas e focam apenas na transmissão da informação dos peritos para os leigos (Schlag, 2006).

Ao analisar as experiências passadas e as atuais relacionadas à prática da comunicação de risco, Leiss (1996) e Covello e Sandman (2001) argumentam que houve um processo evolutivo. Num primeiro momento, na visão desses autores, o público era ignorado e não havia uma preocupação formal e oficial, por parte de especialistas e autoridades, em comunicar à chamada população leiga sobre o processo de avaliação e gerenciamento dos riscos. Na década de 1980, com os movimentos ambientalistas, cientistas e tomadores de decisão começaram a se preocupar em aprender como explicar melhor as informações de risco e surgiram, então, os porta-vozes com a missão de aprender a lidar com a mídia, a reduzir ou eliminar os jargões e a disponibilizar informações e gráficos sobre riscos mais fáceis de serem interpretados pelo público. Após o acidente de Chernobyl, esses grupos começaram a perceber a necessidade de planejar a divulgação de informações para o público, em particular para os indivíduos afetados, compreendendo que os conflitos e desacordos entre organizações e grupos sociais tornavam a comunicação pública ainda mais difícil (Di Giulio, 2012).

O momento atual é caracterizado, especialmente, por um esforço de promover envolvimento do público, instaurando uma estratégia aberta e coletiva de produção de conhecimento. Assim, a comunicação de risco tende a ser compreendida como uma atividade relacionada à prática da comunicação participativa baseada na ideia de que aquelas pessoas afetadas pelas decisões devem estar envolvidas no processo de sugestões e escolhas de alternativas (ainda que algumas experiências estudadas apresentadas neste capítulo evidenciem práticas presas ao modelo de déficit de conhecimento).

Esse capítulo busca evidenciar que o processo de definição e implementação de estratégias de comunicação de risco depende dos contextos nos quais as ações e as interações entre afetados, atores institucionais e pesquisadores acontecem. Em comum, as experiências relatadas evidenciam dilemas e desafios envoltos à comunidade de risco: é preciso lidar com as questões técnicas (de conteúdo) e com o contexto social, que envolve particularmente o estabelecimento de um clima de confiança com o público afetado (Schlag, 2006).

EXPERIÊNCIAS BRASILEIRAS ESTUDADAS

Ao longo dos anos, diferentes experiências brasileiras envolvendo situações de risco por áreas contaminadas têm sido estudadas, focando especialmente as estratégias de comunicação de risco adotadas pelos grupos sociais, suas possibilidades e limitações. Algumas dessas experiências, como os casos de Cidade dos Meninos, no município de Duque de Caxias no Rio de Janeiro, e a área do condomínio residencial Barão de Mauá, situado no município de Mauá, na região do ABC Paulista, referem-se a áreas contaminadas onde os riscos foram analisados seguindo a abordagem de Avaliação de Risco de Risco à Saúde Humana, proposta pela *Agency for Toxic Substances and Disease Registry* (ATSDR) e adaptada à realidade brasileira. Cabe ressaltar que o objetivo da avaliação proposta pela ATSDR é revisar a informação disponível sobre substâncias perigosas presentes em um dado local e avaliar se a exposição a essas substâncias pode causar qualquer dano ao público. Essas avaliações levam em consideração as concentrações de substâncias perigosas do local, se as pessoas podem estar expostas à contaminação e como estão expostas, os danos que as substâncias podem causar às pessoas e se o fato de viver ou trabalhar próximo ao local contaminado pode prejudicar a saúde de alguém. Na avaliação são previstas consultas a três fontes de informação para fazer estas determinações: dados do ambiente, dados de saúde e preocupações da comunidade. Nas avaliações são identificados ainda estudos de saúde ou outras ações de saúde pública que devem ser levadas a cabo. Preveem também assessoria a agências federais, estaduais e municipais sobre ações para prevenir ou reduzir a exposição de pessoas a substâncias perigosas (ATSDR, 2006). Na adaptação dessa metodologia à realidade brasileira, as investigações realizadas nestas duas localidades, por exemplo, incluíram avaliação da informação do local, respostas às preocupações da comunidade, seleção dos contaminantes de interesse, identificação e avaliação das rotas de exposição, caracterização das implicações para a saúde e conclusões e recomendações (Brasil, 2006).

Ainda que estas e outras experiências estudadas a partir da abordagem de avaliação de risco da ATSDR sejam interessantes, neste capítulo são abordadas experiências relacionadas a duas áreas brasileiras expostas ao chumbo e que foram objeto de estudo cujo principal objetivo foi identificar, compreender e analisar como o problema da contaminação por chumbo alcançou a opinião pública, foi percebido, comunicado e gerenciado (Di Giulio, 2010, 2012). A análise dessas duas experiências permite identificar e refletir sobre como o processo de comunicação de risco foi delineado e sobre como as estratégias de comunicação foram postas em prática pelos grupos sociais.

Bauru (SP)

Em 2002, a contaminação por chumbo em Bauru, cidade paulista situada na região noroeste do estado, veio à tona, quando o setor metalúrgico da empresa Acumuladores Ajax Ltda foi interditado a partir de uma solicitação da CETESB à Secretaria Estadual do Meio Ambiente. Na época, a CETESB constatou níveis elevados de chumbo na atmosfera, oriundo do processo industrial conduzido pela empresa, o que a motivou ainda a enviar um ofício à Direção Regional de Saúde de Bauru (DIR X) comunicando a interdição da unidade e destacando a necessidade de que uma pesquisa epidemiológica, para avaliação da saúde das pessoas, fosse realizada na área no entorno. O ofício também foi encaminhado ao Ministério Público com a mesma solicitação. Além da DIR, foram comunicados sobre a decisão da CETESB a Divisão de Doenças Ocasionadas pelo Meio Ambiente (DOMA) do Centro de Vigilância Epidemiológica (CVE).

Em conjunto, estes órgãos decidiram fazer um estudo com um grupo de crianças na área exposta – especialmente no Jardim Tangarás* – e com um grupo controle, com crianças com as mesmas características que viviam em uma área não exposta, situada a 11 quilômetros da fábrica. Os resultados mostraram índices mais elevados de chumbo nas crianças residentes próxima à área da fábrica (média de 7,7 µg/dL) e índices abaixo de 5 µg/dL nas residentes na área de referência (Padula *et al.*, 2006).

A partir dos resultados do primeiro estudo feito com dois grupos de crianças, que evidenciaram os níveis elevados de chumbo naquelas que residiam no entorno do setor metalúrgico da Ajax, a DIR elaborou um planejamento para uma investigação ampla, que envolveu metodologias para coleta e análise de sangue de crianças e uma abordagem junto à população local (Freitas, 2004).

Um grupo com representantes de diferentes instituições foi formado para dar suporte técnico às ações a serem conduzidas. Este grupo foi liderado pelo diretor da DIR e envolvia pessoas da Secretaria de Estado da Saúde de São Paulo, com representantes da Vigilância Epidemiológica, Vigilância Sanitária, DIR X Bauru e o Laboratório de Saúde Pública Instituto Adolfo Lutz – IAL; Secretaria de Saúde do município de Bauru, através da Vigilância em Saúde local; Secretaria do Meio Ambiente do Estado, através da Gerência de Áreas Contaminadas, Gerência de Solos e Gerência de Toxicologia da CETESB; toxicologistas com experiência no tema em questão, pertencentes à UNICAMP, Faculdade de Medicina de Londrina (PR) e ao Centro de Controle de Intoxicações do Hospital do Jabaquara (São Paulo) e da FUNDACENTRO; neuropediatra da Faculdade de Medicina da UNESP de Botucatu; representantes do Hospital de Reabilitação de Anomalias Cranofaciais (Centrinho) e pesquisadores da USP e da UNESP, ambas de Bauru. Participaram ainda representantes do Ministério da Saúde, através da Coordenação Geral de Vigilância Ambiental (CG-VAM) e Ministério do Meio Ambiente. Da interlocução deste conjunto de instituições surgiria mais tarde o Grupo de Estudo e Pesquisa da Intoxicação por Chumbo em Crianças de Bauru (GEPICCB).

Para além dos estudos ambientais e de saúde realizados e do suporte técnico ao enfrentamento dos riscos associados à exposição ao chumbo (Freitas, 2004), este grupo interdisciplinar também elaborou diversas estratégias de comunicação de risco, as quais foram objetos de investigação posterior (Di Giulio, 2010; Di Giulio, 2012).**

---

*A área no entorno onde funcionava o setor metalúrgico da Ajax é caracterizada por diversos tipos de ocupações, que cresceram e se intensificaram nas últimas décadas. Em um raio de um quilômetro ao redor da empresa há loteamentos, uma área de cerrado pertencente ao Jardim Botânico e chácaras de alto padrão. Neste raio o local mais afetado pela exposição ao chumbo foi o Jardim Tangarás, um loteamento residencial popular, pertencente ao distrito urbano de Bauru, onde viviam em 2002 cerca de seis mil moradores (Folha de S. Paulo, 11/04/2002), com rendimento médio familiar inferior a dois salários mínimos. O bairro não tem ruas pavimentadas e está localizado ao norte e do lado oposto à indústria em relação à rodovia. Por causa da ação dos ventos, a fumaça e a poeira contendo chumbo produzido pela empresa se dissipavam em direção ao bairro e se depositavam no solo superficial das ruas sem pavimentação e nos quintais das casas (Di Giulio, 2012a; Di Giulio, 2012b).

**Para compreender como o problema da contaminação por chumbo em Bauru alcançou a opinião pública e identificar as estratégias de comunicação adotadas pelo grupo interdisciplinar formado para oferecer suporte técnico ao enfrentamento/gerenciamento do risco no município, foi realizado um estudo qualitativo, apoiado na realização de entrevistas semiestruturadas com diferentes atores sociais envolvidos no caso de Bauru e análise temática dos depoimentos colhidos. Foram entrevistados, assim, seis moradores, sendo um deles presidente da associação de bairro; um proprietário de chácara localizada no bairro afetado; duas autoridades regionais; três autoridades locais; uma autoridade judicial (promotor público); uma assistente social; dois jornalistas e dois pesquisadores (Di Giulio, 2010; Di Giulio, 2012a; Di Giulio, 2012b).

Comunicação de Risco: Uma Reflexão a Partir de Experiências Brasileiras... | 123

O grupo interdisciplinar, identificado pelo seu coordenador como um "gabinete de crise", partiu da ideia de que as estratégias de comunicação de risco envolveriam: (i) a identificação das características sociais, econômicas, demográficas e urbanísticas da comunidade afetada; (ii) a elaboração de estratégias para abordar essa comunidade e a decisão de que seriam os funcionários da secretaria municipal de saúde que fariam os contatos domiciliares e as reuniões com os moradores (as quais, apesar de negativas por parte de alguns moradores entrevistados, aconteceram em sedes de igreja e de um supermercado do bairro); (iii) a elaboração de um plano de comunicação com a mídia local e nacional, com a decisão de eleger uma pessoa responsável por atender a mídia nacional, no caso o coordenador do grupo, e de realizar coletivas com a mídia local e repassar comunicados oficiais aos jornalistas que cobriam o assunto.

Na avaliação de participantes desse grupo, as ações de comunicação de risco surtiram os efeitos desejados, uma vez que promoveram a disseminação de informações para a comunidade local, de forma que ela pudesse compreender o que acontecia; a difusão do problema para a mídia e, consequentemente, uma cobertura jornalística focada nos acontecimentos e não no sensacionalismo; e a disseminação do assunto para outros órgãos e atores envolvidos no processo.

Todavia, as incertezas científicas, controvérsias e, em alguns casos, a ausência de informações por parte dos responsáveis pela comunicação com o público levaram à percepção de que o diálogo entre os afetados e os órgãos responsáveis pela avaliação e gestão de risco teve problemas, como ilustram depoimentos dos moradores afetados.

Os relatos dos atores envolvidos no grupo de suporte técnico sugerem que, desde o início das ações de enfrentamento, houve um entendimento de que era preciso considerar as implicações sociais e econômicas associadas ao risco (daí a necessidade de fazer um estudo sobre as condições locais) e compreender que os efeitos da contaminação podiam ir além dos prejuízos ao ambiente e à saúde humana. Houve também a compreensão de que a comunidade afetada tinha forte apego ao local onde vivia, que o ambiente era de fundamental importância para a construção e continuidade de suas identidades e que, portanto, as manifestações e reivindicações para melhorias no bairro fariam parte do processo de enfrentamento/gerenciamento do problema.

Os depoimentos colhidos apontam que houve, por parte do grupo interdisciplinar, uma preocupação sobre como as mensagens eram compreendidas pela comunidade e qual era o contexto em que a comunicação ocorria. As estratégias, neste sentido, buscaram levar em conta a necessidade de promover um diálogo sensível às necessidades da comunidade e de estabelecer uma relação de confiança.

Todavia, essas mesmas estratégias falharam em promover a integração dos afetados no processo de gerenciamento de risco. O enfrentamento/gerenciamento do problema, como a análise dos depoimentos mostra, foi caracterizado por ações que seguiram o paradigma vigente de avaliação e gerenciamento de risco, que prioriza o conhecimento técnico e legitima a autonomia dos cientistas e dos especialistas na tomada de decisões sobre assuntos considerados de especialidade. Como mostram os relatos, os interesses dos afetados foram pouco considerados neste processo, o que contribuiu também para que a confiança nas instituições envolvidas fosse questionada e para a percepção de que as ações de remediação/assistência foram falhas.

Santo Amaro da Purificação (BA)

Localizado no Recôncavo Baiano, a cerca de 70 quilômetros de Salvador, Santo Amaro da Purificação tem ganhado repercussão regional e nacional na mídia e no meio acadêmico por ser considerada a cidade mais contaminada por chumbo no Brasil. Desde 1960, quando foi instalada a empresa Companhia Brasileira de Chumbo (Cobrac), mais tarde chamada de Plumbum, a cidade convive com problemas relacionados à exposição ambiental e humana ao chumbo e a outros metais pesados.

Ao longo das últimas décadas, diversos estudos foram feitos na localidade para avaliar a exposição ambiental e humana ao chumbo e a outros metais (Carvalho et al., 1996, 2003; Tavares e Carvalho, 1992; Silvany-Neto et al., 1996; Dos Anjos, 2003). Em 2002, foi realizada no município baiano uma avaliação de risco, a partir de um pedido do Ministério da Saúde, conduzida por uma empresa particular. A avaliação seguiu o modelo da agência norte-americana ATSDR e, como resultado, propôs diversas recomendações nas áreas ambiental e de saúde, inclusive a remoção dos moradores que residem em habitações a até 500 metros da usina.*

Entre 2008 e 2010, uma investigação sobre estratégias de comunicação de risco adotadas pelos diferentes grupos de pesquisa e gestores em Santo Amaro da Purificação foi realizada (Di Giulio, 2010; Di Giulio, 2012).**

---

*Segundo o profissional que coordenou o projeto de avaliação de risco em Santo Amaro da Purificação, após sua empresa ter vencido a concorrência para testar em cinco áreas brasileiras a metodologia da ATSDR, a abordagem adotada envolvia técnicas e estratégias de comunicação, seguindo as normas da ATSDR. Nas suas palavras: "A questão básica era a transparência, a discussão da nossa visão com a população, as técnicas de aproximação, de contato, sempre inseridas num contexto moral-ético [...] A aproximação acadêmica é problemática, a população se vê como substrato de análise e não como beneficiada, com a possibilidade de ser indenizada. Deixávamos claro que isso poderia não acontecer [...] Fizemos sempre uma programação muito detalhada sobre como lidar no campo, quem vai lidar com o nível de informação dada, que tipo de linguagem, forma de comunicação, como seriam as reuniões com os líderes [...] Toda a parte de comunicação pública do estudo e dos resultados era coordenada pelo [...] porta-voz e pelo coordenador do projeto".

**Para compreender como o problema da contaminação por chumbo alcançou a opinião pública e identificar as estratégias de comunicação adotadas pelo grupo interdisciplinar formado para oferecer suporte técnico ao enfrentamento/gerenciamento do risco no município, foi realizado um estudo qualitativo, apoiado na realização de entrevistas semiestruturadas com diferentes atores sociais envolvidos no caso e análise temática dos depoimentos colhidos (Di Giulio, 2010; Di Giulio, 2012a). Na primeira pesquisa de campo, foram entrevistados dois jornalistas; cinco moradores (sendo três deles ex-funcionários da Cobrac e um deles o presidente de uma associação local que reúne vítimas da contaminação); cinco pesquisadores e duas autoridades. Ainda em 2008, foi realizada uma entrevista com uma autoridade, em São Paulo, que coordenou o projeto de avaliação de risco em Santo Amaro da Purificáão, em 2001. Em abril de 2009, numa segunda pesquisa de campo, foram entrevistados dois moradores, residentes de uma vila pesqueira e que fazem parte de associações locais, e uma autoridade local. Em Salvador, foram visitadas a Unifacs e o Centro Estadual de Referência em Saúde do Trabalhador (CESAT). Na oportunidade, foram entrevistadas duas autoridades regionais. Ainda em 2009, foi entrevistado, em Campinas, um médico que atuou como consultor em saúde ambiental e toxicologia do Ministério da Saúde e acompanhou a avaliação de risco feita em Santo Amaro. Em setembro de 2010, a pesquisa de campo envolveu uma visita às antigas instalações da usina acompanhada por atuais funcionários da prefeitura e ex-funcionários da empresa. Tentou-se contatar a secretária de saúde de Santo Amaro, que já havia trabalhado na Plumbum ocupando o cargo de médica. Todavia, apesar de a entrevista ter sido previamente agendada em uma das visitas, a secretária não estava em Santo Amaro e não atendeu aos telefonemas. Também se tentou contatar uma juíza em Salvador, responsável pela decisão de encapsulamento da escória. O contato também não foi possível.

A investigação mostrou que as preocupações e estratégias sobre como abordar a comunidade, desenvolver uma relação com ela e comunicar os resultados das pesquisas variaram em função dos diferentes grupos de pesquisadores que realizaram estudos no município baiano. Essas estratégias também variaram entre as autoridades envolvidas na avaliação e enfrentamento/gerenciamento do risco.

Por parte dos moradores, há a percepção de que os resultados das pesquisas não chegam às mãos "dos pesquisados"; quando chegam, são divulgados em uma linguagem "altamente acadêmica", dificultando a compreensão das informações.

As entrevistas com pesquisadores e gestores mostraram que esses atores são conscientes da importância da comunicação no processo de avaliação e governança do risco. No entanto, o modelo de comunicação adotado quase sempre assume a neutralidade da transição e recepção da informação e subestima o contexto da comunicação. A maioria dos esforços relacionados à prática da comunicação de risco (como entrega de resultados de estudos, reuniões com moradores, trabalho de literatura de cordel junto à população afetada, por exemplo) foi válida, mas não construiu uma atmosfera de confiança com todos os grupos sociais envolvidos.

Com relação ao envolvimento da comunidade no processo de avaliação e gerenciamento de risco, observou-se que ele foi motivado, principalmente, pelos problemas de saúde que parte da comunidade enfrenta e associa à contaminação por chumbo. Neste sentido, uma associação foi criada com o objetivo de mobilizar as pessoas em torno de um projeto político comum: o direito ao reconhecimento das vítimas por contaminação por chumbo, à reparação financeira e previdenciária, ao atendimento médico especializado e à reparação ambiental do município, o que inclui ações de descontaminação e intervenção.

A falta de conscientização do problema e a própria questão cultural, que estaria associada a uma falta de vontade da comunidade em lutar, foram apontadas por uma entrevistada como pontos relevantes no pouco engajamento dos moradores no processo de gerenciamento do risco.

LIÇÕES APREENDIDAS

A análise dessas experiências revela, no sentido mais amplo, que situações de áreas contaminadas, por envolverem riscos complexos, cujas relações de causas e efeitos são intrincadas e difíceis de serem identificadas e mensuradas, demandam uma comunicação de risco estruturada a partir de uma troca de informações entre os avaliadores, gestores de risco, *stakeholders* e o público. Como incluem riscos com elevado grau de incerteza, a comunicação também precisa incluir estratégias que visem o estabelecimento de uma relação de confiança do público com as agências reguladoras e órgãos responsáveis. Pautado por controvérsias, esse processo comunicativo tem de incluir discussões sobre os valores públicos, estilos de vida e visões de mundo dos *stakeholders* e o envolvimento destes durante todo o processo de avaliação e gerenciamento (Renn, 2008; Di Giulio, 2012).

Ao refletir sobre essas experiências, alguns elementos que permeiam o processo de comunicação de risco merecem ser destacados: as questões éticas envolvidas; as percepções de risco e os elementos que influenciam tais percepções; a situação de estigma originado de um risco; o discurso da vitimização, que enfatiza uma situação extraordinária, de anormalidade, e que pode reforçar a fragilidade dos afetados no processo decisório; e o grau de confiança estabelecido entre a comunidade e os especialistas que participam dos estudos de avaliação de risco.

Com relação aos aspectos éticos, para além das questões a serem consideradas dentro de uma abordagem qualitativa de investigação, como a quem interessa a pesquisa, se sua condução é realista, se seus benefícios estão claros para os sujeitos participantes, se os objetivos poderão ser atendidos (Breakwell, 2010), uma atenção especial deve ser dada à abordagem metodológica, priorizando a adoção de métodos que busquem compreender o que os sujeitos envolvidos no âmbito da investigação entendem por risco (como se sentem afetados por eles, suas vulnerabilidades, capacidade de adaptação e enfrentamento etc.). Esses métodos devem possibilitar, ainda, trocas de informações, de modo que aqueles que atendam às pesquisas também adquiram mais conhecimento sobre o objeto estudado e se sintam absolutamente livres para participarem ou não da investigação proposta.

Tão importante quanto as questões éticas é compreender que as estratégias de comunicação de risco, que permeiam todo o processo de avaliação, caracterização e desenvolvimento de propostas e ações de gerenciamento do risco, devem ser estruturadas considerando-se, particularmente, como os afetados percebem e lidam com o risco no seu cotidiano. Identificar e compreender estas percepções, que são muitas vezes distintas, e as variáveis que as moldam é um ponto de partida para pensar o processo de comunicação de risco.

Particularmente nos casos citados neste capítulo, relacionados à exposição humana e ambiental ao chumbo, as percepções variaram desde o reconhecimento do risco como potencial perigo ao ambiente e à saúde, ao medo, desconhecimento e negação do perigo. As pesquisas realizadas mostraram que, entre os elementos que moldaram as percepções do risco, estavam apatia em relação ao problema; questão da identidade (e daí os sentimentos de revolta, negação, enfrentamento do problema); reconhecimento de que o risco era um problema do passado, ligado exclusivamente à atividade ocupacional; interesses econômicos; conhecimento sobre o problema; controvérsias, complexidade e incertezas científicas; falta de confiança nas instituições envolvidas; interesses político-partidários; ausência da comunidade nas decisões para minimizar o risco e a necessidade de retornar à vida cotidiana e construir o processo de esquecimento do problema (Di Giulio, 2012; Di Giulio et al., 2010, 2012, 2013).

As experiências analisadas também evidenciam a questão do estigma enfrentado pelas comunidades afetadas. Como processo de desvalorização do sujeito, que produz iniquidades sociais e reforça aquelas já existentes, o estigma foi percebido no dia-a-dia dos indivíduos afetados e acarretou, além de sentimentos prejudiciais, novas dinâmicas sociais e prejuízos de ordem econômica. Nas experiências relatadas neste capítulo, foi possível observar os impactos econômicos, psicológicos e sociais sofridos por aqueles que vivem em locais que, em virtude dos riscos e dos estigmas associados à contaminação, tiveram sua imagem pública relacionada a uma cidade doente e/ou miserável. A experiência de quem vive em um lugar contaminado e estigmatizado inclui impactos físicos e psicológicos. Os moradores têm suas vidas profundamente abaladas e perdem a sensação de que suas casas são ambientes seguros (Ferreira, 1993 e 2006; Chaves, 1998; Kasperson, Jhaveri e Kasperson, 2005).

As experiências citadas revelam também uma tendência dos afetados assumirem o discurso da vitimização (FERREIRA, 1993, 2006), que reforça a fragilidade desses indivíduos, posicionando-os em uma categoria inferior na hierarquia valorativa institucional. Esse discurso de vitimização, que tem por base uma ética que remete ao direito dos despossuídos e das vítimas da contaminação, em geral, não atinge a meta principal daqueles que o adotam – a de alcançar as demandas postuladas. Ao contrário, tal discurso reforça a situação extraordinária de anormalidade, inferioridade e fragilidade dos indivíduos e das comunidades afetadas, acentua o estigma do lugar e das pessoas afetadas, dificulta a inclusão desses indivíduos no debate e no processo decisório e no reconhecimento de suas necessidades e interesses, excluindo-os ainda mais do processo de governança do risco.

Finalmente, as experiências exploradas neste capítulo revelam como a questão da confiança é elemento central no estabelecimento de um diálogo entre aqueles que vivenciam o risco, os especialistas que o avaliam e os que tomam decisões sobre como gerenciá-lo. Nas situações estudadas, observa-se a falta de confiança no Estado, na política governamental e, algumas vezes, até mesmo na produção de conhecimento científico, particularmente instaurada quando os afetados suspeitam ou estão convencidos de que a produção de riscos e ameaças e a contaminação ambiental podem ter sido acobertadas, permitidas ou negligenciadas por esses atores.

Esse desgaste na confiança e na legitimidade dos órgãos envolvidos é acentuado pelas relações estremecidas que se estabelecem e tomam forma entre os grupos sociais que estão na arena, consequências diretas e indiretas das estratégias de abordagem, ação e comunicação adotadas, particularmente quanto estas estratégias tendem a legitimar a autonomia dos cientistas, especialistas e gestores, remetendo os afetados para um espaço de silêncio, desconsiderando a necessidade de incorporar as percepções e preocupações desses indivíduos e as implicações sociais e econômicas associadas ao risco enfrentado (Di Giulio, 2010; Di Giulio, 2012).

CONSIDERAÇÕES FINAIS

A análise das experiências exploradas neste capítulo mostra que há algumas etapas comuns relevantes que devem ser incluídas no processo de comunicação de risco, de modo a estabelecer um diálogo entre os diferentes grupos sociais envolvidos, resgatar a relação de confiança entre esses atores e promover uma maior participação do público afetado nas decisões que os impactam diretamente.

Neste sentido, nos estudos e intervenções em áreas contaminadas, para além da identificação de fontes de informação sobre a área a ser estudada e avaliação da qualidade das informações disponíveis sobre saúde e ambiente, é fundamental que sejam contempladas estratégias de aproximação e comunicação embasadas nas percepções e conhecimentos que os indivíduos têm sobre os riscos que os atingem e os locais onde vivem.

Parece-nos claro que estes estudos e intervenções precisam estar apoiados no exercício de uma comunicação de risco participativa. Como argumenta Lindell (2011), envolver as comunidades locais no processo de avaliação, gerenciamento e mitigação dos riscos é importante porque elas têm relevantes informações sobre o ambiente em que vivem. Suas atitudes e percepções são fundamentais para identificar prioridades e medidas que podem ser aceitáveis e contribuir para melhorar a qualidade de vida das pessoas.

Referências Bibliográficas

Allan, S.; Adam, B. e Carter, C. **Environmental risks and the media.** London Ed: Routledge. 2000.

Agency for Toxic Substances and Disease Registry. (ATSDR). 1992. **Public Health Assessment Guidance Manual.** Lewis Publishers. Boca Raton – Ann Arbor – London – Tokyo. 220 pp.

Beck, U, Giddens. A., Lassh, S. Modernização Reflexiva. Política, Tradição e Estética na Ordem Social Moderna. São Paulo, UNESP, 1997.

Beck, U.. **Ecological politics in an age of risk**. Cambridge, Polity Press. 1995

Beck, U. Nascimento, SEBASTIÃO (trad). 2010. **Sociedade de risco rumo a uma outra modernidade.** 2. ed.. São Paulo, Ed. 34, 2011. 383 p

Boholm, A. *The cultural nature of risk:* can there be an anthropology of uncertainty? Ethnos, 68 (2):159-178. 2003

Boholm, A. Editorial: New perspectives on risk communication: uncertainty in a complex society. **Journal of Risk Research**, vol. 11, 1-2:1-3, 2008.

Boyne, R. **Risk.** Open University Press, Buckingham.2003.

Carvalho, A. 2004. Política, cidadania e comunicação "crítica" da ciência. **Comunicação e Sociedade**, 6: 35-49.2004.

Carvalho, F.M. et al. Chumbo no sangue de crianças e passivo ambiental de uma fundição de chumbo no Brasil. **Revista. Panamericana de Salud Publica** 1:19-23.2003.

Carvalho, F.M.; Silvany-Neto, A.M.; Peres, M.F.T.; Gonçalves, H.R.; Guimarães, G.C.; Amorim, C.J.B.; Silva Jr, A.S. Intoxicação pelo chumbo: zinco protoporfirina no sangue de crianças de Santo Amaro da Purificação e de Salvador, BA. **Jornal de Pediatria**, Rio de Janeiro, 73: S11-S14, 1996.

Chaves, E.G. **Atos e Omissões:** acidente com o Césio-137 em Goiânia. Tese de Doutorado. Instituto de Filosofia e Ciências Humanas, Universidade Estadual de Campinas,1998.

Covello, V. e Sandman, P.M. Risk Communication: Evolution and Revolution. In: A. Wolbarst (ed.) **Solutions to an Environment in Peril**, John Hopkins University Press, 164-178.2001

Di Giulio, G.M. Comunicação e governança do risco: exemplos de comunidades expostas à contaminação por chumbo no Brasil e Uruguai. Tese de Doutorado, Unicamp, 2010.

Di Giulio, G.M.. Risco, ambiente e saúde: um debate sobre comunicação e governança do risco em áreas contaminadas. 1/1. ed. São Paulo: Annablume, 2012. 390p.

Di Giulio, G.M. ; Figueiredo, B. R. ; Ferreira, L.C. ; Anjos, J.A.S.A. . **Experiências brasileiras e o debate sobre comunicação e governança do risco em áreas contaminadas por chumbo.** Ciência e Saúde Coletiva (Impresso), v. 17, p. 337-349, 2012.

_____; Figueiredo, B. R.; Ferreira, L.C. ; Anjos, J.A.S.A. . **Comunicação e governança do risco:** *a experiência Brasileira em áreas contaminadas por chumbo. Ambiente e Sociedade* (Campinas), v. XIII, p. 283-297, 2010.

_____; Figueiredo B.R.; Ferreira. C.; Anjos, J.A.S.A. **Ambiente e Sociedade** . Campinas v. XIII, n. 2. p. 283-297 . jul.-dez. 2010.

_____; Figueiredo, Bernardino Ribeiro; Ferreira, Lúcia Costa; Macnaghten, Phil ; Mañay, Nelly ; Dos Anjos, José Ângelo Sebastião Araújo . **Participative risk communication as an important tool in medical geology studies.** Journal of Geochemical Exploration, v. 131, p. 37-44, 2013.

Dos Anjos, J.A.S.A. **Avaliação da eficiência de uma zona alagadiça (wetland) no controle da poluição por metais pesados:** o caso da Plumbum em Santo Amaro da Purificação/BA. Tese de Doutorado, USP, São Paulo.2003

Douglas, M.. **Purity and danger:** An analysis of concepts of pollution and taboo. Praeger, New York. 1966.

_____, M. *La aceptabilidad del riesgo según las ciencias sociales.* Ediciones Paidós Ibérica.1996.

_____, M. **Risk and blame:** essays in cultural theory. London, New York, Routledge. 1994.

_____, M., e Wildavsky, A. B. **Risk and culture**: An essay on the selection of technical and environmental dangers. University of California Press, Berkeley.1982.

Ferreira, L.C. Os fantasmas do *Vale*: qualidade ambiental e cidadania. Editora da UNICAMP, Campinas.1993.

Ferreira, L.C. *Os fantasmas do Vale*: conflitos em torno do desastre ambiental em Cubatão. **Política e Trabalho**, 23 (25): 165-188.2006.

Freitas, C.U. **Vigilância de população exposta a chumbo no município de Bauru – São Paulo:** investigação de fatores de exposição e avaliação da dinâmica institucional. Doctorate Thesis, Public Health College, University of São Paulo, São Paulo. 2004.

Guivant, J.S. **A trajetória das análises de risco**: da periferia ao centro da teoria social. Revista Brasileira de Informações Bibliográficas, Anpocs, 46: 3-38.1998.

_____, J.S. Riscos Alimentares: **Novos desafios para a sociologia ambiental e a teoria social.** 2002. Disponível em: < http://www.iris.ufsc.br/pdf/riscos%2- alimentares%20revista%20Desenvolvimento%20e%20Meio%20 Ambiente.PDF>, acessado em 27/04/2010.

Guivant, J.S. A governança dos riscos e os desafios para a redefinição da arena pública do Brasil. In: **Ciência, Tecnologia + Sociedade. Novos Modelos de Governança**. Brasília, 6 a 11 de dezembro, 2004.

Guivant, J. S. Transgênicos e percepção pública da ciência no Brasil. **Revista Ambiente & Sociedade**, vol. 9, n. 1, p. 81-103, 2006.

Hannigan, J.A. **Environmental sociology** – a social construction perspective. Routledge, London. 2006

Kasperson, R.E., Jhaveri, N. e Kasperson, J.X. **Stigma and the Social Amplification of Risk**: Towards a Framework of Analysis. 2005 In: Kasperson, R.E. e Kasperson, J.X. *The Social Contours of Risk: publics, risk communication and the social amplification of risk*. Earthscan, London, 161-180.2005

Latour, B. **Ciência em Ação: como seguir cientistas e engenheiros sociedade afora**. São Paulo: Editora UNESP, 2000. 321 p.

Leiss, W. Three Phases in the Evolution of Risk Communication Practice. **Annals of the American Academy of Political and Social Science**, Vol. 545, Challenges in Risk Assessment and Risk Management.1996.

Lindell, L., **Environmental effects of agricultural expansion in the Upper Amazon**—a study of river basin geochemistry and hydrochemistry and farmers' perceptions. Doctoral dissertation, Linnaeus University.2011

Lofstedt, R. E. & Perri 6. What environmental and technological risk communication research and health risk research can learn from each other. **Journal of Risk Research**, vol. 11, 1-2:141-167.2008.

Lundgren, R. e McMakin, A. **Risk Communication:** A handbook for communicating environmental, safety and health risks. Battelle Press, Ohio.2000.

Owens, S. Engaging the public: information and deliberation in environmental policy. **Environment and Planning** A, 32: 1141-1148.2000.

Padula, N.A.M.R.; Abreu, M.H.; Miyazaki, L.C.Y.; Tomita, N. Grupo de Estudo e Pesquisa da Intoxicação por Chumbo em Crianças em Bauru. Intoxicação por chumbo e saúde infantil: ações intersetoriais para o enfrentamento da questão. **Cadernos de Saúde Pública**, 22 (1) 163-171.2006

Lupton, D. *Risk*. Routledge, London, 1999.

Renn, O. **Risk governance**: coping with uncertainty in a complex world. Earthscan, London: 2008

Renn, O.; Levine, D. Credibility and trust in risk communication. In: Kasperson, R. E.; Slatlen, P. J. M. **Communicating risks to the public: international perspectiv**es. Netherlands: Kluwer Academic Publishers, p. 175-218, 1991.

Roland, M.C.. Convite aos pesquisadores para uma reflexão sobre suas práticas de pesquisa. In Vogt, C. (org.), **Cultura Científica**: Desafios. São Paulo, Editora da Universidade de São Paulo, Fapesp. 2006.

SCHLAG, A.K. **Expert and lay representations of gm food**: implications for risk communication. PhD thesis – Institute of Social Psychology. London School of Economics and Political Science, University of London.2006.

Silvany-Neto, A.M.; Carvalho, F.M.; Lima, M.E.C.; Tavares, T.M.; Azaro, M.G.A.; Quaglia, G.M.C. **Chumbo e Cádmio No Sangue e Estado Nutricional de Crianças de Santo Amaro**, Bahia. Rev. Saúde Pública, São Paulo, 21 (1): 44-50.1987.

Tavares, T.M. e Carvalho, F.M.. **Avaliação da Exposição de Populações Humanas A Metais Pesados No Ambiente:** Exemplos do Recôncavo Baiano. Química Nova, 15 (2): 147-154.1992.

Taylor-Gooby, P. e Zinn, J.O. **Risk in social science**. Oxford University Press, Oxford.2006.

Wynne, B. **Sheep farming after Chernoby** – A Case Study in Communicating Scientific Information. Environment Magazine 31: 10-15. 1989.

Emergências Químicas e Passivos Ambientais

*Adelaide Cassia Nardocci • Luís Sérgio Ozório Valentim
Jorge Luiz Nobre Gouveia • Cristiane Maria Tranquillini Rezende
Francisco Carlos de Campos*

INTRODUÇÃO

Uma das características mais marcantes da sociedade moderna é a incansável produção, transação, circulação e consumo de mercadorias. Nas lógicas do mercado, a matéria não descansa. Ela deve ser prospectada, transformada, comercializada e descartada no ritmo inquieto da economia contemporânea.

Se para a teoria econômica mercadoria é, entre outras coisas, trabalho humano acumulado, para quem lida com questões ambientais ela é, também e cada vez mais, matéria prima transformada, natureza alterada.

Comidas, carros, casas, roupas, móveis, combustíveis, celulares, computadores, eletrodomésticos, e tudo mais que convêm à boa vida atual, remete a um progressivo e vigoroso engenho humano, entre as intrincadas cadeias produtivas e o despreocupado consumo. Tanto mais dependemos das mercadorias com alta carga tecnológica quanto menos lhes conhecemos as matérias que as originam e as tecnologias que as viabilizam.

De fato, não é tarefa fácil olhar para a natureza intocada pelo homem e tentar compreender como a partir dela se gera o celular ou o carro e seus combustíveis. Tais criações prescindem de acúmulos civilizatórios que envolvem sofisticação, atos ousados e doses elevadas de riscos.

Emergências Químicas e Passivos Ambientais

Uma das maiores ousadias humanas em relação à natureza foi a síntese química das matérias, quando novos arranjos moleculares abriram ao homem infinitos caminhos para uma nova natureza, transformada – ou subjugada – pelos artifícios da ciência.

Se o advento da química industrial foi esteio da vida moderna e civilizada, ela, por outro lado, ancorou uma nova relação entre o homem e a natureza, no qual os passivos ambientais e os riscos de exposição das pessoas a substâncias químicas perigosas, com múltiplas possibilidades de adoecimento, ganhou patamares inéditos.

Para sustentar a imensa produção de mercadorias da era moderna é necessário um mundo de extrações, circulações, estocagens, sínteses e processamentos de substâncias diversas, dentre elas as que implicam ameaças mais severas à vida humana, como os combustíveis, os agrotóxicos e os produtos químicos em geral.

Substâncias químicas perigosas devem estar protegidas por estruturas e procedimentos de segurança para que não contaminem o meio ambiente e entrem em contato com as pessoas. Toda a lógica de produção e uso das substâncias, em especial as perigosas, exige sua contenção em invólucros apropriados de maneira que elas não se percam no ambiente em geral, numa inconveniente mistura com outros elementos da natureza.

Conter, portanto, as substâncias químicas perigosas em espaços restritos, seguros e à prova de qualquer vazamento é requisito essencial tanto nos arranjos de transformação dos recursos naturais em mercadorias como nas políticas ambientais e de saúde pública. Um acidente envolvendo substância perigosa é o evento imprevisto e indesejado que possibilita a fuga da substância de seu recipiente de contenção para outro recinto menos restrito ou para o meio em geral, implicando contaminação desses locais e possibilidades variadas de seu contato com a população humana.

É assim quando um caminhão transportador de combustível tomba e o produto até então retido em tanque é lançado na rodovia, expondo moradores locais e ameaçando mananciais de abastecimento público. Assim é também quando um duto de petróleo ou uma barragem de rejeitos se rompe, ou ainda quando uma planta industrial explode, lançando aos ares solventes e outras substâncias inflamáveis e tóxicas.

Desde os primórdios da Revolução Industrial, e da escalada da mercadoria como elemento central das relações econômicas, foram incrementadas tensões entre o gesto ousado da produção e a prudência da regulação; entre a frenética manufatura de tudo que nos protege, conforta e deleita e a contenção desses ímpetos produtivos naquilo que nos ameaça e nos adoece. No curso do processo civilizatório observa-se toda sorte de estratégias regulatórias para minimizar riscos derivados dessa produção, circulação e uso incessante da mercadoria.

Neste contexto, as questões afetas aos acidentes e às emergências químicas estão hoje sujeitas a um vasto arcabouço regulatório que se expressa em políticas públicas de segurança química; controle ambiental dos processos produtivos; prevenção, preparação e resposta aos acidentes; prevenção de riscos à saúde, entre outros.

Ainda assim, tais acontecimentos resistem ao avanço tecnológico e às medidas de prevenção impostas pela sociedade por meio da legislação e da regulação pelo poder público, como mostram desastres ora icônicos, como Chernobil (Ucrânia, 1986), Bophal (Índia, 1986), Exxon Valdez (Alasca, 1989), Samarco (Brasil, 2015), Brumadinho (Brasil, 2019), dentre tantos outros.

Desde os anos de 1970, a sociedade tem demandado com mais insistência políticas ambientais que a proteja da exposição ao desmedido produzir, circular e consumir produtos químicos perigosos. Em tempos mais recentes, os cidadãos passaram também a exigir do setor Saúde políticas mais incisivas e integradas para controle do risco sanitário em acidentes químicos.

As consequências dos acidentes em termos da geração de passivos ambientais, em especial as áreas contaminadas, fomentaram, nessas últimas duas décadas, estratégias direcionadas de atuação dos órgãos de meio ambiente. Convém ressaltar que muitas áreas hoje declaradas contaminadas tiveram origem não na lenta e recorrente transferência de produtos perigosos de seus recipientes de contenção para o meio ambiente, mas por ocorrências pontuais, acidentes enfrentados com os recursos disponíveis nas circunstâncias do momento, cujo legado se expressa no presente, dentre outros, em encargos socioeconômicos e passivos ambientais.

No Sistema Único de Saúde (SUS), a vigilância desses eventos encontra respaldo na atribuição legal de prevenir os riscos à saúde da população contra fatores exógenos, neles inclusos os provocados pelos acidentes com substâncias químicas perigosas. No escopo dos acidentes, os órgãos de Vigilância do SUS têm obrigações próprias, em especial as que dizem respeito à avaliação e gerenciamento dos riscos à saúde de populações expostas a ambientes impactados pelos acidentes com substâncias químicas perigosas.

A regulação pública de tais eventos remete a uma intrincada teia de competências, nas quais órgãos de Defesa Civil, como Corpo de Bombeiros, de Meio Ambiente e de Assistência à Saúde têm atuação destacada nas consequências diretas geradas pelo desastre, tais como resgate e socorro às vítimas, contenção de incêndios e de vazamentos e isolamento da área afetada.

Em tal contexto, cabe à Vigilância à Saúde colaborar nas ações integradas de prevenção, preparação e resposta aos acidentes, centrando sua atenção nos possíveis impactos ao meio ambiente causados pelos eventos e seus potenciais em termos de exposição e riscos à saúde dos grupos populacionais com eles direta ou indiretamente relacionados.

DEFINIÇÃO E CARACTERIZAÇÃO GERAL DOS ACIDENTES QUÍMICOS

Os acidentes com produtos químicos perigosos envolvem um amplo conjunto de variáveis que implicam diferentes cenários de riscos e de estratégias de enfrentamento.

Os eventos podem ocorrer em fases distintas da cadeia de manufatura e de consumo dos produtos, contemplar substâncias com graus variados de periculosidade, apresentar distintos níveis de magnitude e transcendência, afetar populações mais ou menos vulneráveis, impactar o meio ambiente de muitas maneiras e causar danos sociais irreparáveis.

A adequada regulação ambiental e sanitária desses eventos demanda conhecer as condições que lhes dão origem, as formas como se manifestam e as consequências que geram. A gestão do risco de desastres é um campo multidisciplinar que requer uma cadeia contínua de atividades, as quais podem ser classificadas em três fases principais: de prevenção dos perigos, de preparação e resposta às emergências e de recuperação (Wisner e Adams, 2002). Segundo tais autores, todas essas fases compõem o ciclo da gestão de desastres e estão fortemente conectadas. Algumas vezes, essas fases podem ocorrer simultaneamente, como ilustrado na Figura 9.1.

134 | Emergências Químicas e Passivos Ambientais

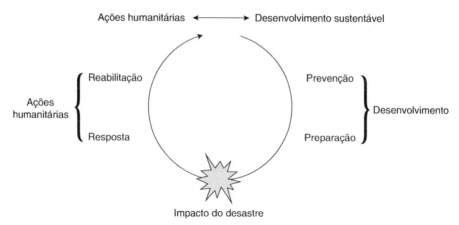

Figura 9.1. Fases do gerenciamento do risco de desastres. Fonte: Wisner and Adams (2002).

É importante definir dois conceitos fundamentais desse campo: os "Desastres" e as "Emergências Ambientais". Segundo Wisner e Adams (2002), desastres são eventos que ocorrem quando um número significativo de pessoas é exposto a riscos aos quais eles são vulneráveis, com ferimentos e perda de vidas, geralmente combinados com danos à propriedade e aos meios de subsistência. Emergências são situações que derivam dos desastres, nas quais a capacidade da comunidade afetada para lidar com o problema foi extremamente prejudicada, requerendo ações rápidas e eficazes para evitar mais perdas de vidas e dos meios de subsistência.

A etapa de Prevenção envolve ações para evitar a ocorrência dos desastres, ou, quando não possível, minimizar seus impactos e danos. Ela deve focar principalmente a identificação e a dinâmica dos processos geradores de risco. A etapa de Preparação é quando as instituições e também a população se organizam e se capacitam para atuar e responder de modo apropriado a um potencial desastre. Quando, assim mesmo, ocorre o desastre, tem início a fase de Resposta, cujo objetivo é reduzir danos e mortes de pessoas e proteger e/ou restabelecer os serviços essenciais. Após as ações de Resposta, têm início as fases de Reabilitação e Recuperação, que podem incluir desde a reconstrução de infraestruturas atingidas até a reabilitação dos modos de vida e dos meios de subsistência impactados.

Assim, as emergências ambientais derivam de eventos impactantes e muitas vezes estão associadas à presença de substâncias químicas perigosas. As emergências de origem química podem causar exposições agudas e danos imediatos à vida e à saúde da população, bem como impactos críticos ao meio ambiente. Suas consequências podem ser catastróficas, dependendo das características dos produtos envolvidos, da quantidade e forma de liberação destes e dos meios afetados.

Ao impactar o meio ambiente, os acidentes com produtos químicos perigosos podem gerar consequências de longo prazo, passivos ambientais, dentre eles as áreas contaminadas. Por sua vez, há o risco de as áreas com passivos ambientais causarem emergências químicas, demandando ações imediatas de contenção para além dos procedimentos padrões de investigação e remediação de riscos em áreas contaminadas.

As emergências envolvendo áreas contaminadas estão associadas à presença de substâncias químicas perigosas – tóxicas, inflamáveis e ou explosivas – em um determinado local. O gerenciamento inadequado desses passivos pode facilitar migrações e concentrações perigosas de substâncias

Emergências Químicas e Passivos Ambientais | **135**

químicas, ocasionando riscos de explosões, incêndios e outros eventos, com possibilidades de exposições humanas e intoxicações agudas, demandando medidas imediatas para a proteção das pessoas.

O atendimento às emergências ambientais e químicas no Brasil é de responsabilidade do Sistema de Proteção e Defesa Civil, composto por órgãos e entidades da administração pública federal, dos estados, do Distrito Federal e dos municípios, bem como por entidades públicas e privadas de atuação mais incisiva na área de proteção e defesa civil, de acordo com a Lei Nº 12.608/2012, que instituiu a Política Nacional de Proteção e Defesa Civil (Brasil, 2012).

Os principais órgãos envolvidos em emergências associadas às substâncias químicas perigosas são o corpo de bombeiros, os órgãos ambientais e outras instâncias de defesa civil, como os de segurança pública, de transporte e os de saúde, que incluem os serviços de assistência e de vigilância. A atuação dos serviços de vigilância adquire maior relevância nas emergências quando os desastres provocam danos ambientais que podem favorecer, imediata ou posteriormente, exposições e agravos de grupos populacionais e trabalhadores à substâncias químicas tóxicas, seja pela ingestão de água e alimentos contaminados, pelo contato dérmico com o solo e outros elementos, ou pela inalação do ar alterado pelas substâncias químicas perigosas.

No estado de São Paulo, as ações mais imediatas para enfrentar as emergências químicas são de responsabilidade do Setor de Atendimento a Emergências da Companhia Ambiental do Estado de São Paulo (CETESB), órgão de referência e apoio para a Organização Pan-Americana de Saúde (OPAS).

Tipologia geral dos acidentes

Existem várias classificações possíveis e aceitas internacionalmente para os acidentes. A mais utilizada é em relação à sua origem, que pode estar relacionada a um evento natural ou a atividades humanas. A origem do acidente pode estar também associada a um fenômeno natural que desencadeia impactos de diferentes ordens nas estruturas humanas, como nas indústrias e outros estabelecimentos que manipulam substâncias químicas perigosas, a exemplo do que ocorreu em Fukushima, no Japão, em 2011, após uma instalação nuclear ser fortemente atingida por terremoto seguido de tsunami; ou em New Orleans (EUA), após a passagem do furacão Katrina, em 2005.

Desta forma, os eventos são comumente divididos em:

- Desastres naturais: causados por fenômenos da natureza;
- Desastres/acidentes tecnológicos: eventos de ordem antropogênica, cuja origem remete a falhas de processo ou outros desarranjos em instalações industriais, em meios de transporte, em áreas de armazenamento de produtos químicos perigosos etc.
- Desastres *natechs*: acidentes tecnológicos desencadeados por fenômenos naturais, gerando incêndios, explosões e ou contaminação de solo, água e recursos naturais por substâncias químicas perigosas ou material radioativo.

Nas últimas décadas, o Brasil tem registrado desastres tecnológicos de grande amplitude, mas ainda não dispõe de um banco de dados de abrangência nacional sobre o assunto. Consta na base de dados *Emergency Events Database* (EM-DAT), gerenciado pelo Centro de Pesquisa em Epidemiologia de Desastre (CRED, sigla em inglês), da Universidade de Louvain, Bélgica, centro de referência

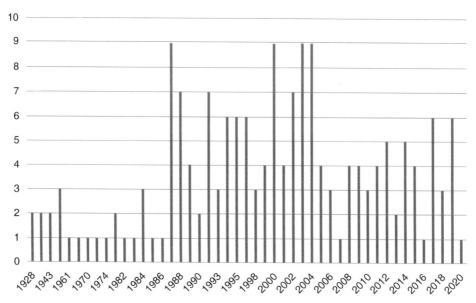

Figura 9.2. Número de acidentes tecnológicos ocorridos anualmente no Brasil de 1928-2020. Fonte: EM-DAT, CRED/ UCLouvain, Brussels, Belgium.www.emdat.be (D. Guha-Sapir), acessado em 16/11/2020.

da Organização Mundial da Saúde em epidemiologia de desastres, 173 desastres tecnológicos, desde 1928, no território brasileiro, conforme mostra a Figura 9.2.

Em relação à origem, foram 126 acidentes de transporte (73%), 15 (9%) industriais e 32 (18%) de fontes variadas, não sendo possível identificar quantos desses eventos envolveram a liberação de substâncias químicas perigosas. Quanto ao número de vítimas e feridos, segundo EM-DAT, os desastres tecnológicos ocorridos no Brasil desde 1928 resultaram em 7211 mortes e 5124 feridos; em média, 42 óbitos e 29 feridos por evento.

Em termos de pessoas afetadas, os desastres industriais respondem por aproximadamente 99% do total, com 550.243 indivíduos impactados por desastres tecnológicos de origem industrial, 3.600 por desastres de fontes variadas e 318 por acidentes com transporte. Segundo EM-DAT*, pessoas afetadas são aquelas que precisam de assistência imediata durante um período de emergência, ou seja, que requerem recursos essenciais para a sobrevivência, como comida, água, abrigo, saneamento e assistência médica imediata.

POLÍTICAS PÚBLICAS DE MEIO AMBIENTE E DE SAÚDE PARA ACIDENTES QUÍMICOS

As emergências químicas no Sistema Nacional de Meio Ambiente (Sisnama)

As principais legislações e programas nacionais voltados à segurança química no Brasil são derivadas de iniciativas internacionais. O conceito de segurança química foi introduzido na Conferência Mundial das Nações Unidas, em 1972, resultando no Programa Internacional de Segurança Química, instituído

*https://emdat.be/Glossary.

em 1980 e gerenciado de forma integrada pela Organização Mundial da Saúde (OMS), Organização Internacional do Trabalho (OIT) e Programa das Nações Unidas para o Meio Ambiente (PNUMA). O objetivo do programa é prover os países com informações, guias e procedimentos cientificamente embasados para que possam construir suas próprias políticas e estratégias de segurança química. As ações internacionais foram ampliadas com a Agenda 21, documento elaborado na Conferência das Nações Unidas para o Meio Ambiente, realizada no Rio de Janeiro em 1992. No Capítulo 19 da Agenda constam as estratégias voltadas a segurança química (Freitas et al, 2002).

Para coordenar a implantação do Capítulo 19 da Agenda 21 no âmbito nacional, o Ministério do Meio Ambiente instituiu em 2001 a Comissão Nacional de Segurança Química (CONASQ), envolvendo representantes de diversos setores governamentais e da indústria, universidades e sociedade civil, com atribuições de gestão dos compromissos nacionais e internacionais do país sobre segurança química. Dentre outros compromissos, a CONASQ procurou fomentar a implantação no país do Sistema Estratégico para o Gerenciamento Internacional de Substâncias (SAICM), do Sistema Globalmente Harmonizado para Rotulagem de Substâncias (GHS) e das convenções internacionais das quais o Brasil é signatário, como a Convenção 170 e 174 da Organização Internacional do Trabalho (OIT), que tratam, respectivamente, da segurança no trabalho com produtos químicos e da prevenção de grandes acidentes químicos.

A CONASQ procurou fomentar também a implementação no território nacional das diversas convenções internacionais que tratam do assunto, como as de Estocolmo (1992), para proteção do meio ambiente global; da Basiléia (1989), para controle de movimentos transfronteiriços de resíduos perigosos e seu depósito; de Paris (1992), sobre a proibição de armas químicas e uso pacífico de substâncias; de Roterdam (1998), para regulação do comércio internacional de produtos perigosos; e a de Minamata (2013), a respeito da restrição e controle do uso de mercúrio.

A ocorrência de acidentes de grande amplitude e repercussão envolvendo substâncias químicas perigosas incentivou a criação dos programas de prevenção e de resposta aos grandes acidentes, tanto no plano internacional como nacional. Eventos como a explosão em 1974, na planta industrial da empresa Nipro Ltda., localizada em Flixboroug (Reino Unido), em razão do vazamento de 30 toneladas de ciclohexano, que resultou em 28 pessoas mortas, 36 feridos, 1821 residências e 167 estabelecimentos comerciais afetados, além da destruição total da planta industrial, alertaram para a necessidade de estruturar políticas e programas mais consistentes. Esse acidente resultou na aprovação de uma legislação britânica sobre o licenciamento de instalações industriais e de gerenciamento de riscos de acidentes.

O acidente de Seveso, em 1976, no município de Meda, Itália, envolveu a liberação de grande quantidade de tetraclorodibenzoparadioxina (TCDD) na forma de nuvem tóxica produzida pela reação exotérmica envolvendo um reator que produzia triclorofenol (TCP), resultando na intoxicação de duas mil pessoas, a remoção de outras 600 e a contaminação ambiental de uma extensa área, com prejuízos mais acentuados na província vizinha de Seveso. Embora não tenha provocado mortes imediatas, ainda são observados na região graves lesões e outros agravos importantes à saúde humana. O evento foi um marco importante para a regulamentação de medidas para prevenir e controlar esse tipo de acidente no âmbito da Comunidade Europeia (CE) (EC 2007)

Da mesma forma que em outros países, no Brasil as regulamentações e programas voltados aos acidentes químicos foram motivados por graves e importantes eventos. Um vazamento de petróleo no canal de São Sebastião, no litoral do estado de São Paulo, em 1978, devido à colisão do navio Brazilian Marina com uma rocha submersa, causou vazamento de seis mil metros cúbicos de petróleo no mar e a contaminação de sensível faixa do litoral paulista. O acidente motivou a criação do Setor de Atendimento a Emergências Ambientais da Cetesb em 1978.

A década de 1980 também foi marcada por grandes tragédias industriais no mundo e no Brasil. O acidente de Bhopal, na Índia (1984); a explosão do reator nuclear de Chernobyl, na Ucrânia (1986), e o vazamento de 40 milhões de litros de petróleo do petroleiro Exxon Valdez (1989), no Alasca, estão, ainda hoje, entre as maiores tragédias da indústria química mundial. No Brasil, o acidente de Vila Socó (1984), em Cubatão, envolvendo a ruptura de um duto de combustível da Petrobrás, que causou cerca de 500 mortes; e o acidente com o Césio 137 (1987), em Goiânia, também contribuíram para ampliar a lista das grandes tragédias mundiais.

Apesar destes eventos, foi apenas após a vazamento de óleo provocado pela ruptura de uma das tubulações da Refinaria de Duque de Caxias (2000), com vazamento de cerca de 1,3 milhões de litros de óleo cru na baía de Guanabara, no Rio de Janeiro, que atingiu praias, áreas de proteção ambiental sensíveis e comunidades de pescadores, é que teve início a elaboração de um programa nacional voltado a prevenção, preparação e resposta a acidentes com produtos químicos. Em 2003, o rompimento da barragem de Guataguases (MG), quando toneladas de resíduos perigosos contaminaram os rios Pomba e Paraíba do Sul, deixando várias cidades sem água para o abastecimento público, motivou o Ministério do Meio Ambiente a instituir o Plano Nacional de Prevenção, Preparação e Resposta Rápida a Emergências Ambientais com Produtos Químicos Perigosos (P2R2), cujos objetivos foram prevenir a ocorrência de acidentes com produtos químicos perigosos e aprimorar o sistema de preparação e resposta a emergências químicas no País (Brasil, 2007).

A sequência de desastres ocorridos nesses últimos anos, com emergências ambientais de diferentes ordens, evidencia que as políticas públicas sobre o assunto, estruturadas especialmente a partir da década de 1980, precisam ser ampliadas e aprimoradas para uma efetiva redução da frequência e magnitude desses eventos, bem como para uma resposta mais eficaz na atenção e assistência à população atingida.

Como enfatizado por Freitas et al (2002), o Brasil intensificou o processo de industrialização entre 1960 e 1980, durante um período de governo centralizado e com restrições no exercício das liberdades democráticas, com políticas econômicas centradas nas grandes empresas multinacionais, no endividamento público, na maior exploração da mão de obra trabalhadora e com fragrante dicotomia entre as diretrizes de crescimento econômico e de preservação ambiental. Tal modelo perseverou nas décadas seguintes ainda com força suficiente para influenciar processos de industrialização e de urbanização desordenados, com severas consequências em termos de exposição de trabalhadores e da população em geral a substâncias químicas perigosas.

Embora a Constituição Federal de 1988, em seu artigo 225, parágrafo 1º, alínea V, determine que a tarefa de controlar a produção, a comercialização e o emprego de técnicas, métodos e substâncias que comportem risco para a vida, a qualidade de vida e o meio ambiente é de responsabilidade do Poder Público, o Brasil ainda hoje não dispõe de uma política nacional de segurança química.

Por conta disto, observa-se, dentre outros problemas, divergências nas abordagens entre diferentes setores; normas e regulamentações desatualizadas; carências de inventários de produção, uso e disposição de produtos perigosos; e lacunas na condução de determinados aspectos

Emergências Químicas e Passivos Ambientais | **139**

associados à vigilância do risco sanitário e ao controle ambiental, como no caso da exposição simultânea a substâncias químicas no ambiente. Nos últimos anos, o país tem flexibilizado certas políticas, procedimentos e controles da legislação vigente, na contramão da necessidade de proteger a saúde da população, como ocorre com o uso intensivo e crescente de agrotóxicos no território nacional (Almeida et al, 2017).

As emergências químicas no Estado de São Paulo

A Cetesb, órgão paulista de controle ambiental, tem se consolidado desde a década de 1980 como referência nacional em emergências químicas, atuando, em conjunto com o Corpo de Bombeiros, nas ações envolvendo produtos perigosos. Em 1992, a convite da Organização Pan-Americana da Saúde, a Cetesb passou a atuar como Centro Colaborador em Prevenção, Preparativos e Resposta às Situações de Emergência Química para países da América Latina e Caribe, com atribuições de capacitação e apoio ao enfrentamento de emergências químicas na região. Em 2009, a Cetesb passou a coordenar a Rede de Emergências Químicas para a América Latina e Caribe (Requilac). Em 2014, o órgão publicou o primeiro manual de atendimento a emergências químicas (CETESB, 2014).

A Cetesb gerencia o Sistema de Informações sobre Emergências Químicas* (SIEQ), que contém dados sobre os eventos atendidos. De acordo com o SIEQ, no período de 2000 a junho de 2020, foram atendidas 11716 emergências químicas no território paulista. A quantidade de vítimas fatais e feridos por tipo de população afetada (população em geral ou trabalhadores) é apresentada na Tabela 9.1.

De acordo com o SIEQ, das emergências químicas ocorridas no período de 2000 a 2020, 49,5% estavam associadas ao transporte rodoviário de produtos perigosos, 7,5% ocorreram na indústria e 5,37% em postos ou sistemas retalhistas de combustíveis. Cabe também mencionar que 9,5% das ocorrências não têm origem identificada e 4,6% envolvem o descarte de resíduos químicos, além de outras atividades, como mostra a Figura 9.3.

Tabela 9.1. Número de vítimas devido a acidentes com produtos perigosos no Estado de São Paulo no período 2000 a 2020		
Quantidade de vítimas		
	Fatais	**Feridas**
Pelo acidente (trabalhador)	213	849
Pelo acidente (civil)	86	294
Pelo produto (trabalhador)	21	421
Pelo produto (civil)	6	348
Total parcial	326	1.912
Total (fatais + feridas)	2.238	
Evacuadas	9.478	
Total Geral	**11.716**	

Fonte: SIEQ, CETESB.

---

*https://sistemasinter.cetesb.sp.gov.br/emergencia/relatorio.php.Acessado em 01 de julho de 2020.

140 | Emergências Químicas e Passivos Ambientais

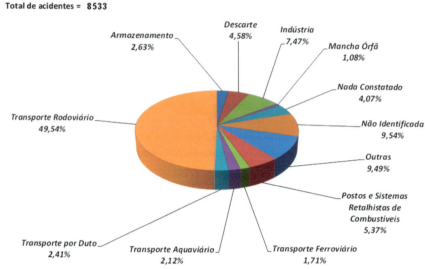

Figura 9.3. Emergências químicas atendidas pela Cetesb entre 1 de janeiro de 2020 e 30 de junho de 2020.

A Figura 9.4 mostra a distribuição das emergências, ocorridas nesse mesmo período, em relação à classe de risco das substâncias químicas perigosas envolvidas. As principais classes de risco contemplam líquidos inflamáveis (33%), geralmente combustíveis líquidos automotivos, como gasolina, óleo diesel e álcool etílico; substâncias corrosivas (8%), frequentemente transportadas nas rodovias, tais

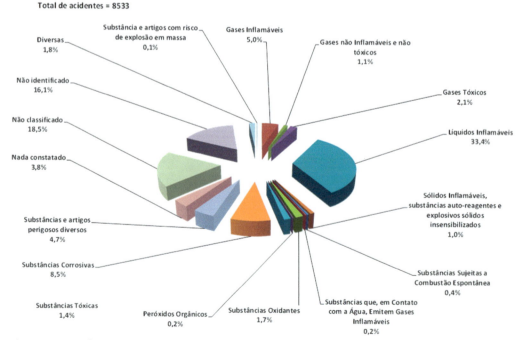

Figura 9.4. Emergências químicas atendidas pela Cetesb segundo a classe de risco das substâncias pela Cetesb entre 2000 a junho de 2020.

como ácido sulfúrico, ácido clorídrico e soda cáustica; além de substâncias "não classificadas" (19%) e "não identificadas" (16%), classificações muito comuns em situações envolvendo descartes de produtos e rejeitos químicos.

Quando se analisa as emergências em relação às suas causas, observa-se uma variada lista de fatores envolvidos, como mostra a Figura 9.5.

Outro aspecto relevante diz respeito aos meios atingidos nas emergências químicas ocorridas no estado de São Paulo, como mostra a Figura 9.6. Deve-se mencionar que uma característica peculiar das emergências químicas é que um único evento pode atingir diversos meios simultaneamente.

As quatro principais atividades responsáveis pelos atendimentos da Cetesb (transporte rodoviário, indústria, postos e sistemas retalhistas de combustíveis e descarte de resíduos químicos, representam 67,0% do total de atendimentos e, na sua maioria, atingem, em um primeiro momento, o solo, o ar e os recursos hídricos, justificando serem estes os meios mais afetados nos acidentes com produtos químicos. Com relação à contaminação do ar, tais ocorrências geralmente resultam de episódios localizados, que tendem a se limitar às imediações da fonte e normalmente não provocam danos ambientais significativos.

Os meios citados na Figura 9.5 foram atingidos em situações emergenciais. As ações de mitigação foram, a exceção do caso de postos e sistemas retalhistas de combustíveis, desencadeadas de forma rápida. Portanto, não há correlação direta ou mais estreita entre a contaminação ocasionada por essas ocorrências e a "Relação de Áreas Contaminadas no Estado de São Paulo" divulgada pela Cetesb em https://cetesb.sp.gov.br/areas-contaminadas/relacao-de-areas-contaminadas/.

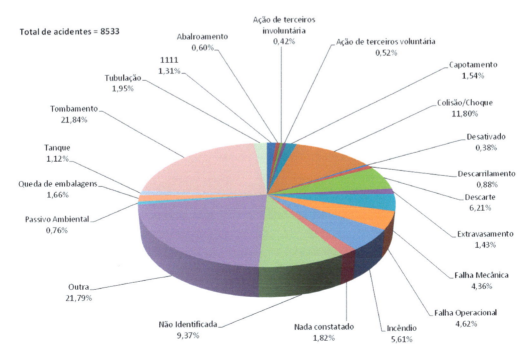

Figura 9.5. Emergências químicas atendidas pela Cetesb segundo principais causas.

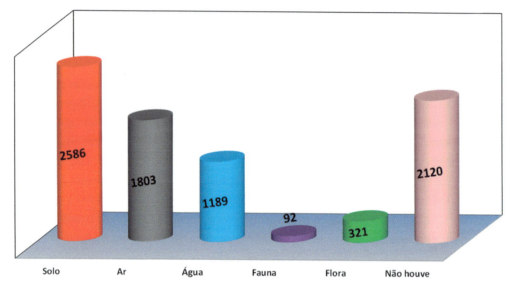

Figura 9.6. Emergências químicas atendidas pela Cetesb segundo principais meios impactados entre 2005 a junho de 2020.

O Sistema Único de Saúde (SUS) e as emergências químicas

O enfrentamento dos acidentes e desastres que resultam em emergências ambientais implica a participação ativa dos órgãos responsáveis pelas políticas públicas de promoção, proteção e recuperação da saúde. Implantado no Brasil desde fins da década de 1980, o Sistema Único de Saúde (SUS) ampliou o conceito de saúde, situando-o como direito fundamental do cidadão, e o escopo de abrangência dos problemas sanitários e das estratégias para sua superação.

Neste contexto, estes eventos passaram, gradativamente, a ser compreendidos sob uma ótica alargada de Saúde Pública, não só como demandantes de serviços assistenciais mais imediatos às vítimas, mas também como fenômenos que requerem apreensão a partir de seus determinantes mais profundos, devendo ser prevenidos, ou seus efeitos minimizados, num cenário de governabilidade compartilhada.

Para isto, o SUS procurou agregar novos conceitos, alinhados às formulações e práticas internacionais, e estruturou serviços com maior grau de especialização no tema dos acidentes de origem tecnológica e dos desastres naturais, além de ter procurado aumentar a capacidade de interlocução institucional para dentro e fora do setor Saúde.

Um dos marcos de maior significância neste processo foi a criação em 2001, no plano nacional, de uma estrutura mais direcionada e robusta de vigilância para a avaliação e gerenciamento de fatores ambientais associados a processos de adoecimento ou a riscos à saúde da população. Naquele ano foi instituído o Sistema Nacional de Vigilância Ambiental em Saúde (Sinvas) – então gerenciado pela Fundação Nacional de Saúde (Funasa), órgão vinculado ao Ministério da Saúde –, que passou a contemplar em seu escopo de atuação dentre outros fatores determinantes e condicionantes do meio ambiente que interferem na saúde humana, os contaminantes ambientais e os acidentes com produtos perigosos.*

A gradual apropriação temática resultou em programas específicos de vigilância, com destaque para os que contemplam as populações expostas a contaminantes químicos (Vigipeq) e as sujeitas aos riscos advindos dos desastres, incluindo os de origem tecnológica (Vigidesastres). No programa Vigipeq, a ênfase se dá na prevenção, promoção, vigilância e assistência à saúde de populações expostas a contaminantes químicos, podendo ser destacados os agrotóxicos, amianto, mercúrio, benzeno e chumbo. Para o Vigidesastres, o Ministério da Saúde propõe um

> (...) enfoque integral, com relação aos danos e a sua origem, além do envolvimento de todo o sistema de saúde, e do estabelecimento de um processo de colaboração intersetorial e interinstitucional voltado para redução dos impactos de emergências ou desastres (...)".**

No entanto, nessas últimas duas décadas podem ser destacadas outras referências importantes no âmbito do SUS que subsidiaram, direta ou indiretamente, a elaboração de estratégias e instrumentos voltados à proteção da saúde da população em situações emergenciais, incluindo as relacionadas à exposição a substâncias químicas perigosas. O Regulamento Sanitário Internacional (RSI), aprovado pela Organização Mundial da Saúde em 2005, posto em prática em 2007 e ratificado no contexto nacional em 2009, é uma dessas referências.

O RSI traz para o campo da gestão pública a figura do "Evento em Saúde Pública de Interesse Internacional (ESPII)", caracterizado, em síntese, como um evento extraordinário associado à manifestação de uma doença ou à uma ocorrência que apresente potencial para causar doença. Embora o RSI tenha sido gestado no contexto de eventos epidêmicos de importância transfronteiriça, como da H1N1, gripe aviária e outros, sua estruturação implicou estratégias para fortalecer as capacidades no campo da saúde pública mundial no sentido de enfrentar de forma articulada e empoderada quaisquer eventos agudos que possam repercutir, intensa e negativamente, no quadro de morbimortalidade da população.

Deste modo, o RSI tem em seu escopo não apenas ações de alerta e resposta frente a epidemias, mas também a "(...) ocorrência natural, liberação acidental ou uso deliberado de agentes químicos e biológicos ou de materiais radionucleares que afetem a saúde" (Brasil, 2009)

> O controle sanitário via RSI possibilita a diminuição de obstáculos gerados pelas barreiras sanitárias e favorece uma vigilância mais proativa, que não se limita ao controle de doenças infectocontagiosas e quarentenárias e seus possíveis danos. O RSI incorpora uma lógica da modernidade, sensível à impossibilidade de controle total dos eventos que podem ensejar emergência sanitária internacional e a necessidade de vigilância continuada (Lima e Costa, 2015).

---

*O Sinvas foi instituído por meio da Instrução Normativa nº 1, de 25 de setembro de 2001, e a execução das ações nele previstas ficou a cargo da Coordenação Geral de Vigilância Ambiental em Saúde (CGVAM), então abrigada na Funasa. Em 2003 a CGVAM foi transferida para a Secretaria de Vigilância em Saúde (SVS) do MS e, em 2005, o sistema passou a ser denominado Subsistema Nacional de Vigilância em Saúde Ambiental (SINVSA), agregando atribuições mais específicas quanto a questões afetas às substâncias químicas.

**Disponível em https://antigo.saude.gov.br/vigilancia-em-saude/vigilancia-ambiental/vigidesastres.

O RSI motivou a estruturação no Brasil de uma Rede Nacional de Alerta e Resposta às Emergências em Saúde Pública, constituída por Centros de Informações Estratégicas em Vigilância em Saúde (CIEVS). Os CIEVS, implantados no país a partir de 2006, são instâncias planejadas para atuar nas três esferas do SUS com o propósito de detectar, monitorar e estabelecer respostas coordenadas para surtos, epidemias e outras emergências de saúde pública. Nesse sentido, os CIEVS se configuram como sentinelas para eventos de relevância sanitária, ampliando a capacidade de detecção precoce e rápida resposta às emergências.

A partir da estruturação dos CIEVS nas instâncias federal, estadual e municipal foi-se depurando os conceitos e as estratégias para ações coordenadas em situações de emergência com potencial de influir negativamente na saúde da população. Em 2011, o Governo Federal normatizou o mecanismo relativo à "Decretação de Emergência em Saúde Pública de Importância Nacional (ESPIN)" e instituiu a Força Nacional do Sistema Único de Saúde (FN-SUS) (Brasil, 2011).

A ESPIN deveria então ser decretada "(...) em situações que demandem o emprego urgente de medidas de prevenção, controle e contenção de riscos, danos e agravos à saúde pública", envolvendo cenários desfavoráveis do ponto de vista epidemiológico, de desastres ou de desassistências à população. Os desastres passaram a ser entendidos como "(...) eventos que configurem situação de emergência ou estado de calamidade pública reconhecidos pelo Poder Executivo Federal (...) e que impliquem atuação direta na área de saúde pública (...)". (Brasil, 2011)

A FN-SUS foi criada para apoio operacional em situações de ESPIN, passando a atuar na "(...) execução de medidas de prevenção, assistência e repressão a situações epidemiológicas, de desastres ou de desassistência à população". Em 2013, no processo de aprimoramento da estrutura de Vigilância em Saúde no Brasil, enfatizou-se a necessidade da "(...) detecção oportuna e adoção de medidas adequadas para a resposta às emergências de saúde pública", conferindo à Secretaria de Vigilância em Saúde (SVS), do Ministério da Saúde (MS), a "(...) coordenação da preparação e resposta das ações de vigilância em saúde, nas emergências de saúde pública de importância nacional e internacional (...)" (Brasil, 2013).

Em 2014, o Ministério da Saúde elaborou um Plano de Resposta às Emergências em Saúde Pública, buscando maior coordenação entre as esferas de gestão do SUS e interação interinstitucional para uma reação mais oportuna, eficiente e eficaz às emergências, minimizando, assim, os riscos e reduzindo, ao máximo, suas consequências sobre a saúde. (Brasil, 2014).

Ancoradas em uma estrutura composta por comitês e centros de monitoramento (CME) e de gestão (COS), atrelados à Rede-Cievs e FN-SUS, as ações de Vigilância em Saúde para emergências passaram a contemplar a gestão de risco de modo mais ordenado e articulado entre as esferas do SUS, envolvendo planos, protocolos e procedimentos comuns para resposta aos eventos. Entre 2014 e 2015, o MS elaborou planos de contingência para emergência em saúde pública em casos de inundação, seca e estiagem e de ameaças associadas aos agentes químicos, biológicos, radiológicos e nucleares (QBRN) (Brasil, 2014)

Num momento em que o Brasil se abria com mais ênfase para os eventos de abrangência internacional, como a Copa do Mundo de Futebol (2014) e os Jogos Olímpicos (2016), e se ressentia, ainda que não diretamente, das tensões globais com a escalada de ameaças e atentados terroristas, ganhou relevo e se impôs necessário o estabelecimento de planos e protocolos firmados no setor Saúde para

Emergências Químicas e Passivos Ambientais | 145

lidar com os riscos associados aos QBRN. Tais ameaças, mais o receio de acidentes e desastres de várias ordens relacionados aos agentes QBRN, implicaram uma atuação mais incisiva do SUS voltada ao

> (...) desenvolvimento de ações de vigilância em saúde, no monitoramento ambiental e epidemiológico e na prestação de assistência médica (pré-hospitalar e hospitalar) às vítimas de emergências em saúde pública (ESP) ocasionadas por agentes QBRN. (Brasil, 2014)

A despeito das origens e motivações dos eventos envolvendo QBRN, o SUS deveria então passar a lidar de modo ordenado e integrado com seus efeitos, seja por seus possíveis impactos à saúde humana associados à exposição direta aos agentes, implicando doenças e óbitos, seja pelos transtornos indiretos à saúde decorrentes da alteração da qualidade ambiental ou da desorganização das estruturas que sustentam a vida e garantem bem-estar à população, como os serviços de saneamento, assistência à saúde, comunicação, de transporte, habitação etc.

Deste modo, o Plano de Contingência para QBRN acenava para a inserção mais enfática das instâncias do SUS nas ações institucionais de prevenção, preparação e resposta a tais ameaças, remetendo a um diálogo e interação com estruturas com competências próprias para o trato do assunto, como o Sistema de Defesa Química, Biológica, Radiológica e Nuclear do Exército (SisDQBRNEx) e o Sistema Nacional de Proteção e Defesa Civil (Sinpdec) e outros órgãos com atribuições importantes na questão, como a Polícia Federal, Marinha, Aeronáutica, Comissão Nacional de Energia Nuclear, Agência Brasileira de Inteligência, Polícia Rodoviária Federal, Corpos de Bombeiros, Guardas Municipais e Agência Nacional de Aviação Civil.

Baseada na gestão do risco, a atuação das áreas de Vigilância em Saúde do SUS em emergências compreende a redução do risco, manejo da emergência e a recuperação das condições de vida e bem--estar. Para tanto, é necessário fortalecer a capacidade de atuação do primeiro nível de resposta, a esfera local, e a articulação sistemática entre as esferas do SUS e outros atores relevantes, de acordo com os princípios e diretrizes do SUS.

Tais iniciativas no âmbito do SUS acenam para arranjos do setor Saúde no sentido de uma maior sintonia com as orientações e diretrizes, em escala global e nacional, da sociedade para prevenir ou se proteger dos impactos resultantes de situações envolvendo produtos perigosos à saúde que se traduzem em emergências ambientais.

A premência da interação de esforços remete a uma presença mais incisiva do SUS em instrumentos e foros fundamentais de enfrentamento das emergências, notadamente a Política Nacional de Segurança Química; Política Nacional de Proteção e Defesa Civil; Plano Nacional de Prevenção, Preparação e Resposta Rápida a Emergências Ambientais com Produtos Químicos Perigosos (P2R2) e a Comissão Nacional de Segurança Química (Conasq).

Esse diálogo extrapola fronteiras e demanda interlocuções ampliadas, centradas em diretrizes internacionais de Segurança Química, nas quais se destacam a Rede de Emergências Químicas da América Latina e Caribe (Requilac), a Abordagem Estratégica Internacional para a Gestão de Substâncias Químicas (SAICM) e os Objetivos do Desenvolvimento Sustentável (ODS), este especialmente nos objetivos 3 e 12, voltados a assegurar, respectivamente, "(...) uma vida saudável e promover o bem-estar para todos, em todas as idades" e a "padrões de produção e de consumo sustentáveis".

CONCLUSÃO

Mesmo que os avanços dessas duas últimas décadas se mostrem relevantes, o país ainda carece, nas suas diferentes esferas de governo, de estruturas sólidas e instrumentalizadas para um controle e uma vigilância mais efetivas dos acidentes e desastres sob os aspectos dos riscos e dos impactos à saúde da população. Situações emergenciais, como as que envolveram rompimentos de barragens de rejeitos de mineração em Minas Gerais (2015 e 2019), o incêndio em tanques de combustíveis no Porto de Santos, em São Paulo (2015), o vazamento de gás e incêndio no terminal portuário em Guarujá, também em São Paulo (2016) e o derramamento de petróleo na costa litorânea nordestina (2019), para não mencionar muitas outras de menor repercussão pública, mas de relevância ambiental e sanitária, são ainda enfrentadas com recursos materiais e gerenciais muito aquém das necessidades impostas pela escala dos problemas que tais acidentes/desastres acarretam.

As recorrentes crises políticas e econômicas pela qual o país tem passado, aliadas à descontinuidade de inciativas de apoio à gestão, como as comissões de estudos de acidentes, incrementam vulnerabilidades sociais, desorganizam modos mais racionais de uso e ocupação do solo, atrasam a implementação de inovações tecnológicas, precarizam setores produtivos e suas capacidades de prevenir e reagir a acidentes, bem como desestruturam serviços públicos com atribuições para evitar ou enfrentar os acidentes/desastres e proteger o meio ambiente e a população.

Neste contexto, cabe ao SUS reafirmar o princípio constitucional de saúde como direito de todos e dever do Estado, voltando esforços para o contínuo aprimoramento das suas capacidades de proteger os cidadãos dos riscos e das consequências dos acidentes e dos desastres envolvendo as substâncias químicas.

Referências Bibliográficas

Almeida, M.D., Cavendish, T.A., Bueno, P.C., et. Al A flexibilização da legislação brasileira de agrotóxicos e os riscos à saúde humana: análise do *Projeto de Lei no 3.200/2015*. Cad. Saúde Pública 2017; 33(7):e00181016. doi: 10.1590/0102-311X00181016.

Brasil. Agência Nacional de Vigilância Sanitária. Regulamento Sanitário Internacional RSI – 2005. Brasília, DF, 2009.

Brasil. Casa Civil. Decreto nº 5.098, de 3 de junho de 2004. Dispõe sobre a criação do Plano Nacional de Prevenção, Preparação e Resposta Rápida a Emergências Ambientais com Produtos Químicos Perigosos - P2R2, e dá outras providências. Diário Oficial da União, Brasília, DF, 04 jun. 2012; p. 2.

Brasil. Decreto Nº 7.616, de 17 DE novembro de 2011. Dispõe sobre a declaração de Emergência em Saúde Pública de Importância Nacional - ESPIN e institui a Força Nacional do Sistema Único de Saúde - FN-SUS. Diário Oficial da União, Brasília, DF, 18 nov. 2011. p. 14.

Brasil. Lei 12.608, de 10 de abril de 2012. Institui a Política Nacional de Proteção e Defesa Civil - PNPDEC; dispõe sobre o Sistema Nacional de Proteção e Defesa Civil - SINPDEC e o Conselho Nacional de Proteção e Defesa Civil - CONPDEC; autoriza a criação de sistema de informações e monitoramento de desastres; altera as Leis nºs 12.340, de 1º de dezembro de 2010, 10.257, de 10 de julho de 2001, 6.766, de 19 de dezembro de 1979, 8.239, de 4 de outubro de 1991, e 9.394, de 20 de dezembro de 1996; e dá outras providências. Diário Oficial da União, Brasília, DF, 11 abr. 2012; Seção 1:1.

Brasil. Ministério da Saúde. Gabinete do Ministro. Portaria nº 1.378, de 9 de julho de 2013. Regulamenta as responsabilidades e define diretrizes para execução e financiamento das ações de Vigilância em Saúde pela União, Estados, Distrito Federal e Municípios, relativos ao Sistema Nacional de Vigilância em Saúde e Sistema Nacional de Vigilância Sanitária. Diário Oficial da União, Brasília, DF, 10 jul. 2013. P. 48-50.

Brasil. Ministério da Saúde. Secretaria de Vigilância em Saúde. Departamento de Vigilância em Saúde Ambiental e Saúde do Trabalhador. Plano de Resposta às Emergências em Saúde Pública. Brasília: Ministério da Saúde, 2014.

Brasil. Ministério da Saúde. Secretaria de Vigilância em Saúde. Departamento de Vigilância em Saúde Ambiental e Saúde do Trabalhador. Plano de Contingência para Emergência em Saúde Pública por Agentes Químico, Biológico, Radiológico e Nuclear. Brasília: Ministério da Saúde, 2014.

CETESB – Companhia Ambiental do Estado de São Paulo. Manual de atendimento a emergências Química. São Paulo, Cetesb, 2014.

Freitas, C.M., Porto, M. F.S., Moreira, J.C., et al Segurança química, saúde e ambiente – perspectivas para a governança no contexto brasileiro. Cad. Saúde Pública, Rio de Janeiro, 18(1):249-256, jan-fev, 2002. Doi: /10.1590/S0102-311X2002000100025.

Lima, Y. O. R.; Costa E. A. Implementação do Regulamento Sanitário Internacional (2005) no ordenamento jurídico-administrativo brasileiro. Ciência & Saúde Coletiva, 20(6):1773-1783, 2015.

Wisner, B; Adams (Eds.). Environmental health in emergencies and disasters: a practical guide. Geneva: World Health Organization, 2002.

A Gestão do Recurso Hídrico Subterrâneo em Região de Intensa Atividade Urbano-Industrial – O caso de Jurubatuba (SP)

Ricardo Hirata e Reginaldo Bertolo

INTRODUÇÃO

A região do Jurubatuba, localizada no bairro de Santo Amaro, sudoeste do município de São Paulo (Figura 10.1), iniciou sua ocupação em 1945, com indústrias de médio a grande porte dos setores de química, metalurgia e metalomecânica, aproveitando-se da malha ferroviária que se instalou ao longo do rio Pinheiros. A partir dos anos 2000, várias indústrias encerraram suas operações ou se mudaram para outras partes do país, dando a região um caráter de uso territorial misto. A presença de áreas e poços tubulares contaminados obrigou o Governo do Estado de São Paulo a decretar a região como de restrição à explotação das águas subterrâneas em 2005 (Portaria DAEE 1594). Tal medida de limitação do uso da água, após estudo de avaliação pelo DAEE-SERVMAR (2006) – Projeto Jurubatuba, foi confirmada pela Deliberação do Comitê de Bacia Hidrográfica do Alto Tietê (CBH-AT) nº1, de 16 de fevereiro de 2011, e está homologada pela Deliberação CRH 132, de 13 de abril de 2011.

O projeto DAEE-SERVMAR (2006) trabalhou com o cenário de inviabilidade de proibição total do uso da água subterrânea em toda a região, pois a concessionária pública não podia atender a demanda total. Assim, o estudo buscou indicar áreas onde havia risco aos usuários e a proibição tinha que ser mantida, mas em outras, o uso da água podia ser permitida, condicionada a um auto-monitoramento,

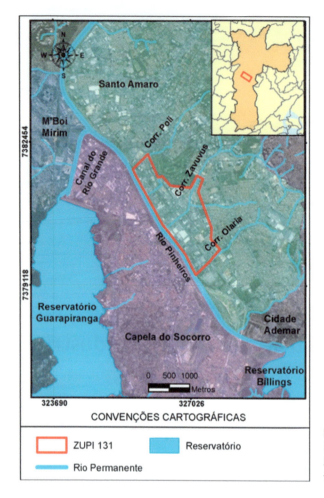

Figura 10.1. Localização da região de Jurubatuba, no Distrito de Santo Amaro, com destaque à ZUPI (zona de uso predominantemente industrial) 131, e as principais drenagens da área.

dando ao usuário a responsabilidade de acompanhar a qualidade das águas que estavam sendo extraídas dos seus poços, através de um periódico programa próprio de coleta e análise química e notificação aos órgãos competentes.

Este trabalho tem como objetivo descrever as ações dos diferentes atores governamentais e acadêmicos que têm atuado na região do Jurubatuba, refletir sobre a eficiência de tais medidas e propor outras ações que avancem na gestão de áreas urbanas contaminadas complexas.

A HIDROGEOLOGIA DA REGIÃO DO JURUBATUBA E O USO DA ÁGUA SUBTERRÂNEA

Na região de Jurubatuba afloram tanto sedimentos quaternários e terciários das formações São Paulo e Resende (Emplasa 1980), como rochas proterozóicas metamórficas (migmatitos, gnaisses, xistos e metassedimentos em geral) e ígneas (granitos sin e pós tectônicos) dos complexos Embu e Pilar e Grupo São Roque (Riccomini et al 1992), que conformam o embasamento da bacia Sedimentar de São Paulo.

Essa complexa geologia sustenta dois sistemas aquíferos, o Sedimentar (SAS) sobrejacente, associado aos sedimentos mais recentes, e o Cristalino (SAC), subjacente, correlacionado às rochas antigas (Hirata & Ferreira 2001). Na região do Jurubatuba, o SAS tem poços com vazões medianas de 4,2 m^3/h (Q/s mediana 0,6 m^3/h/m) e o SAC de 7,8 m^3/h (Q/s mediana 0,15 m^3/h/m), ou seja, produções de baixa a média e que permitem o abastecimento de condomínios, indústrias e serviços.

O modelo de circulação mais aceito para a região mostra que a recarga do SAS ocorre pelo excesso de água que se infiltra na superfície e pelas perdas das redes de água e esgoto (quando há) ou pela infiltração de fossas sépticas. Fugas das galerias pluviais também permitem a infiltração das águas das chuvas ou do escoamento superficial. Já a recarga do SAC é direta quando ela é aflorante ou através do fluxo descendente através do SAS, quando coberto pelos sedimentos. As descargas tanto do SAS como do SAC se dão junto às drenagens que cortam a área. Mas em alguns casos, estes canais de águas podem ser influentes ao aquífero. O canal do Jurubatuba e o rio Pinheiros são as maiores drenagens da região e para onde toda a água flui. Ademais, o intenso bombeamento dos poços existentes causou um forte rebaixamento dos níveis aquíferos (em alguns lugares > 100 m), devido à intensa interferência hidráulica. Atualmente, o nível de água dos poços foi recuperado, pois vários poços que se encontravam contaminados foram abandonados (Figura 10.2).

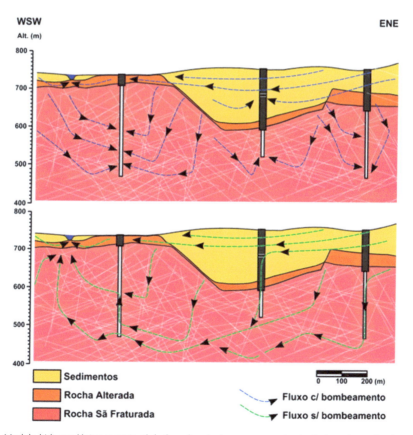

Figura 10.2. Modelo hidrogeológico conceitual da área de estudo, com poços de abastecimento em funcionamento (ao alto) e com os poços desativados (abaixo).

No cadastro de poços do DAEE constavam 513 poços tubulares na região em 2006, dos quais 384 (75%) em operação; a maioria explotava o SAC e foram perfurados principalmente nas décadas de 1990 e 2000. No entanto, o cadastro não refletia a importância das águas subterrâneas para o abastecimento complementar à rede pública na região. Estimativas do Projeto Jurubatuba (DAEE & IG 2012) davam conta que este número provavelmente representava apenas de 30 a 40% do total de poços existentes. Considerando estas estimativas, acredita-se que até 1,3 m³/s estava sendo bombeado dos aquíferos à época por mais de 1.280 poços ativos, suprindo um amplo rol de atividades que utilizam a água para abastecimento doméstico (40%), industrial-sanitário (23%) e industrial-processo (8%).

AÇÕES DE CARACTERIZAÇÃO E GERENCIAMENTO DA REGIÃO DO JURUBATUBA

Embora relatos isolados de suspeita e de confirmação da contaminação de solo e aquíferos na região do Jurubatuba ocorram desde os anos de 1990, foi somente em novembro de 2001, com a comunicação espontânea de contaminação pelos responsáveis de uma das áreas industriais, que a CETESB (Companhia Ambiental do Estado de São Paulo) começou a dar atenção maior à região.

Em janeiro de 2004, com a confirmação da contaminação de três poços tubulares em um empreendimento comercial, o DAEE (Departamento de Águas e Energia Elétrica), o CVS (Centro de Vigilância Sanitária da Secretaria de Estado da Saúde) e a COVISA (Coordenação de Vigilância em Saúde da Secretaria Municipal de Saúde de São Paulo) iniciaram um controle do uso e da explotação das águas subterrâneas na região. Paralelamente, a CETESB ampliou a coleta e a análise de amostras de água para outros poços, definindo com isto que a contaminação da região ocorria por múltiplas fontes. Assim, demandadas pela CETESB, várias indústrias iniciaram estudos de caracterização das fontes potenciais de contaminação, com identificação de poços profundos que apresentavam solventes organoclorados. Em junho de 2005, a COVISA interditou vários poços e sugeriu a não concessão de outorga para novas captações na região.

A publicação destas informações nos principais jornais de São Paulo mobilizou vários envolvidos; em outubro de 2005, o DAEE baixou a portaria DAEE 1594, instituindo uma área de restrição e controle temporário da água subterrânea na região do Jurubatuba.

Em fevereiro de 2006, a Câmara Municipal de São Paulo instaurou uma comissão parlamentar de inquérito para apurar as responsabilidades pela poluição. Em abril de 2006, o CRH (Conselho Estadual de Recursos Hídricos) publicou a Deliberação nº 52 e institui as diretrizes e procedimentos para a definição de áreas de restrição e controle da captação e uso das águas subterrâneas. No mesmo ano, as secretarias de Estado da Saúde, de Recursos Hídricos e Saneamento e do Meio Ambiente publicam a Resolução Conjunta nº 3.

Em 2006, a SERVMAR Ambiental e Engenharia realizou um estudo para o DAEE (Projeto Jurubatuba) e propôs ações para o gerenciamento das águas subterrâneas na região. O estudo definiu áreas onde o uso da água subterrânea deveria ser proibido, distinguindo-as de outras áreas da região onde seu uso poderia ser liberado, mas com estrita vigilância e auto-monitoramento. Tais medidas foram apresentadas na Deliberação do Comitê de Bacia Hidrográfica do Alto Tietê

(CBH-AT) nº 1, de 16 de fevereiro de 2011, homologada pela Deliberação CRH nº 132, de 13 de abril de 2011.

Em anos mais recentes, o CEPAS|USP (Centro de Pesquisas de Águas Subterrâneas do Instituto de Geociências da Universidade de São Paulo), com verbas da FINEP (Financiadora de Estudo e Projetos do governo federal), Ministério Público do Estado de São Paulo e FAPESP, iniciou estudos de detalhe para entender os mecanismos de dispersão da pluma de solventes clorados nos sistemas aquíferos SAS e SAC e desenvolver protocolos visando melhor caracterizar os aquíferos cristalinos profundos para subsidiar ações de controle pela CETESB para as áreas contaminadas. Ademais, o CEPAS|USP tem avaliado a necessidade de melhorar o sistema de informações sobre as áreas contaminadas, propondo a integração e a unificação das várias bases de dados em um único sistema geográfico de informação.

ESTABELECIMENTO DAS ÁREAS DE RESTRIÇÃO E CONTROLE DA EXPLOTAÇÃO DOS AQUÍFEROS

O estudo conduzido pela SERVMAR (DAEE & IG 2012) classificou a região em três níveis de restrição (alta, média e baixa) (Figura 10.3 e Tabela 10.1). A região de interesse foi dividida em quadrados de 500 x 500 m, perfazendo 480 células, e dentro de cada uma destas células foram avaliados: o número e o tipo de atividade potencialmente contaminante, a qualidade da água dos poços tubulares e a existência de áreas declaradas contaminadas, de acordo com a legislação. Todas as atividades potencialmente contaminantes foram classificadas em três níveis (elevado, moderado e reduzido), conforme a metodologia POSH, proposta por Foster & Hirata (1988) e Foster et al (2002).

De todas as células mapeadas na região, 52% não apresentavam atividades potencialmente contaminantes e em 32%, havia de 1 a 5 atividades. Estas células foram classificadas como de menor densidade de fontes potencialmente contaminantes. 12% das células apresentavam de 6 a 15 atividades, sendo classificadas como de intermediária densidade de fontes e aquelas entre 16 e 58 atividades, cobrindo 4% das células, foram consideradas de maior densidade.

As áreas de *alta restrição* são aquelas onde há constatação de contaminação ou as águas dos poços acusam presença de solventes clorados (em qualquer concentração) ou onde a densidade de fontes potenciais elevadas é maior que 16 atividades/célula. Já as células classificadas como *média restrição* são aquelas que circundam as células de *alta* e as células de *baixa restrição* são aquelas onde a densidade de atividades é menor (< 5 atividades/célula).

A criação de uma nova metodologia para identificar áreas de maior e menor perigo de contaminação e sua aplicação na região do Jurubatuba respondeu a uma exigência dos usuários e da própria concessionária de água, pois a simples proibição do uso da água subterrânea gerava acréscimo de demanda e comprometeria o abastecimento público da região. Assim, a filosofia que norteou o trabalho se baseou em: (i) proteger a saúde pública, garantindo somente o uso de poços sem problemas de contaminação; (ii) disponibilizar as maiores vazões possíveis extraídas dos aquíferos, minimizando o uso da rede pública; e (iii) criar um sistema baseado na corresponsabilidade entre o Estado e os usuários, adotando o auto-monitoramento das águas extraídas dos poços e a notificação de problemas aos órgãos competentes.

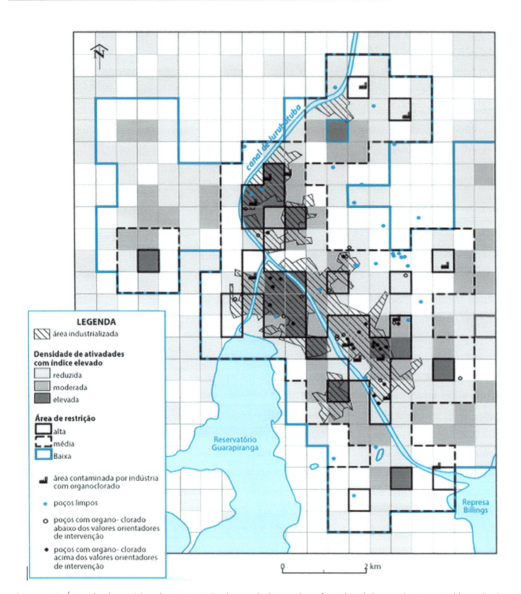

Figura 10.3. Áreas de alta, média e baixa restrição de uso da água subterrânea (ZAP) de acordo com a Deliberação CBH-AT nº 1/2011, referendado pela Deliberação CRH nº 132/2011.

Tabela 10.1. Resumo das restrições de uso das águas subterrâneas para cada um dos níveis de restrição, baseado na Deliberação CBH-AT 2011.	
ZAP	Restrições (resumido)
Baixa	Permitir novos poços, com auto-monitoramento semestral
Média	Não permitir novos poços, auto-monitoramento trimestral
Alta	Não permitir novos poços, auto-monitoramento trimestral para poços existentes e restringir o uso de água para abastecimento humano
Poço contaminado	Tamponar o poço ou torna-lo um poço de monitoramento (multinível ou simples)

AÇÕES PARA O FUTURO

A região do Jurubatuba ilustra bem a contaminação do solo e das águas subterrâneas em áreas urbano-industriais de uma grande cidade. Assim, os procedimentos propostos pelo estudo podem nortear o enfrentamento de outros casos similares. Estudos conduzidos na bacia hidrográfica do Alto Tietê (FABHAT 2014, Conicelli 2014), com metodologia similar à empregada na região do Jurubatuba, sugerem que existem outras áreas com igual potencial de contaminação, similares em magnitude às observadas em Jurubatuba.

Os estudos desenvolvidos na região do Jurubatuba permitiram delimitar regionalmente o problema e identificar as áreas onde é maior a probabilidade de uso da água subterrânea contaminada. Estas ações possibilitam o manejo do uso seguro e racional da água, mas são insuficientes para a gestão das áreas contaminadas complexas, ou seja, o método aplicado protege o usuário, mas não soluciona o problema da contaminação do recurso hídrico.

A região do Jurubatuba concentra várias atividades que são declaradas contaminadas em meio a várias outras com elevado potencial de contaminação, na acepção de Foster & Hirata (1988). A região também tem vários poços tubulares (muitos ilegais) que bombeiam as águas subterrâneas e modificam os fluxos da água e, por extensão, a direção e sentido das plumas de contaminação nos aquíferos. Isto torna mais complexo o manejo da qualidade das águas subterrâneas, impondo a necessidade de novos instrumentos de avaliação que não se restrinjam a estudos isolados das atividades contaminantes. Assim, a estratégia de não se avaliar todas as atividades contaminantes não resulta na solução do problema da região, além de que ela implica custos elevados e tem eficiência questionável.

Um estudo conduzido na área de maior densidade de contaminação na região do Jurubatuba (antiga ZUPI 131, zona de uso predominantemente industrial) mostrou que, a despeito do intenso número de poços de monitoramento obrigatórios para a caracterização de áreas declaradas contaminadas, havia várias outras áreas onde não se tinha informações sobre a qualidade das águas do aquífero (Barbosa 2015, Barbosa e Bertolo 2015, Barbosa et al 2017). Assim, há um elevado investimento na caracterização das áreas contaminadas, mas nada é feito entre tais empreendimentos, criando-se vazios ou lacunas de informação (Figura 10.4). A situação é mais grave, pois no estudo conduzido por Barbosa e Bertolo (2015) descobriu-se uma grande pluma contaminante em uma área pública, sem identificação de origem, ou seja, fora do alcance das redes de monitoramento dos casos estudados.

Assim, o que se propõe para regiões com múltiplas fontes contaminantes é unificar as informações em um sistema integrado e georreferenciado, que embase instrumento de tomada de decisão e defina programas de monitoramento que se estendam além das próprias atividades contaminantes ou potencialmente contaminantes. Este sistema deveria estar intimamente ligado aos estudos individuais de todas as atividades monitoradas na área, com atualização periódica das novas informações. Ademais, várias instituições governamentais, acadêmicas e dos próprios usuários de água da região geram dados (algumas vezes não vinculados diretamente às fontes de contaminação) que podem ser inseridos numa base única. A alimentação constante de dados permite construir um modelo numérico de simulação de fluxo e transporte de água subterrânea, que pode ser sistematicamente

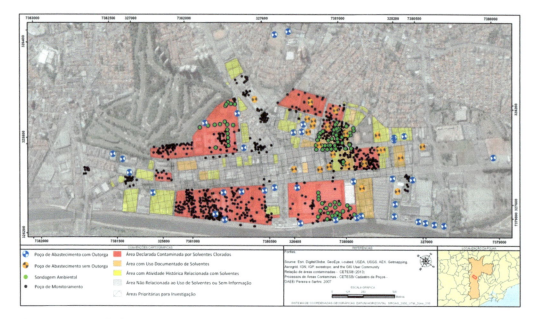

Figura 10.4. A grande densidade de poços de monitoramento das águas subterrâneas restrita às áreas declaradas contaminadas na antiga ZUPI 131, mostrando que as áreas públicas, entre as atividades, não há informação (Barbosa 2015).

aprimorado. Tal modelo pode ser a base de um instrumento decisório de gestão das águas subterrâneas na região. Como há vários intervenientes públicos na região (DAEE, CVS, CETESB, COVISA e outros órgãos da prefeitura), um sistema unificado tende a aumentar a comunicação e sinergia entre eles, reduzindo as ações isoladas que enfrentam demandas específicas, mas não abordam o problema na sua totalidade.

Outras ações, algumas mais particulares, também poderiam igualmente ser aplicadas à região:

- A falta de estudos integrados nas áreas de grande densidade de fontes de contaminação acaba criando espaços não estudados entre as atividades. Assim, há necessidade de que a CETESB mude sua forma de ação e busque exigir que investigações confirmatórias ocorram em empresas localizadas em áreas *de elevada restrição*, mas com pequena densidade de informações hidrogeológicas monitoradas.
- Os responsáveis legais devem ser induzidos a realizar investigações e remediações no aquífero raso/saprólito nas áreas onde a contaminação foi confirmada, da forma mais eficaz e rápida possível. A CETESB não deve permitir que esses responsáveis sugiram apenas a aplicação de medidas institucionais para evitar o contato do receptor com a água subterrânea. Se estas estiverem contaminadas, o poluidor deve realizar intervenção no aquífero fraturado na área de sua propriedade, de forma a evitar o espalhamento da contaminação. A água tratada pode ser utilizada no próprio empreendimento (se for um prédio residencial, por exemplo, a água tratada do sistema de remediação poderia ser utilizada numa linha hidráulica exclusiva para fins de saneamento dos edifícios, como descarga de banheiros, p.ex.).

A Gestão do Recurso Hídrico Subterrâneo em Região de Intensa Atividade Urbano-Industrial... | 157

- Um sistema de monitoramento regional do aquífero fraturado em toda a área do Jurubatuba deve ser instalado, visando obter dados geológicos-estruturais, de propriedades hidráulicas e de cargas hidráulicas (tridimensionais), e de qualidade das águas e do solo. Estes dados devem alimentar um modelo matemático de fluxo e transporte para simular cenários de controle hidráulico das plumas de contaminação do aquífero fraturado.
- Deve ser instituído um consórcio de modo a levantar fundos para investigar e remediar áreas contaminadas localizadas em espaços públicos (situações em que um responsável legal privado não pode ser identificado).
- Um fundo (que pode ser no âmbito do FEPRAC: Fundo Estadual para Prevenção e Remediação de Áreas Contaminadas, como disposto no Artigo 30 da Lei 13577, de 08 de julho de 2009) deve ser criado para viabilizar o controle hidráulico regional do aquífero fraturado por bombeamento e tratamento (após remediação do raso), com uso da água (de reuso) pelos próprios financiadores.

CONCLUSÕES

Os vários relatos de contaminação do solo e dos aquíferos na região de Jurubatuba dirigiram a atenção do poder público para as antigas áreas industriais do município de São Paulo. O projeto Jurubatuba foi o primeiro estudo mais amplo, envolvendo a qualidade dos recursos hídricos subterrâneos, mas estima-se que haja quase uma dezena de áreas com igual potencial de degradação dos recursos hídricos subterrâneos na Bacia Hidrográfica do Alto Tietê.

As águas subterrâneas na região do Jurubatuba são uma importante fonte de abastecimento complementar para as várias atividades ali instaladas, incluindo indústrias, residências e serviços. Estima-se que 1,3 m³/s sejam extraídas de mais de 1.280 poços tubulares privados. A impossibilidade de uso desta água (quer por razões legais, qualidade ou custo) trará problemas no fornecimento de água da região, pois há limitações nos fornecimentos pela rede pública, além do que o uso destas águas tende a encarecer os processos e serviços associados ao uso da água nas indústrias e serviços.

O estudo no Jurubatuba delimitou a área onde a extração de água de poços tubulares deve ser proibida, pois implica riscos aos usuários. Assim, o estudo visou, basicamente, o gerenciamento da explotação da água, propondo um procedimento que embase a outorga de captações na região. Embora seja um passo importante no gerenciamento de recursos hídricos em regiões urbano-industriais, a restrição de uso, por si só, não é suficiente para solucionar o problema de contaminação do recurso.

A legislação atual de gerenciamento de áreas contaminadas (CETESB, 2016) tem favorecido boas práticas de avaliação de empreendimentos com problemas ambientais em solos e aquíferos degradados, mas se mostra insuficiente para abordar regiões onde há um grande número de áreas já contaminadas circundadas por outras com alto potencial de geração de cargas contaminantes. Por conta disto, tais regiões devem ser tratadas de forma integrada e um sistema de informação geográfica deve unificar os dados de todas as atividades. Assim, é necessário alterar o paradigma vigente e tratar áreas de ocupação complexa com múltiplas fontes contaminantes, como o Jurubatuba, de forma integrada, de modo que dados de uma atividade contaminante sejam estudados conjuntamente num sistema geográfico de informação. Estes dados, uma vez consistidos, devem estruturar um modelo numérico de fluxo e transporte que pode ser um instrumento de apoio à tomada de decisões sobre o gerenciamento das águas subterrâneas na região.

Referências Bibliográficas

Barbosa, M. 2015. Sistema de informações geográficas aplicado ao gerenciamento da contaminação da antiga ZUPI131, Jurubatuba, São Paulo. Dissertação de mestrado defendida no Instituto de Geociências da USP.

Barbosa, M. B. e Bertolo, R. 2015. Contaminant conceptual model at a complex megasite in the southern region of the city of São Paulo, Brazil. In: 42nd IAH Congress, 2015, Roma. Abstract Book - Aqua 2015. p. 354-354

Barbosa, M. B.; Bertolo, R.; Hirata, R. 2017. Method for environmental data management applied to megasites in the state of Sao Paulo, Brazil. Journal of Water Resource and Protection, v. 9, p. 322-338.

CETESB 2016. Gerenciamento de áreas contaminadas no Estado de São Paulo http://areascontaminadas.cetesb. sp.gov.br/ (acessado em março de 2016)

Conicelli. B. 2014. Gestão as águas subterrâneas na Bacia do Alto Tietê. Tese de doutorado defendida no Instituto de Geociências da USP.

Departamento de Águas e Energia Elétrica (DAEE) e SERVMAR Engenharia e Meio Ambiente. 2006.

Empresa Paulista de Planejamento Metropolitano (Emplasa). 1980. Mapa geológico da Região Metropolitana de São Paulo. São Paulo.

Departamento de Águas e Energia Elétrica (DAEE) e Instituto Geológico (IG). 2012. Projeto Jurubatuba: restrição e controle de uso de água subterrânea. DAEE/IG-SMA. São Paulo. 109 p.

Fundação da Bacia Hidrográfica do Alto Tietê (FABHAT). 2014. Mapeamento de áreas com potenciais riscos de contaminação das águas subterrâneas da UGRHI-06 e suas regiões de recarga. Projeto contratado da SERVMAR Ambiental e Engenharia. Relatório Final. São Paulo.

Foster, S e Hirata, R. 1988. Groundwater pollution risk assessment: a methodology suing available data. WHO-PAHO/CEPIS Technical Manual, Peru.

Foster, S; Hirata, R; Gomes, D; D'Elia, M; Paris, M. 2002. Groundwater quality protection: a guide for water utilities, municipal authorities and environment agencies. World Bank. Washington, DC.

Hirata, R e Ferreira, L. 2001. Os aquíferos da Bacia Hidrográfica do Alto Tietê: disponibilidade hídrica e vulnerabilidade à poluição. Revista Brasileira de Geociências 31 (1): 43-50.

Riccomini, C; Coimbra, A. e Takaia, H. 1992. Tectônica e sedimentação na Bacia de São Paulo. Seminário de problemas geológicos e geotécnicos na Região Metropolitana de São Paulo. São Paulo. ABGE/ABAS/SBGeo (1): 21-45.

11

O Caso de Santa Gertrudes: Gestão Multi-Atores, Recuperação de Áreas Contaminadas e Valorização de Resíduos Industriais

André Luiz Bonacin Silva • Wanda Maria Risso Günther

O POLO CERÂMICO DE SANTA GERTRUDES

A atividade cerâmica, cujos segmentos envolvem elementos estruturais, materiais de revestimento e refratários, entre outros, é importante setor industrial no Brasil, com faturamento anual de cerca de US$ 6 bilhões, com significativa geração de empregos e divisas (ABCERAM, 2019). Dados de censos setoriais de 2013 a 2017 para cerâmicas de revestimento, da Associação Nacional dos Fabricantes de Cerâmica para Revestimento (ANFACER), indicam que o setor produz 840 milhões de m^2/ano, gera cerca de 25.000 empregos diretos (200.000 indiretos), com exportações de 94 milhões de m^2/ano e valor de US$ 330 milhões (ANFACER, 2021).

O setor de revestimento é um dos mais importantes do país, representado por 93 empresas que produzem placas cerâmicas e azulejos, entre outros, concentradas principalmente nas regiões sul e sudeste. O Polo Cerâmico de Santa Gertrudes (PCSG), localizado na região de Rio Claro e arredores, especialmente no município de Santa Gertrudes, a cerca de 180 km de São Paulo, é o maior do gênero no país. Possui dezenas de unidades industriais do setor de pisos e revestimentos cerâmicos esmaltados, a maioria via seca, sendo responsável por 92% da produção estadual (41,3 milhões de m^2/mês ou 495,3 milhões de m^2/ano), a grande maioria para o mercado nacional (ASPACER, 2021).

A expansão acelerada do PCSG deveu-se a uma conjunção de fatores: estar ligado a importantes eixos rodoviários (Washington Luís/SP-310 e desta às rodovias dos Bandeirantes/SP-348 e Anhanguera/SP-330), que facilitam o escoamento da produção para grandes centros consumidores e de exportação; situar-se na área de influência do vetor de expansão oeste da Região Metropolitana de Campinas; estar conectado ao gasoduto Brasil-Bolívia, que abastece o polo industrial; e localizar-se geograficamente em áreas de afloramento de jazidas de argila, notadamente da Formação Corumbataí, utilizadas como matéria-prima para massas cerâmicas, dentro do processo produtivo destas indústrias (BONACIN SILVA, 2006).

É fato que o PCSG tem contribuído decisivamente para o desenvolvimento socioeconômico regional, entretanto, semelhantemente a alguns outros polos industriais brasileiros, teve um começo desprovido de práticas de gerenciamento e minimização de resíduos industriais, com disposição inadequada no solo, resultando na ocorrência de passivos ambientais, notadamente áreas contaminadas. Embora hoje em dia haja procedimentos de gerenciamento de matérias-primas, resíduos e efluentes pelas indústrias do polo cerâmico, ainda perduram passivos ambientais decorrentes de práticas inadequadas, ocorridas principalmente em passado recente (décadas de 1980 a 2000), que resultaram em efeitos deletérios e impactos ambientais negativos.

Para atender à crescente demanda de matérias-primas dessas indústrias, houve grande aumento da exploração de recursos minerais argilosos, principalmente de rochas pelíticas da Formação Corumbataí. Estas atividades minerárias trouxeram como consequência outros passivos ambientais: as áreas degradadas. Ademais, o uso intensivo destas reservas minerais resulta na diminuição de sua oferta e tem levado à extração mineral em locais cada vez mais distantes, com pressões em termos ambientais e econômicos.

A REGIÃO DOS LAGOS DE SANTA GERTRUDES E A CONTAMINAÇÃO AMBIENTAL

Em algumas localidades, a exploração e o consequente esgotamento de empreendimentos minerários (jazidas de argila) fizeram surgir cavas abandonadas, formando lagos artificiais em razão do acúmulo de água, gerado pela natureza argilosa dos terrenos de baixa condutividade hidráulica. A Região dos Lagos de Santa Gertrudes (RLSG) é assim chamada por concentrar uma grande quantidade de cavas abandonadas cobertas por água (Figuras 11.1 e 11.2).

A RLSG situa-se no curso superior da bacia hidrográfica do córrego Fazenda Itaqui (Figura 11.2), incluindo diversas nascentes deste corpo d'água e de pequenos afluentes. É caracterizada pela presença marcante de indústrias cerâmicas em seus arredores e integra a bacia hidrográfica do rio Corumbataí, corpo d'água de grande importância no contexto regional (Bonacin Silva, 2001).

O córrego Fazenda Itaqui, enquadrado como classe 2 pelo Decreto Estadual 10.755/1977, é afluente do rio Claro e subafluente do rio Corumbataí, situando-se em uma das regiões mais degradadas do Estado de São Paulo, dentro do contexto da Unidade Hidrográfica de Gerenciamento de Recursos Hídricos do Estado de São Paulo – UGRHI-5/PCJ – Piracicaba, Capivari e Jundiaí (IRRIGART, 2005).

O Caso de Santa Gertrudes: Gestão Multi-Atores, Recuperação de Áreas Contaminadas... | 161

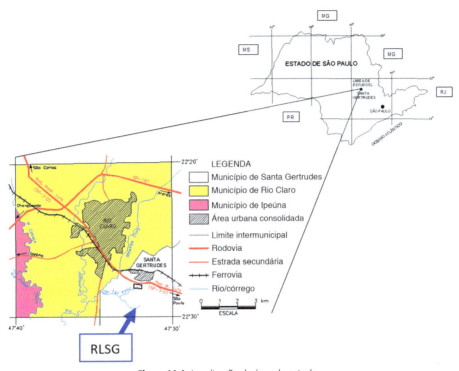

Figura 11.1. Localização da área de estudo.

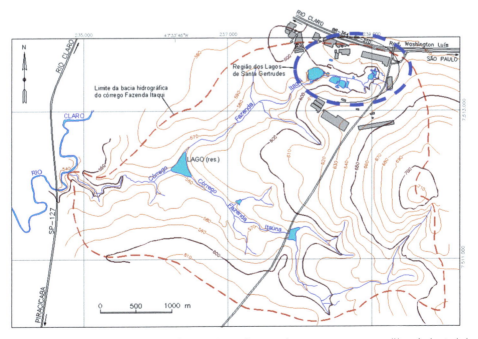

Figura 11.2. Localização da Região dos Lagos de Santa Gertrudes, com destaque para os corpos d'água (sobretudo lagos) e as indústrias cerâmicas, no contexto da bacia hidrográfica do córrego Fazenda Itaqui. Fonte: base atualizada a partir de IGC, 1979.

Não há uma delimitação geográfica específica, oficial ou legal para a RLSG, a qual se constitui basicamente de uma porção central, formada por uma planície com aluviões e terrenos silto-argilosos, característicos da calha e dos arredores imediatos do córrego Fazenda Itaqui e dos diversos lagos ali estabelecidos. Nos arredores imediatos desta parte central, há encostas, algumas delas formadas por áreas aterradas pelas indústrias, avançando sobre a planície, além de uma série de sítios e chácaras. Na parte mais elevada (planaltos nos arredores) há uma série de indústrias, a maioria de produção de cerâmicas (Figura 11.3).

Segundo Bonacin Silva (2001), a geologia local na RLSG é formada por três pacotes principais, da base para o topo: a) um corpo ígneo de diabásio, em forma de *sill*, praticamente todo em subsuperfície; b) um pacote sedimentar representado pelos pelitos da Formação Corumbataí, caracterizado principalmente como aquitarde do ponto de vista hidrogeológico, diferenciado hidraulicamente pela presença de fraturas; e c) um pacote sedimentar formado por aluviões, áreas aterradas e solo de alteração, conforme também representado na Figura 11.3.

Este último pacote sedimentar, extremamente recente na escala de tempo geológico, heterogêneo e intensamente modificado pela ação antrópica nas últimas décadas (desde 1970), apresenta áreas onde houve disposição inadequada de resíduos sólidos e lançamento de efluentes líquidos sem o devido tratamento prévio, provenientes notadamente de indústrias cerâmicas. É nesta porção que a contaminação ambiental foi diagnosticada em diversos compartimentos: solo, sedimentos e águas superficiais, subterrâneas e intersticiais; além de peixes (BONACIN SILVA, 2001; CETESB, 2005a; Bonacin Silva, 2006; HGA, 2010).

Na RLSG funcionou, na década de 2000, um empreendimento pesqueiro ("pesque-pague"), embargado pela Companhia Ambiental do Estado de São Paulo (CETESB) devido à contaminação ambiental (águas, sedimentos, peixes).

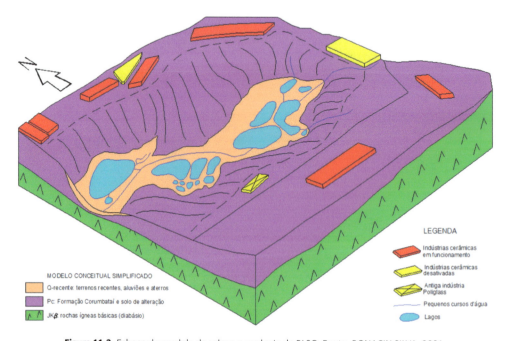

Figura 11.3. Esboço do modelo de relevo e geologia da RLSG. Fonte: BONACIN SILVA, 2001.

As fotos aéreas de diferentes épocas evidenciam a modificação da paisagem em Santa Gertrudes. Por intermédio das imagens, pode-se verificar que desde a década de 1970 já havia atividade minerária (extração de argila), com a geração de cavas que posteriormente deram lugar a lagos artificial, à medida que as minerações foram sendo exauridas e abandonadas. Desde então, houve grande expansão das atividades ceramistas, com emprego de argila proveniente de outras minerações, mais distantes da RLSG, situadas em Santa Gertrudes ou em municípios vizinhos. No mesmo período, ocorreu também expressivo aumento da população de Santa Gertrudes, com avanço da malha urbana rumo à rodovia Washington Luís e à RLSG.

Mais recentemente, algumas indústrias foram paralisadas, temporária ou permanentemente, sem a elaboração de Plano de Desativação de Empreendimento, um dos instrumentos de gerenciamento de áreas contaminadas. Parte destas áreas, inclusive, pode vir a se tornar *brownfields**, possibilidade que merece atenção dos atores envolvidos: ceramistas, moradores, órgãos ambientais e poder público em geral.

HISTÓRICO DE AÇÕES E GESTÃO MULTI-ATORES

A RLSG consta do Cadastro de Áreas Contaminadas da CETESB sob a denominação "contaminada em processo de remediação (ACRe)", com indicação da execução de investigações diversas, incluindo plano de intervenção, projeto de remediação e remediação com monitoramento da eficiência e eficácia (CETESB, 2020). A área tem sido objeto de investigações e avaliação pela própria CETESB desde a década de 1980, envolvendo ações de gestão e investigações no solo, sedimentos, águas superficiais e subterrâneas, além de estudos técnicos efetuados por empresas de consultoria e pesquisas acadêmicas (universidades e institutos de pesquisa).

Esses estudos indicaram contaminação da RLSG por parâmetros inorgânicos (metais como chumbo, cádmio e zinco, além de boro) associados a resíduos das indústrias cerâmicas, que lançaram efluentes sem tratamento prévio e dispuseram, de forma inadequada, resíduos sólidos diretamente sobre o solo, ambos provenientes das linhas de produção, notadamente das linhas de esmaltação das indústrias cerâmicas locais (Bonacin Silva, 2001, 2006).

Até 1989, o gerenciamento ambiental na RLSG e do PCSG limitava-se ao licenciamento das indústrias e fiscalização dos respectivos processos produtivos pela CETESB. Tinha-se como premissa que o potencial poluidor associado às atividades industriais era insignificante e que não havia interesse no aprofundamento técnico do problema. Na verdade, este potencial poluidor era apenas desconhecido.

A partir do final da década de 1980, a CETESB constatou o lançamento de águas residuárias provenientes dos sistemas de esmaltação das indústrias cerâmicas localizadas na RLSG e às margens da Rodovia Washington Luís. Análises então efetuadas nesses efluentes indicaram elevada concentração de metais pesados. Com a constatação da degradação e consequente autuação pelo órgão ambiental, as indústrias infratoras foram obrigadas a implantar sistemas de tratamento físico-químico dos efluentes líquidos gerados nas linhas de esmaltação.

---

*Brownfields: instalações industriais e comerciais abandonadas, vagas ou subutilizadas, cuja reutilização é dificultada por problemas reais ou percebidos de contaminação ambiental (EPA, 1999).

Ainda que essas medidas tenham sido adotadas pelas indústrias, ao longo da década de 1990 a CETESB continuou a constatar o lançamento, diretamente nos lagos (RLSG) e na área agrícola adjacente, de efluentes industriais sem prévio tratamento e de resíduos sólidos das linhas de esmaltação (denominados "raspas"). Novas autuações levaram as indústrias a estocar em seus próprios lotes os resíduos sólidos gerados, no aguardo de uma destinação adequada.

Pelas peculiaridades locais, a responsabilidade pela contaminação da RLSG não pôde ser atribuída apenas a uma empresa, pois, no passado, o solo local e as cavas abandonadas receberam resíduos cerâmicos de diversas indústrias do polo cerâmico.

Em 1997, por meio de um acordo de cooperação técnica entre a Secretaria de Meio Ambiente do Estado de São Paulo (SMA) e o Governo Canadense, a RLSG foi selecionada como experiência piloto para o desenvolvimento da técnica de negociação de conflitos, envolvendo várias partes interessadas. Foi concebido assim o "Projeto Corumbataí-Cerâmicas", com a proposição de nova abordagem de negociação de conflitos, envolvendo perspectiva de trabalho conjunto entre o órgão estadual de controle ambiental e o setor industrial.

Em 1998, foram assinados entre a CETESB e os ceramistas dois protocolos de intenções: um para recuperar e reabilitar a RLSG e outro com o objetivo de implantar um Programa de Prevenção à Poluição (P2). Em paralelo, a cooperação com o governo canadense, por meio do Projeto *Watershed 2000*, disponibilizou técnicas de envolvimento do público e de planejamento de ações de intervenção nos locais contaminados. Estas técnicas mudaram a perspectiva do trabalho da unidade regional da CETESB (Agência Ambiental de Piracicaba), transformando a ação tradicional de comando e controle em uma ação mais participativa, com o envolvimento de diferentes segmentos, voltadas a soluções integradas, definidas conjuntamente, sem perder de vista os critérios e imposições legais que os órgãos ambientais exigem e controlam.

Assim, o encaminhamento de alternativas para solução dos problemas ambientais passou pela aplicação dos dispositivos legais vigentes, pela inserção dos aspectos técnicos, econômicos e sociais e, principalmente, pelo envolvimento das partes interessadas, numa perspectiva multi-atores (*multistackholders*). Nessa óptica, a condução de ações coordenadas com os diversos envolvidos indicou mudança de paradigma no gerenciamento ambiental tradicional, envolvendo variadas áreas do gerenciamento ambiental: planejamento, controle e prevenção à poluição, pesquisa, licenciamento e recuperação ambiental (CETESB, 2005a).

Em setembro de 2000 esteve no Brasil a última missão canadense para avaliar e definir encaminhamentos para o Projeto Corumbataí Cerâmicas. As recomendações da missão contemplaram ações, posteriormente consideradas no âmbito de um Plano de Intervenção.

No início de 2001, foi criado o Grupo Técnico de Trabalho do Projeto Corumbataí Cerâmicas, encabeçado pela CETESB e outros órgãos ambientais, cuja função era acompanhar e gerenciar os trabalhos de recuperação ambiental da RLSG (São Paulo, 2001). Este grupo trabalhou no fechamento do Plano de Intervenção, lançado no segundo semestre de 2001 (CETESB, 2001a) e que demandou uma série de ações, envolvendo estudos de avaliação ambiental, análise de risco, intervenções com remoção de solo, entre outros.

Os ceramistas se uniram e criaram um Grupo Gestor para questões ambientais, sob mediação da Associação Paulista de Cerâmica de Revestimento (ASPACER) e do Sindicato das Indústrias da Construção, do Mobiliário e de Cerâmicas de Santa Gertrudes (SINCER). A ASPACER passou a ser a representante dos ceramistas e gestora de um fundo criado em 2001 para o financiamento das ações previstas no Plano de Intervenção, cujo valor é gerado proporcionalmente à produção das indústrias cerâmicas do polo. A agregação das indústrias do PCSG para objetivos comuns em áreas contaminadas levou à aceitação pacífica do rateio dos custos envolvidos, mesmo considerando que o passivo encontrado na RLSG envolvia também indústrias, na época, já desativadas. Esse fator foi fundamental para viabilizar a execução de ações de gestão e intervenção na área, não se recorrendo, como em casos similares, a questões jurídicas de responsabilização, que via de regra retardam as ações e pioram a situação da contaminação ambiental, eventualmente gerando aumento do risco aos bens a proteger.

Em 2006, com os Protocolos de Intenção de 1998 expirados e a necessidade de novo instrumento aglutinador dos ceramistas, que garantisse a continuidade dos estudos e ações de intervenção da contaminação da RLSG, foi assinado em setembro daquele ano um Termo de Ajustamento de Conduta (TAC) entre a CETESB e os ceramistas. Este TAC propôs a execução de diversas ações complementares, exigindo detalhamento de amostragens e análises dos mais variados meios, além de avaliação de risco à saúde humana, do ambiente da RLSG como um todo, como ponto de partida para as intervenções necessárias que visavam à recuperação e reabilitação da área considerada contaminada. O TAC também determinou a recuperação e o cercamento das Áreas de Proteção Permanente (APPs), a colocação de placas de alerta nos locais mais contaminados e a proibição da pesca e de outras atividades de lazer nos lagos.

Com o avanço do diagnóstico ambiental da área, a CETESB solicitou a realização de ações emergenciais de remoção de solo em alguns locais onde a contaminação por metais, em especial o chumbo, se mostrou mais expressiva, decidindo pela remediação *extra situ* e disposição final adequada do solo contaminado removido, considerado como resíduo perigoso. Aos procedimentos de destinação do solo contaminado agregou-se também a necessidade de se gerenciar os resíduos do processo produtivo, constituídos de "raspas" originárias tanto do processo produtivo vigente quanto do estocado ao longo do tempo, desde a intervenção ambiental. Este fato levou os ceramistas a avaliarem alternativas ao transporte e destinação do material contaminado para aterros de resíduos perigosos (aterros classe I), devido ao alto custo. Uma das opções, com boa relação custo-benefício, foi o reaproveitamento desses diversos materiais (resíduos sólidos e solo contaminado removido), considerando-se a possibilidade de reinserção como matéria-prima secundária em processos produtivos cerâmicos das indústrias da região, misturados em pequenas quantidades à matéria-prima tradicional (principalmente argilas da Formação Corumbataí). Essa escolha considerou a composição do solo contaminado removido que, na prática, era constituído pelo próprio solo argiloso das fontes tradicionais da região utilizado como matéria-prima cerâmica, no qual foram depositados indevidamente resíduos industriais contendo metais. Inicialmente, essas misturas foram feitas de forma rudimentar, o que demandou ações para melhor conhecimento da realidade e aprimoramento das técnicas empregadas.

CARACTERIZAÇÃO DA CONTAMINAÇÃO AMBIENTAL

O uso e ocupação do solo da RLSG indica a presença de indústrias do polo, lagos e cursos d'água, além de diversos sítios e chácaras utilizados para lazer ou moradia, notadamente nas porções de encostas (Figura 11.3). Havia ainda um antigo empreendimento pesqueiro, situado entre a antiga indústria Poliglass (destacada na Figura 11.3) e o conjunto central dos lagos da RLSG, desativado no começo da década de 2000 após a constatação da contaminação ambiental, mas que funcionou até então como pesque-pague.

Os diversos estudos efetuados na área indicaram que o chumbo é o maior contaminante ambiental, além do boro no meio aquático, ainda que fossem também detectados outros contaminantes inorgânicos, como cádmio e zinco. A Tabela 11.1 registra os valores máximos desses contaminantes obtidos nos estudos realizados na área (Bonacin Silva, 2001, 2006; CETESB, 2001a, 2005a).

Pesquisa de tese de doutorado e estudo técnico associado realizaram análises adicionais mais detalhadas, cujas amostragens ocorreram nos locais mais contaminados da RLSG, incluindo praticamente toda relação de parâmetros constante na listagem de Valores de Referência de Qualidade – VRQ vigente à época (CETESB, 2005b). Os resultados não indicaram compostos orgânicos ou outros compostos inorgânicos entre os contaminantes encontrados, mantendo o leque de parâmetros diagnosticado em estudos anteriores. Confirmou-se, assim, que o problema concentrava-se mais essencialmente nos mesmos parâmetros inorgânicos já detectados – metais e boro, com destaque para o chumbo – estes indícios corroboram a ideia de que o resíduo/efluente que gerou a contaminação está associado às linhas de esmaltação das indústrias cerâmicas, consubstanciado com o fato que em campo e nas investigações, foram observados resíduos das linhas de esmaltação ("raspas") misturados ao solo na RLSG (Bonacin Silva, 2006; HGA, 2010).

Na Figura 11.4, constam as principais fontes potenciais de poluição (primárias e secundárias) e os mecanismos de transporte e exposição das populações locais a contaminantes presentes na RLSG, a partir das condições e do histórico de lançamento de efluentes industriais e disposição inadequada de resíduos sólidos no ambiente.

Tabela 11.1. Valores máximos de contaminantes encontrados em compartimentos ambientais, em estudos efetuados na RLSG

Parâmetro	Solo (mg/kg)			Águas subterrâneas (µg/L)			Águas superficiais (mg/L)		
	Valor máximo na RLSG	VI	Ref.	Valor máximo na RLSG	VI	Ref.	Valor máximo na RLSG	VMP	Ref.
Principais contaminantes									
Chumbo	38.500	180	(1)	1.679	10	(3)	0,059	0,01	(5)
Cádmio	112	3	(1)	30	5	(3)	<0,001	0,001	(5)
Zinco	2.930	450	(1)	1617	5.000	(3)	0,162	0,18	(5)
Boro	2.291	16.000	(2)	393.000	500	(3)	1,65	0,5	(5)
Outros contaminantes diagnosticados									
Antimônio	168	5	(1)	6,69	5	(3)	-	0,005	(5)
Arsênio	22	35	(1)	116	10	(3)	<0,01	0,01	(5)
Bário	1.104	300	(1)	663	700	(3)	0,076	0,7	(5)
Cobalto	148	35	(1)	8,09	5	(3)	-	0,05	(5)
Cobre	1.267	200	(1)	1970	2000	(3)	<0,005	0,009	(5)
Cromo	858	150	(1)	76	50	(3)	<0,01	0,05	(5)
Flúor	485	4.700	(2)	2000	2200	(4)	0,4	1,4	(5)
Níquel	61	70	(1)	33,2	20	(3)	<0,01	0,025	(5)

VI = Valor de Intervenção; (1) VI- solo (CETESB, 2005b); (2) RSL – *Regional Screening Levels (ex-PRG)* – solo (EPA, 2010); (3) VI – águas subterrâneas (CETESB, 2005b); (4) RSL- águas subterrâneas (EPA, 2010); (5) VMP – valor máximo permitido – classe 2 (Resolução CONAMA 357/2005). Fonte de dados: BONACIN SILVA (2001, 2006); CETESB (2001a,b; 2005a); HGA (2010). Obs.: alguns valores de referência das listagens da CETESB sofreram alteração, sendo a versão mais recente a de CETESB (2016).

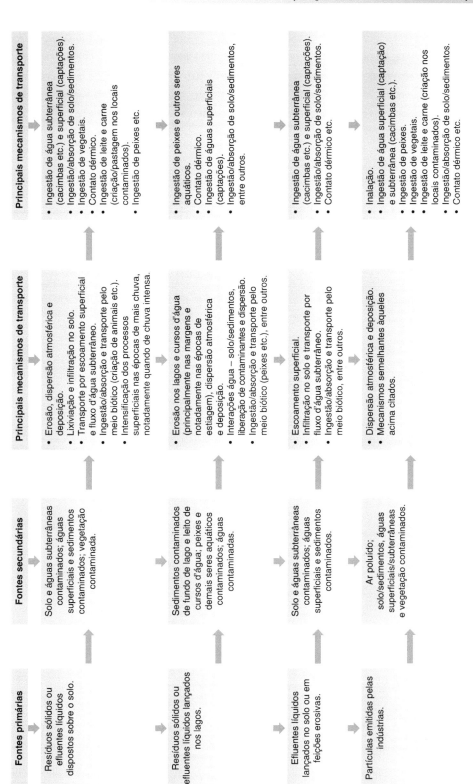

Figura 11.4. Principais fontes potenciais de poluição (primárias e secundárias), mecanismos de transporte e exposição das populações locais a contaminantes presentes na Região dos Lagos de Santa Gertrudes. Fonte: modificado de BONACIN SILVA, 2001, 2006.

É possível representar graficamente a contaminação do solo por meio de curvas de isoteores máximos do contaminante, de acordo com os valores orientadores adotados. Para o contaminante chumbo, esses valores são: Valor de Referência de Qualidade (VRQ): 17 ppm; Valor de prevenção (VP): 72 ppm; e Valor de intervenção (VI): 180 ppm (Figura 11.5). Os fluxos subterrâneos locais e as não conformidades observadas, resultantes das análises químicas de águas subterrâneas, são apresentados na Figura 11.6.

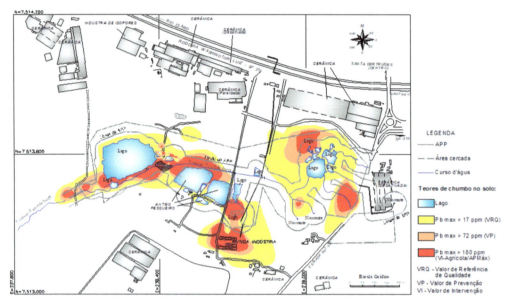

Figura 11.5. Locais mais contaminados (solo) e curvas de isoteores máximos de chumbo na RLSG. Fonte: adaptada de BONACIN SILVA, 2006.

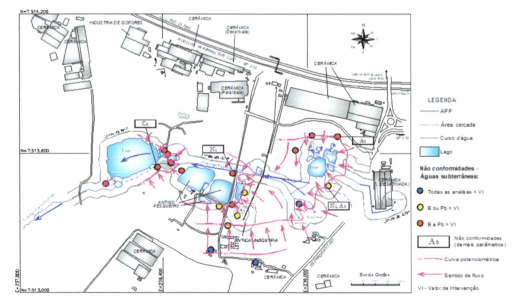

Figura 11.6. Fluxos das águas subterrâneas locais e não conformidades observadas na RLSG. Fonte: adaptada de BONACIN SILVA, 2006.

Os sedimentos provenientes dos cursos d'água e lagos também foram coletados e analisados. Os resultados foram comparados aos padrões canadenses (*Threshold Effect Level* – TEL e *Probable Effect Level* – PEL), às classes de qualidade (CETESB, 2010) e aos valores da Resolução CONAMA 344/2004, vigente à época. Os resultados indicaram presença dos mesmos contaminantes, com predomínio de chumbo. Por fim, análises realizadas em peixes (tambaqui, pacu, tilápia, cascudo, curimbá) coletados nos principais lagos indicaram concentrações de chumbo acima dos Valores Orientadores da Portaria 685/1998 (ANVISA, 1998) em todos os lagos nos quais estes peixes foram coletados, e de cádmio em um deles.

Considerando-se todos os estudos efetuados, foi possível constatar que a contaminação ambiental envolveu parâmetros inorgânicos, notadamente chumbo (para solo/sedimentos e águas) e boro (para águas), sendo estes os principais indicadores ("parâmetros-guia") da contaminação ambiental na RLSG devido a suas marcantes presenças nos meios indicados.

REAPROVEITAMENTO DE RESÍDUOS SÓLIDOS E SOLO CONTAMINADO: UMA ALTERNATIVA SUSTENTÁVEL

Embora a RLSG seja considerada área contaminada, a contaminação não está homogeneamente distribuída, concentra-se principalmente nos locais onde houve deposição de resíduos do processo produtivo cerâmico em épocas anteriores às ações de controle pelo órgão ambiental. Esses pontos passaram por investigação detalhada para caracterizar a contaminação, os contaminantes presentes e as respectivas áreas de influência.

O diagnóstico inicial voltou-se a um local situado na margem leste do maior dos lagos da RLSG, o lago V, no qual houve, no passado, disposição direta dos resíduos sólidos das linhas de esmaltação ("raspas") sobre o solo. Este local foi objeto de uma série de estudos específicos, identificando-se duas áreas principais, que serviram como "lagoas de decantação" de uma mistura de resíduos sólidos ("raspas") e efluentes industriais lançados diretamente sobre o solo, sem qualquer proteção. Quando escavadas para investigação, as áreas apresentaram dois "corpos" (volumes) de resíduos, um de coloração lilás e outro cinza (Figuras 11.7 e 11.8), bastante distintos da cor do solo típico local (marrom-avermelhado a arroxeado), motivo pelo qual foram identificadas como áreas "lilás" e "cinza".

Os estudos nessas áreas permitiram a espacialização (3D) da contaminação do solo (Figuras 11.9 e 11.10) e a estimativa dos respectivos volumes de solo contaminado, ou seja, da porção que apresentou teor acima dos valores de intervenção (VRQs – CETESB, 2005b) para o contaminante de interesse (chumbo). A espacialização da contaminação identificou a área afetada, permitindo, conjuntamente com estudos hidrogeológicos, avaliar a dinâmica dos contaminantes no ambiente; enquanto a estimativa de volume de solo contaminado possibilitou o cálculo da quantidade de solo que deveria ser removida para tratamento "ex situ" durante a remediação dessas áreas.

A partir da constatação de concentrações elevadas de parâmetros inorgânicos no ambiente, em especial o chumbo – como também, ainda que em menor proporção, cádmio, zinco, boro, cromo, cobalto, arsênio, níquel e bário – a CETESB solicitou a remoção imediata destes "pacotes" de solo mais contaminados das áreas "cinza" e "lilás".

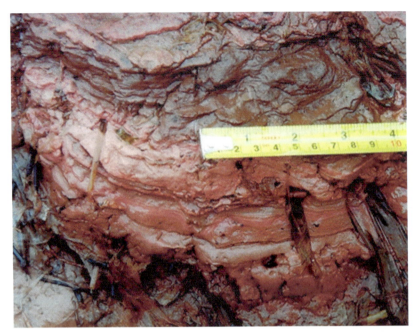

Figura 11.7. Resíduo de coloração lilás, em área de estudos situada a leste do maior lago (lago V). Fonte: Bonacin Silva (2006).

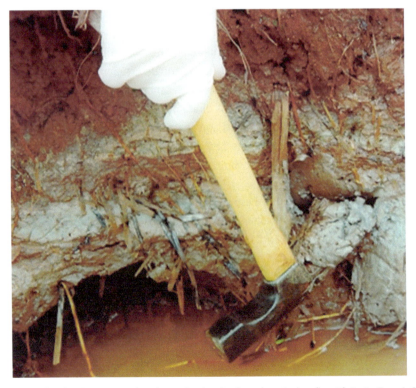

Figura 11.8. Resíduo de coloração cinza, em área de estudos situada a leste do maior lago (lago V). Fonte: Bonacin Silva (2006).

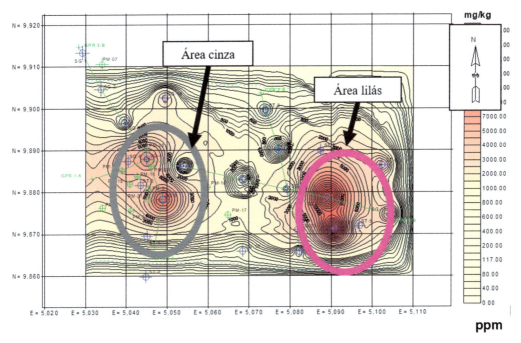

Figura 11.9. Mapa de isoteores máximos de chumbo em local situado ao lado do Lago V da RLSG, com identificação de duas áreas contaminadas principais: cinza e lilás. Fonte: adaptada de Bonacin Silva, 2006.

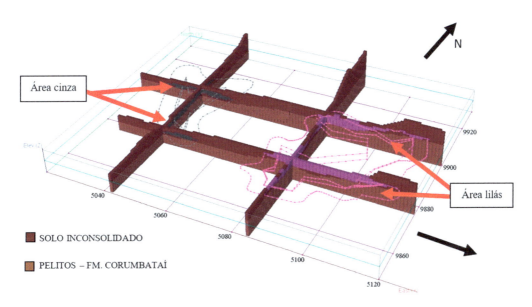

Figura 11.10. Representação espacial das duas áreas contaminadas (lilás e cinza), situadas ao lado do Lago V da RLSG. Fonte: adaptada de Bonacin Silva, 2006.

A existência de pequenas nascentes que vertem para este lago, dentro da área de influência da contaminação, influenciou a tomada de decisão de medida emergencial de remoção, de modo a eliminar uma das principais fontes de contaminação ambiental da RLSG.

A seleção da alternativa de remoção implicou em definir o destino a ser dado a esses rejeitos misturados ao solo, estimado inicialmente em 1.350 m³ (valor obtido em cubagem considerando-se inicialmente apenas as áreas "lilás" e "cinza"). Esse material contaminado, uma vez removido do local de origem, passa a ser considerado como resíduo sólido; no caso, resíduo perigoso, pois foram encontradas não conformidades para metais em testes de lixiviação e solubilização (Bonacin Silva, 2006; HGA, 2010). Como resíduo perigoso, a opção mais provável seria enviá-lo para disposição em aterro de resíduo perigoso (classe I), acarretando custos não só relacionados à remoção e acondicionamento, mas também ao transporte e à disposição em aterro classe I.

No entanto, o processo produtivo das indústrias do PCSG, mesmo após implementação das ações de controle ambiental da produção, continuava gerando resíduos sólidos, em menor quantidade e de menor periculosidade, mas ainda assim perigosos. Esses resíduos estavam sendo estocados nos pátios das respectivas indústrias à espera de uma solução adequada para sua destinação. Como havia a expectativa de se recuperar os resíduos no próprio processo produtivo cerâmico, com introdução desses resíduos, após secagem e cominuição, misturando-os às massas cerâmicas tradicionais, algumas indústrias começaram a praticá-la de forma rudimentar. Essa alternativa, além de recuperar os resíduos no próprio processo produtivo cerâmico que o gerou, reduzindo seu volume no interior do polo, moderando o emprego de matéria-prima (argila virgem) e, adicionalmente, eliminando o encargo de se transportar e dispor os resíduos em aterros, etapas que envolvem alto custo e riscos ambientais.

Com a imposição de remoção do solo contaminado das áreas "lilás" e "cinza" da RLSG, surgiu a ideia de também agregar ao processo produtivo o material a ser removido, composto por misturas de solo e resíduos dispostos inadequadamente sobre o solo. Com isso, aventou-se a possibilidade de se usar tanto os resíduos do processo produtivo ("resíduos presentes"), quanto do solo removido das áreas contaminadas ("resíduo passado"), reintroduzindo-os na produção.

Tal opção significou uma alternativa integrada, ampliando a perspectiva de valorização e minimização de resíduos, difundida pela atual Política Nacional de Resíduos Sólidos (PNRS) e, ao mesmo tempo, também representando uma alternativa para a recuperação da contaminação ambiental da RLSG.

Os estudos efetuados exatamente promoveram investigações ambientais (in situ), experimentos-piloto e análises diversas, fornecendo subsídios técnicos para que as indústrias efetuassem as misturas de forma mais cuidadosa, condicionada e adequada, melhorando as práticas antes rudimentares (Bonacin Silva, 2006; HGA, 2010).

O solo removido, em função de sua condição e composição, necessitou passar por tratamento prévio que envolveu: destorroamento, retirada de detritos e homogeneização, seguidos de trituração e peneiramento.

Por outro lado, mesmo dispondo de projetos com condicionantes técnicos de execução, na prática a obra de remoção do solo foi efetuada de forma rudimentar e durante o período chuvoso, condição que, conforme indicou Bonacin Silva (2006), implicou aumento da quantidade de massa removida (elevando também o tempo de execução da obra e os custos) e perda de material contaminado para o ambiente, com consequentes impactos negativos.

Visando avaliar as misturas às massas cerâmicas dos resíduos do processo produtivo atual e do solo contaminado removido, assim como a qualidade dos materiais cerâmicos resultantes, foi efetuada uma série de testes, que integraram a pesquisa de doutorado de Bonacin Silva (2006). Na avaliação, foram consideradas questões ambientais, de saúde e segurança do trabalhador e a exposição dos futuros consumidores às placas cerâmicas produzidas com a inserção desses resíduos no processo de fabricação. No aspecto ambiental, foi considerado o risco da disposição desses resíduos no ambiente e o custo para dispô-los de forma controlada; em termos ocupacionais, a exposição do trabalhador devido ao contato com a massa cerâmica; e ao usuário do produto final, a possível exposição aos contaminantes incorporados na placa cerâmica.

O estudo envolveu diversas análises, realizadas em resíduos, na matéria-prima tradicional (argila natural) e nas placas cerâmicas produzidas, com e sem a incorporação dos dois tipos de resíduos, e ainda antes e após a queima em fornos. As análises incluíram caracterização química dos principais contaminantes - chumbo, cádmio, zinco e outros elementos-traço -, além de elementos-maiores como sódio, potássio, cálcio, magnésio, ferro, manganês, alumínio e silício, e mineralógica (difratometria de raios X); testes de classificação pela norma NBR 10.004 da ABNT (ABNT, 2004, com base em ensaios de lixiviação e solubilização); ensaios de extração sequencial seletiva nas amostras de solo (Tessier et al., 1979; Hypólito, 2001); e ensaios toxicológicos e tecnológicos (em corpos de prova, para avaliação dos materiais cerâmicos produzidos, basicamente quanto às características físicas, frente às normas técnicas da ABNT (ABNT, 1997). Nas simulações que envolveram queima, foram feitos testes tanto em fornos das próprias indústrias do PCSG, quanto em corpos de prova em laboratórios de pesquisa.

Um dos principais resultados esperados era a definição de intervalos (faixas de valores) com taxa de aplicação dos resíduos na massa cerâmica, que não comprometessem o processo produtivo e a qualidade do produto final. Misturas nas massas cerâmicas de até 2% de resíduos mostraram-se viáveis e configuram-se como uma opção adequada de valorização, desde que houvesse controle de qualidade dos materiais utilizados e do processo produtivo durante as misturas.

Os ensaios indicaram a necessidade de controle tecnológico na prática das misturas, na medida em que a introdução de elevadas taxas de solo contaminado removido não era apropriada, pois resultava em defeitos nas placas cerâmicas produzidas, como bolhas. Este fato tem seu ponto positivo, pois inibia o uso de misturas com elevada taxa de solo contaminado por parte das indústrias, caso houvesse intenção de se desfazer com rapidez dos incômodos resíduos.

Os testes de classificação de resíduos da ABNT indicaram que tanto o solo contaminado removido quanto os resíduos atuais, ambos na fase pré-queima, foram enquadrados como resíduos perigosos (classe I), devido à presença de chumbo na massa bruta e no extrato lixiviado, considerando a versão de 1984 da norma da ABNT, e de chumbo no lixiviado, na versão revisada de 2004. Portanto, sua manipulação requeria cuidados especiais para minimizar riscos à saúde do trabalhador e ao ambiente. No entanto, os testes em amostras queimadas (cerâmicas produzidas) indicaram que, mesmo que se adicionasse 50% de solo contaminado, percentual muito além da sugestão indicada com base no controle tecnológico observado anteriormente de 2%, as placas cerâmicas resultantes seriam classificadas como não perigosas (Bonacin Silva, 2006), devido à inertização dos contaminantes.

Os estudos de cubagem, inicialmente restritos às áreas "lilás" e "cinza", foram estendidos a toda RLSG e resultaram na estimativa de uma quantidade superior a 10.000m^3 a ser removida de solo contaminado (BONACIN SILVA, 2006; HGA, 2010), variável em função dos tipos potenciais de cenários de uso futuro da RLSG (associados aos valores orientadores de CETESB, 2005b), que em ordem decrescente de restrição, são representados por: a) Área de Proteção Máxima (como APP – Área de Proteção Permanente) e agrícola, b) residencial; e c) industrial ou comercial. Deve-se atentar que, quanto mais restritivo o uso, maior a quantidade de solo a ser removida. Assim, para quantidades tão expressivas de material contaminado, a remoção e inserção controlada no processo produtivo cerâmico local era alternativa interessante de recuperação, viável para um polo industrial cuja produção é superior a 500 milhões de m^2/ano, podendo absorver rapidamente os passivos ambientais representados pelos resíduos sólidos do processo e pelo solo contaminado removido.

A análise do uso futuro da área, embasada nos estudos efetuados (Bonacin Silva, 2001, 2006; HGA, 2010), que incluíram investigações no solo, sedimentos, peixes, águas superficiais e subterrâneas, além de análise de risco à saúde humana, prevê cenários de manutenção da situação atual (com uso industrial) ou restrição de uso. Para ambos os cenários, há necessidade de medidas de recuperação ambiental, de maior ou menor envergadura, mas que atendam às exigências para remediação de áreas contaminadas. A tomada de decisão, além do prosseguimento de estudos e de ações de recuperação ambiental, depende de tratativas que envolvem o órgão ambiental, os proprietários dos terrenos situados na RLSG, as indústrias e o poder público local.

Esses estudos efetuados indicaram ainda a necessidade de cessar emergencialmente a utilização da água proveniente de alguns poços de aquíferos freáticos (cacimbas) e de nascentes situadas na RLSG, nos locais contaminados ou em suas proximidades, assim como limitar práticas agrícolas e pesca nos lagos, apontando para o prosseguimento das investigações e das intervenções na área.

CONSIDERAÇÕES FINAIS

O caso das áreas contaminadas da RLSG destaca-se como uma nova abordagem de gestão ambiental. Caracteriza-se pelo envolvimento de multi-atores com diferentes interesses na questão e pela ação integrada e participativa desses agentes na busca de solução ao problema de contaminação, considerando o atendimento ao marco-legal regulatório e a produção de estudos e geração de conhecimento que podem ser replicáveis em situações similares.

Os diversos atores envolvidos – indústrias cerâmicas organizadas em Sindicato; órgãos públicos, em especial os de controle ambiental (notadamente a CETESB) e de vigilância da Secretaria de Estado da Saúde; e a academia, interessada em desenvolver pesquisas sobre contaminação ambiental – agiram de forma conjunta e responsável, inclusive com atuação das indústrias em arcar com custos das ações de gestão e de intervenção, necessárias nos casos da contaminação ambiental, com rateio em função da produção industrial atual.

O desafio de se executar e manter esse modelo de gestão está na complexidade de conseguir o engajamento de diversas indústrias do setor, de diferentes portes e condições, para ação de interesse comum (remediação das áreas contaminadas), com compromisso de assegurar a exequibilidade por meio de contribuição ao fundo ambiental. Neste caso, tal estratégia baseou-se na responsabilidade estendida do produtor, ou no princípio do poluidor pagador.

As ações para recuperação ambiental e para destinação dos resíduos, tanto os relativos ao solo contaminado removido como os resultantes do processo produtivo cerâmico, envolveram ações preventivas e de controle, cujo foco voltou-se para a minimização e valorização de resíduos na perspectiva da sustentabilidade ambiental.

No caso específico da área de maior impacto na RLSG, local extremamente contaminado, com concentrações bastante elevadas de chumbo (acima de 1.000 mg/kg), evidenciou-se a necessidade de intervenção imediata. No entanto, as obras de remoção do solo contaminado, embora previstas em projeto, não seguiram o planejado; foram realizadas em estação chuvosa, em etapas distintas e não observaram os critérios técnicos necessários, motivando a liberação e migração de contaminantes nas operações de retirada e transporte do solo contaminado.

Os órgãos ambientais mostraram preocupação com o avanço das ações previstas no Plano de Intervenção e no TAC para a recuperação das áreas contaminadas e a reabilitação da RLSG para os usos previstos. Ações de minimização e controle da contaminação ambiental serão conseguidas com a continuidade das intervenções, porém, nem todas ainda foram concluídas.

Nos últimos anos, tem-se aumentado a utilização de técnicas para destinação adequada de resíduos industriais. O desafio é encontrar alternativas que levem em conta não só a segurança ambiental, social e ocupacional, mas também as de natureza econômica, como custos de transporte, energia, gerenciamento de resíduos, entre outras.

Nesse caso, a alternativa de valorização de resíduos se deu com sua incorporação no próprio processo produtivo, como matéria-prima secundária na produção de placas cerâmicas. Com isso, resíduos gerados em determinada cadeia de produção podem representar insumos em outra linha, minimizando impactos ambientais negativos e a geração de passivos ambientais como áreas contaminadas, aterros e estoques inadequados de resíduos. O mesmo se aplica ao caso do solo contaminado removido das áreas afetadas, igualmente incorporado ao processo produtivo cerâmico, em pequenas doses.

Essas práticas podem trazer novo alento e soluções práticas, regionais ou locais, ambientalmente interessantes, com ganhos econômicos ou com a minimização de perdas associadas aos passivos ambientais; porém devem ser executadas com o devido rigor técnico e embasamento científico, sem os quais podem gerar outras formas de contaminação e riscos à saúde humana e ambiental. Considerando-se os cuidados necessários e aspectos tecnológicos, geoquímico-ambientais e de segurança ocupacional, essa forma de gerenciamento e valorização de resíduos no próprio processo produtivo é alternativa viável, desde que contemple estudo de caracterização e incorporação no processo produtivo receptor, controle da qualidade do produto final e aspectos de segurança e saúde ocupacionais, além do controle e monitoramento dos efluentes gasosos gerados no processo cerâmico.

Certamente essa opção requer, como pré-requisito, compromisso dos atores envolvidos com o desenvolvimento de estudos e pesquisas técnico-científicas e não sua aplicação rudimentar e direta pelas indústrias, sem prévio embasamento em testes e ensaios-piloto, além da visão de melhoria contínua, à medida que se constrói uma massa crítica de especificidades, que envolva prós e contras, condições

O Caso de Santa Gertrudes: Gestão Multi-Atores, Recuperação de Áreas Contaminadas...

mais adequadas, limites, novos desafios ambientais, entre outros. Também requer dos órgãos ambientais o devido acompanhamento, para que haja respeito aos requisitos de proteção ambiental e à legislação vigente.

Referências Bibliográficas

ABCERAM – Associação Brasileira de Cerâmica (2019). Terminologia e panorama do setor cerâmico no Brasil. Disponível em: <www.abceram.org.br>.

ABNT – Associação Brasileira de Normas Técnicas (1997). Norma técnica NBR-13818: Placas cerâmicas para revestimento – Especificação e métodos de ensaios; 78p.

ABNT – Associação Brasileira de Normas Técnicas. NBR-10004 (2014) Resíduos sólidos – classificação (versão revisada). Rio de Janeiro, 2004.

ANVISA - Agência Nacional de Vigilância Sanitária (1998). Portaria No. 685/98 – Valores Orientadores. Publicada em 27/08/1998. Ministério da Saúde, Brasília.

ANFACER - Associação Nacional dos Fabricantes de Cerâmica para Revestimento (2021). Análise setorial - cerâmica ou materiais de revestimento. Disponível em: < https://www.anfacer.org.br/setor-ceramico/numeros-do-setor>.

ASPACER - Associação Paulista de Cerâmica de Revestimento (2021). Dados nacionais, do Estado de São Paulo e do polo cerâmico de Santa Gertrudes – setor de cerâmica ou materiais de revestimento. São Paulo, Disponível em: < https://www.aspacer.com.br/estatisticas/>.

Bonacin Silva, A. L. (2001). Caracterização ambiental e estudo do comportamento do chumbo, zinco e boro em área degradada por indústrias cerâmicas – região dos lagos de Santa Gertrudes, SP. 222p. (Dissertação de Mestrado) – Instituto de Geociências – Universidade de São Paulo, São Paulo.

Bonacin Silva, A. L. (2006). Estudos de recuperação ambiental de áreas contaminadas por resíduos industriais do polo cerâmico de Santa Gertrudes, SP. 209p. (Tese de Doutorado) – Faculdade de Saúde Pública – Universidade de São Paulo, São Paulo.

CETESB – Companhia Ambiental Do Estado de São Paulo (2001a). Plano de Intervenção para a recuperação ambiental da região dos lagos de Santa Gertrudes. Elaborado pelo grupo técnico do projeto Corumbataí-Cerâmicas. 17 p. São Paulo/Piracicaba.

CETESB – Companhia Ambiental do Estado de São Paulo (2001b). Valores orientadores para solos e águas subterrâneas do Estado de São Paulo. São Paulo. Disponível em: <http://www.cetesb.sp.gov.br/Solo/solo_geral.asp>.

CETESB – Companhia Ambiental do Estado de São Paulo (2005a). Projeto Corumbataí Cerâmicas – Negociação de conflitos ambientais com o envolvimento de segmentos sociais e o polo cerâmico de Santa Gertrudes. Piracicaba (SP).

CETESB – Companhia Ambiental do Estado de São Paulo (2005b). Valores orientadores para solos e águas subterrâneas do Estado de São Paulo – atualização – novembro/2005. Disponível em: <http://www.cetesb. sp.gov.br/ Solo/relatorios/tabela_valores_2005.pdf>.

CETESB – Companhia Ambiental do Estado de São Paulo (2010). Relatório da Qualidade das Águas Interiores no Estado de São Paulo. Qualidade de sedimentos. Disponível em: < http://www.cetesb.sp.gov.br/agua/aguas-superficiais/35-publicacoes-/-relatorios>.

CETESB – Companhia Ambiental do Estado de São Paulo (2016). Valores orientadores para solos e águas subterrâneas do Estado de São Paulo – atualização – 2016. Decisão de Diretoria nº 256/2016/E, de 22/11/2016 e Anexo I (listagem de valores). Disponível em: <https://www.cetesb.sp.gov.br/wp-content/uploads/2014/12/ DD-256-2016-E-Valores-Orientadores-Dioxinas-e-Furanos-2016-Intranet.pdf>

CETESB – Companhia Ambiental Do Estado De São Paulo (2020). Relação de áreas contaminadas do Estado de São Paulo – dezembro, 2020. Disponível em: < https://cetesb.sp.gov.br/areas-contaminadas/wp-content/uploads/sites/17/2021/03/Municipios.pdf >.

EPA – US ENVIRONMENTAL PROTECTION AGENCY (1999). Cost estimating tools andresources for addressing sites under the brownfields initiative. Washington, EPA-625-R-99-001, 33 p.

EPA – US ENVIRONMENTAL PROTECTION AGENCY (2010). Regional Screening Levels – RSL (Formerly PRGs) – Screening Levels for Chemical Contaminants. Disponível em: <http://www.epa.gov/region9/superfund/prg/>.

HGA (2010) Caracterização, Monitoramento Ambiental e Avaliação de Risco na Região dos Lagos de Santa Gertrudes, SP. Relatório técnico. ASPACER/SINCER, Santa Gertrudes.

Hypólito, R. (2001). Métodos de extração sequencial seletiva. CEPAS. São Paulo, Universidade de São Paulo. Instituto de Geociências.

Instituto Geográfico e Cartográfico – IGC (1979). Folha plani-altimétrica de Santa Gertrudes II, número 066/090, SF-23-Y-A-I-4-SE-A, escala 1: 10.000. São Paulo, SP.

IRRIGART – Consultoria e Engenharia em Recursos Hídricos e Meio Ambiente (2005). Relatório de Situação dos Recursos Hídricos das bacias Hidrográficas dos rios Piracicaba, Capivari e Jundiaí - 2002-3. Relatório síntese, Piracicaba.

SÃO PAULO (2001). Projeto Corumbataí – Cerâmicas, p.22, 21.02.2001. Imprensa Oficial, São Paulo, Diário Oficial do Estado de São Paulo.

Tessier, A. et al. (1979). Sequential extraction procedure for the speciation of particulate trace metals. Analytical chemistry v. 51, n.7, p.844-850.